GAODENG YUANXIAO LIGONGLEI GUIHUA JIAOCAI

高等院校理工类规划教材

应用型本科院校教材

U0179617

Inorganic and Analytical
Chemistry Experiment

无机及分析化学实验

主　编　吕　亮　王玉林

ZHEJIANG UNIVERSITY PRESS

浙江大学出版社

·杭州·

图书在版编目(CIP)数据

无机及分析化学实验/吕亮,王玉林主编. —杭州:
浙江大学出版社,2022.12
ISBN 978-7-308-23242-5

Ⅰ.①无… Ⅱ.①吕… ②王… Ⅲ.①无机化学—化
学实验—教材 ②分析化学—化学实验—教材 Ⅳ.
①O61-33②O652.1

中国版本图书馆 CIP 数据核字(2022)第 211567 号

无机及分析化学实验

WUJI JI FENXI HUAXUE SHIYAN

主 编 吕 亮 王玉林

策划编辑	阮海潮(1020497465@qq.com)	
责任编辑	阮海潮	
责任校对	王元新	
封面设计	周 灵	
出版发行	浙江大学出版社	
	(杭州市天目山路 148 号 邮政编码 310007)	
	(网址:http://www.zjupress.com)	
排 版	杭州星云光电图文制作有限公司	
印 刷	杭州千彩印务有限公司	
开 本	787mm×1092mm 1/16	
印 张	14.75	
字 数	369 千	
版 印 次	2022 年 12 月第 1 版 2022 年 12 月第 1 次印刷	
书 号	ISBN 978-7-308-23242-5	
定 价	49.00 元	

版权所有 侵权必究 印装差错 负责调换

浙江大学出版社市场运营中心联系方式:0571－88925591;http://zjdxcbs.tmall.com

无机及分析化学实验

编委会

主　编　吕　亮（衢州学院）　　王玉林（衢州学院）

副主编　赵颖俊（衢州学院）　　李海云（黄山学院）

　　　　陈剑君（衢州学院）　　许青青（衢州学院）

　　　　雷　瑛（衢州学院）

编　委　（按姓氏笔画排序）

　　　　叶冬菊（衢州学院）　　李长江（黄山学院）

　　　　李建光（衢州学院）　　吴越超（衢州学院）

　　　　林　锋（衢州学院）　　金婉婷（衢州学院）

　　　　胡　静（衢州学院）　　董云渊（衢州学院）

　　　　潘向军（衢州学院）

序

　　化学是研究物质结构、组成、性质和变化规律的学科。化学实验是化学研究的重要手段和方法,从某种意义上讲,化学是一门实验学科。大学化学基础实验是理工科学生所必须经历的基本教学环节,是从感性到理性,从理论到实践,培养学生基本化学素养的有效方法。无机化学和分析化学是四大化学中最基础的化学课程,是化学相关专业低年级学生必修的课程。

　　《无机及分析化学实验》以习近平新时代中国特色社会主义思想和党的二十大精神为指导,践行为党育人、为国育才的重要使命,内容表述严谨,具有时代性、科学性和育人性,突出培养应用型人才的定位。

　　以衢州学院化学与材料工程学院吕亮教授领衔的教学科研团队,长期从事无机及分析化学方向的教学和研究,积累了较为丰富的无机及分析化学实验教学经验。近年来,该团队在收集、整理国内外无机及分析化学实验相关教材和文献的基础上,结合自己的科研成果,编著了《无机及分析化学实验》一书。该书在无机及分析化学经典实验的基础上,增加了许多综合设计性实验和虚拟仿真实验,由浅入深、虚实结合,有助于提高学生的实验操作技能和理实结合能力。

　　该书内容丰富,资料新颖,重点突出,我们期盼该书的出版在推动无机及分析化学实验教学改革中发挥重要的作用。

　　是为序。

浙江省大学化学课程教学指导委员会副主任委员

2022 年 11 月于衢州

前　言

　　应用型本科院校实践教学体系的构建遵循系统性原则、突出特色原则、校内外结合原则,将学科专业建在产业上,培养一批适合地方产业特色的人才,更好地服务地方经济社会发展。为了有效培养大学生及分析检测人员的实践动手能力,本教材综合了无机化学、分析化学及仪器分析等经典的实验案例,根据应用型本科院校学生的特点,编制了适合学生学习和操作的实验方案。

　　本教材以习近平新时代中国特色社会主义思想和党的二十大精神为指导,落实立德树人根本任务,以培养高素质应用型专业人才为宗旨,优化实验设计,创新实验模式,为推动新形势下大学化学实验教学改革与创新做出新贡献。

　　本教材主要针对大学低年级学生编写,特色是增加了许多综合设计性实验,这些实验需要综合已学知识,结合实践,运用综合技能完成,同时还增加了虚拟仿真实验,结合计算机辅助教学,达到虚实结合、立体教学的目的,锻炼学生的实践能力。

　　本教材共包括 7 章。第 1 章为无机及分析化学实验基本知识;第 2 章为实验数据的表达与处理;第 3 章为化学实验基本操作;第 4 章为无机化学基础实验(共 12 个实验);第 5 章为分析化学基础实验(共 24 个实验);第 6 章为综合设计性实验(共 8 个实验),要求学生根据给予的实验背景查阅资料,设计实验方案,开展实验;第 7 章是虚拟仿真实验(共 7 个实验),应用欧倍尔虚拟仿真实验平台,通过虚拟现实技术实现相关实验的人机交互操作。

　　全书由王玉林统稿和吕亮定稿。参编人员具有丰富的一线实验教学经验,能够准确了解各个实验的要求。本教材的筹划和编写得到了黄山学院李海云、李长江等老师的支持和帮助,章节的整理得到了衢州学院化学与材料工程学院无机及分析化学课程组老师的帮助,衢州学院的领导和实验教学中心的老师也对本教材的出版做出了贡献,在此向他们表示衷心的感谢。

　　本教材可用于本科高校的基础课程、专科学校的选修课程教学,适合化学、化学工程与工艺、高分子材料与工程、材料科学与工程、新能源材料与器件、环境工程、应用化学、制药工程、生物工程、应用化工技术、精细化学品生产技术和科学教育等专业使用,也可作为环境保护、食品药品、卫生检验等行业从业人员实验操作的指导用书。

　　限于编者的水平,书中难免存在错误和不妥之处,恳请同行和广大读者批评、指正。

编者

2022 年 12 月于衢州

目 录
CONTENTS

第1章　无机及分析化学实验基本知识 ……………………………………………… 1

1.1　化学实验的目的及学习方法 ……………………………………………… 1

1.2　实验室规则 ………………………………………………………………… 2

1.3　化学实验室安全知识 ……………………………………………………… 3

1.4　实验室用水 ………………………………………………………………… 3

1.5　化学试剂的分类 …………………………………………………………… 5

1.6　实验室安全事故处理 ……………………………………………………… 6

1.7　实验室废弃物的处理 ……………………………………………………… 8

第2章　实验数据的表达与处理 …………………………………………………… 10

2.1　测量中的误差 ……………………………………………………………… 10

2.2　实验数据记录与有效数字 ………………………………………………… 12

2.3　实验数据的处理 …………………………………………………………… 13

2.4　实验报告的撰写要求 ……………………………………………………… 17

第3章　化学实验基本操作 ………………………………………………………… 20

3.1　玻璃仪器的洗涤与干燥 …………………………………………………… 20

3.2　加热和冷却 ………………………………………………………………… 23

3.3　容量仪器的使用 …………………………………………………………… 24

3.4　称　量 ……………………………………………………………………… 29

3.5　化学试剂的取用 …………………………………………………………… 35

3.6　溶液配制 …………………………………………………………………… 36

3.7　气体的发生、净化、干燥和收集 ………………………………………… 37

3.8　溶解、结晶、固液分离技术 ……………………………………………… 39

3.9　试纸的使用 ………………………………………………………………… 42

第4章 无机化学基础实验 ··· 43

实验一 粗盐的提纯及产品纯度的检验 ····································· 43

实验二 硫酸亚铁铵的制备 ··· 45

实验三 化学反应级数、速率常数和活化能的测定 ····················· 47

实验四 硫代硫酸钠的晶体制备 ··· 51

实验五 配合物的生成和性质 ·· 53

实验六 碱式碳酸铜的制备 ··· 55

实验七 三氯化六氨合钴(Ⅲ)的制备及组成测定 ······················ 57

实验八 三草酸合铁(Ⅲ)酸钾的制备和性质 ···························· 59

实验九 转化法制备硝酸钾 ··· 62

实验十 钼硅酸的制备和性质 ·· 64

实验十一 醋酸解离常数和解离度的测定 ·································· 65

实验十二 纸色谱法分离与鉴定 Fe^{3+}、Co^{2+}、Ni^{2+}、Cu^{2+}离子 ······ 67

第5章 分析化学基础实验 ··· 70

实验十三 仪器的认领和洗涤 ·· 70

实验十四 滴定管、容量瓶和移液管的使用与校正练习 ··············· 72

实验十五 分析天平称量练习 ·· 76

实验十六 酸碱标准溶液的配制及浓度比较 ······························ 78

实验十七 酸碱标准溶液浓度的标定 ······································· 81

　　A. 盐酸标准溶液的标定 ·· 81

　　B. 氢氧化钠标准溶液的标定 ··· 82

实验十八 食用白醋中 HAc 浓度的测定 ··································· 84

实验十九 工业纯碱总碱度测定 ··· 86

实验二十 碱液中 NaOH 及 Na_2CO_3 含量的测定(双指示剂法) ······ 88

实验二十一 可溶性氯化物中氯含量的测定(莫尔法) ················· 90

实验二十二 硫酸钡重量法测定水泥中三氧化硫的含量 ··············· 92

实验二十三 五水合硫酸铜结晶水的测定 ·································· 94

实验二十四 二水合氯化钡中钡含量的测定 ······························ 96

实验二十五 高锰酸钾标准溶液的配制与标定 ··························· 98

实验二十六 高锰酸钾法测定过氧化氢的含量 ························· 101

实验二十七 I_2 和 $Na_2S_2O_3$ 标准溶液的配制及标定 ··············· 103

实验二十八 间接碘量法测定铜盐中的铜 ································ 107

实验二十九 碘量法测定葡萄糖的含量 ·································· 109

实验三十 铁矿中全铁含量的测定(无汞定铁法) ···················· 111

实验三十一 EDTA 标准溶液的配制和标定 ··························· 114

实验三十二　工业碳酸钙中碳酸钙含量的测定 …………………………… 117

实验三十三　水的硬度测定 …………………………………………………… 119

实验三十四　铅、铋混合液中铅、铋含量的连续测定 ……………………… 121

实验三十五　邻二氮杂菲吸光光度法测定微量铁含量 ……………………… 123

实验三十六　二氧化碳相对分子质量的测定 ………………………………… 127

第6章　综合设计性实验 …………………………………………………… 129

6.1　综合设计性实验过程 ……………………………………………………… 129

6.2　实验成绩评定办法 ………………………………………………………… 130

附　本科生综合设计性实验方案和实验报告参考格式 …………………… 130

实验三十七　溶胶-凝胶法制备纳米 TiO_2 …………………………………… 136

实验三十八　水热法制备纳米 ZnO ………………………………………… 138

实验三十九　无机材料的 XRD 表征 ………………………………………… 140

实验四十　高品位无机铁黄颜料的制备 ……………………………………… 142

实验四十一　无机材料的热分析表征 ………………………………………… 144

实验四十二　纳米粉体的粒度分析与表征 …………………………………… 147

实验四十三　镁铝、钴铝水滑石的制备与表征 ……………………………… 151

实验四十四　铅锌矿制备七水硫酸锌 ………………………………………… 153

第7章　虚拟仿真实验 ……………………………………………………… 154

实验四十五　常见阴离子的分离与鉴定 ……………………………………… 154

实验四十六　常见阳离子的分离与鉴定 ……………………………………… 161

实验四十七　铅铋混合液中铅铋含量的连续测定 …………………………… 169

实验四十八　磷酸的电位滴定 ………………………………………………… 177

实验四十九　溶胶凝胶法制备纳米钛酸钡 …………………………………… 182

实验五十　三草酸合铁(Ⅲ)酸钾的制备 …………………………………… 186

实验五十一　有机酸含量的测定 ……………………………………………… 191

附　录 ………………………………………………………………………… 199

附录1　常用洗涤液的配制及使用 …………………………………………… 199

附录2　市售酸碱试剂的浓度及相对密度 …………………………………… 200

附录3　常用指示剂 …………………………………………………………… 201

附录4　常用缓冲溶液 ………………………………………………………… 204

附录5　常用基准物质及其干燥条件 ………………………………………… 208

附录6　弱酸和弱碱在水溶液中的解离常数(298.15K) …………………… 209

附录7　难溶化合物的溶度积常数 …………………………………………… 212

附表8　标准电极电势(298.15K) …………………………………………… 216

第1章

无机及分析化学实验基本知识

1.1 化学实验的目的及学习方法

1.1.1 实验目的

无机及分析化学是一门以实验为主的基础课程。实验是培养学生独立操作、观察记录、分析归纳、撰写报告等多方面能力的重要环节,它的主要目的是:

(1)使课堂教授的重要理论和概念得到验证、巩固、充实和提高,并适当地扩大知识面。

(2)培养学生掌握一定的实验操作技能。

(3)培养学生独立思考和工作能力、创新意识和能力。

(4)培养学生严谨的工作态度和良好的习惯。

1.1.2 学习方法

为达到上述目的,学生必须有正确的学习态度和良好的学习方法。无机及分析化学实验的学习方法可以从实验预习、实验过程和实验报告的书写等三方面考虑。

1.1.2.1 实验预习

学生进入实验室前,必须做好预习。预习应达到下列要求:

(1)仔细阅读实验指导书和理论教材中与本次实验有关的内容,明确实验目的和要求,熟悉实验内容,明确实验步骤,了解实验所用的仪器和试剂。

(2)从资料或有关手册等了解实验中要用到的或可能出现的基本原理、化学物质的性质和有关理化常数。

(3)在充分预习和查阅资料的基础上认真写好预习报告。预习报告应写在专用的记录本上,内容一般包括实验目的和要求、实验原理和反应方程式、实验仪器和试剂、实验步骤、实验记录、注意事项、思考题预答等。

(4)预习报告要做到简明扼要、清晰,实验步骤应根据实验内容用自己的语言正确地写出,不要照书抄。关键之处应加以注明,这样在实验前已形成了一个工作提纲,实验时按此提纲进行。实验前应设计好原始数据记录表格以供实验时记录。

(5)预习没有达到要求的学生,不得进入实验室进行实验。

1.1.2.2 实验过程

实验过程中,学生应遵守实验室规则,根据实验教材中规定的方法、步骤、试剂用量进行操

作,应做到以下几点:

(1)实验开始前先清点仪器设备,如有缺损,应报告教师进行补领。

(2)实验时要注意节约水、电,按照化学实验基本操作规定的方法取用试剂,注意保持实验室和桌面的整洁。

(3)实验时应做到认真操作,仔细观察,如实记录,及时地将观察到的实验现象及测得的各种数据如实地记录在专门的记录本上,做到简明扼要、字迹工整,不可随意涂改,不允许使用铅笔,不可以随意写在纸条或其他地方。如果发现实验现象与理论预测不符,首先应尊重实验事实,然后再积极思考加以分析,认真查找原因,若实在难以解释,可提请教师解答,必要时重做实验。

(4)实验完毕,将玻璃仪器洗涤干净,放回原处。整理桌面,打扫水槽和地面卫生。

(5)实验记录交由教师审阅,批准后方可离开。

1.1.2.3　实验报告

实验结束后,应及时完成实验报告,交指导教师批阅。实验报告应该写得简明扼要,图表规范,结论明确,字迹工整。实验报告一般包括下列几个部分:

(1)实验名称、实验日期。

(2)实验目的。

(3)实验原理:写出涉及的化学反应方程式。

(4)实验主要仪器与试剂。

(5)实验步骤:尽量用简图、表格或以化学式、符号等表示。

(6)数据记录和数据处理:以原始记录为依据。

(7)结果和讨论:根据实验现象或数据进行分析、解释,得出正确的结论,并针对实验中的问题进行相关的讨论,或将计算结果与理论值比较,分析产生误差的原因,以便今后更好地完成实验。

1.2　实验室规则

进行化学实验会接触许多有一定危险或毒害性的化学试剂和易于损坏的仪器设备,如不按照使用规则进行操作就有可能发生各种事故。因此,必须严格遵守相关规则。

(1)实验前认真预习,明确实验目的,了解实验原理、方法和步骤,完成实验预习报告。

(2)按作息时间准时进入实验室,不迟到、不早退。实验过程中应保持安静,不得进行任何与实验无关的内容,严格禁止吸烟、饮食、使用手机等。

(3)熟悉实验室环境,严格遵守实验室安全守则、实验步骤中试剂使用和操作的安全注意事项。牢记意外事故发生时的处理方法及应变措施。安全用具和急救药品应放置在方便取用的地方,且不能移作他用。

(4)实验过程中要集中精力,严格按操作规范进行每一步实验。仔细观察并做好记录,实验过程中不得擅自离开实验岗位。

(5)实验时应遵从教师的指导,不得随意改变实验步骤和方法,严格按照教材规定的步骤、仪器及试剂的用量和规格进行实验。若要以新的路线和方法进行实验,应征得教师的同意,才能更改。

（6）实验过程中应保持实验室的清洁卫生,实验器材、仪器及试剂不能乱丢乱放。遵守公共实验台试剂取用规定,实验室所有试剂不得携出室外,用剩的试剂应交还给教师。注意节约使用水、电及试剂,爱护公物,爱护仪器设备。

（7）有有毒或有刺激性气体产生的实验都应在通风橱内进行。实验中的废弃物应分别放在指定收集点,严禁投入或倒入水槽内,以防水槽和下水管堵塞或腐蚀。

（8）实验结束后值日生应打扫实验室,整理公用仪器和试剂,把盛废物的容器倒尽并洗刷干净;检查水、电、煤气及门窗,确认全部关闭后报告教师,教师再次检查确认后方可离开实验室。

1.3　化学实验室安全知识

化学实验室中很多试剂易燃、易爆,具有腐蚀性或毒性,存在着不安全因素。因此,在进行化学实验时,必须重视安全问题,绝不可麻痹大意。初次进行化学实验的学生,应接受必要的安全教育,且每次实验前都要仔细阅读实验室中的安全注意事项。在实验过程中,要遵守以下安全守则:

（1）熟悉实验室环境,了解急救箱、消防用品的位置及使用方法。

（2）实验室内严禁吸烟、饮食、大声喧哗、打闹。

（3）洗液、强酸、强碱等具有强烈的腐蚀性,使用时应特别注意,不要溅在皮肤、衣服或鞋袜上。

（4）有有毒或刺激性气体产生的实验都应在通风橱内进行。嗅闻气体时,应用手轻拂气体,把少量气体扇向自己再闻,不能将鼻孔直接对着瓶口。

（5）挥发和易燃物质的实验,必须远离火源。

（6）加热试管时,不要将试管口对着自己或他人,也不要俯视正在加热的液体,以免液体溅出使自己受到伤害。

（7）有毒试剂（如氰化物、汞盐、铅盐、钡盐、重铬酸盐等）不得接触皮肤或伤口,也不能随便倒入水槽,应倒入回收瓶回收处理。

（8）稀释浓硫酸时,应将浓硫酸慢慢注入水中,并不断搅动,切勿将水倒入浓硫酸中,以免迸溅,造成灼伤。

（9）禁止随意混合各种试剂,以免发生意外事故。

（10）水、电、气使用完毕应立即关闭,不得用湿手、物接触电源,以防触电。

（11）实验完毕,将实验台面整理干净,洗净双手,关闭水、电、气等阀门后离开实验室。

1.4　实验室用水

由于实验目的不同对水质各有一定的要求,如仪器的洗涤、溶液的配制、化学反应和分析及生物组织培养,对水质的要求都有所不同。一般的化学实验用一次蒸馏水或去离子水;超纯分析或精密物理化学实验中,需要水质更高的二次蒸馏水、三次蒸馏水或根据实验要求用无二氧化碳蒸馏水等。

1.4.1　制备方法

天然水中常常溶有钠、钙、镁的碳酸盐、硫酸盐、沙土、氯化物、某些气体以及有机物等杂质和一些微生物,这样的水不符合实验要求,因此需要把水提纯。实验室制备纯水一般可用蒸馏法、离子交换法和电渗析法。蒸馏法的优点是设备成本低、操作简单,缺点是只能除掉水中非挥发性杂质,且能耗高;离子交换法制得的水,称为"去离子水",去离子效果好,但不能除掉水中非离子型杂质,常含微量的有机物;电渗析法是在直流电场作用下,利用阴、阳离子交换膜对原水中存在的阴、阳离子有选择性渗透的性质除去离子型杂质,电渗析法也不能除掉非离子型杂质。在实验中,要依据需要,选择用水,不应盲目地追求水的纯度。

1.4.2　规格

国家标准《分析实验室用水规格和试验方法》(GB 6682—2008)明确规定了实验室用水的级别、主要技术指标及检验方法。该标准修改采用了国际标准(ISO 3696:1987)。

分析实验室用水共分三个级别:一级水、二级水和三级水。

一级水用于有严格要求的分析实验,包括对颗粒有要求的实验,如高效液相色谱分析用水。一级水可用二级水经过石英设备蒸馏或离子交换混合床处理后,再经 $0.2\mu m$ 微孔滤膜过滤来制取。

二级水用于无机痕量分析等实验,如原子吸收光谱分析用水。二级水可用多次蒸馏或离子交换等方法制取。

三级水用于一般化学分析实验。三级水可用蒸馏或离子交换等方法制取。

分析实验室用水标准见表 1-1。

表 1-1　分析实验室用水标准(GB 6682—2008)

级别	一级	二级	三级
pH 值范围(25℃)	—	—	5.0～7.5
电导率(25℃)/(mS・m⁻¹)	≤0.01	≤0.10	≤0.50
可氧化物质(以 O 计)/(mg・L⁻¹)	—	≤0.08	≤0.40
吸光度(254nm,1cm 光程)	≤0.001	≤0.01	—
蒸发残渣(105±2℃)含量/(mg・L⁻¹)	—	≤1.0	≤2.0
可溶性硅(以 SiO₂ 计)含量/(mg・L⁻¹)	≤0.01	≤0.02	—

注:①由于在一级水、二级水的纯度下难以测定其真实的 pH 值,因此对一级水、二级水的 pH 值范围不做规定。②由于在一级水的纯度下难以测定可氧化物质和蒸发残渣,因此对其限量不做规定。可用其他条件和制备方法来保证一级水的质量。

1.5　化学试剂的分类

化学试剂的种类繁多,并且还没有统一的分类方法。在不同的分类方法中,使用较多的是按用途和化学组成进行分类。这种分类方法是将化学试剂先分成大类,在每一大类中又分成若干小类;也有按化学试剂的纯度进行分类的方法。按用途和化学组成的分类情况见表 1-2。

表 1-2　化学试剂的分类

类别	用途及分类	示例	备注
无机分析试剂	用于化学分析的一般无机化学试剂	金属单质、氧化物、酸、碱、盐	纯度一般大于 99%
有机分析试剂	用于化学分析的一般有机化学试剂	烃、醛、醇、酸、酯及衍生物	纯度较高、杂质较少
特效试剂	在无机分析中用于测定、分离或富集元素时一些专用的有机试剂	沉淀剂、萃取剂、显色剂、螯合剂、指示剂	—
基准试剂	标定标准溶液的浓度。又分为:容量工作基准试剂、pH 工作基准试剂、热值测定用基准试剂	基准试剂即化学试剂中的标准物质,一级有 15 种,二级有 7 种	一级纯度:99.98%～100.02%;二级纯度:99.95%～100.05%
标准物质	用作化学分析或仪器分析的对比标准或用于仪器校正。分为:一级标准物质、二级标准物质	纯净或混合的气体、液体或固体	我国自己生产的由原国家技术监督局公布的一级标准物质 683 种,二级标准物质 432 种
仪器分析试剂	原子吸收光谱标准品;色谱试剂(固定液、固定相填料)标准品;电子显微镜用试剂;核磁共振用试剂;极谱用试剂;光谱纯试剂:分光纯试剂;闪烁试剂	—	—
指示剂	用于容量分析滴定终点的指示、检验气体或溶液中某些物质。分为:酸碱指示剂、氧化还原指示剂、吸附指示剂、金属指示剂等	—	—
生化试剂	用于生命科学研究。分为:生化试剂、生物染色剂、生物缓冲物质、分离工具试剂等	生物碱、氨基酸、核苷酸、抗生素、酶、培养基	也包括临床诊断和医学研究用试剂
高纯试剂	纯度在 99.99% 以上,杂质控制在 10^{-6} 级或更低	—	—
液晶	在一定温度范围内具有流动性和表面张力并具有各向异性的有机化合物	—	—

化学试剂的种类和等级繁多,通常来说等级越高其使用成本越高。我国的试剂规格基本上按纯度划分为 7 个等级,分别为高纯(又称超纯或特纯)、光谱纯、分光纯、基准纯、优级纯、分析纯、化学纯。高纯试剂,纯度要求在 99.99% 以上,杂质总含量低于 0.01%。国家主管部门颁布质量指标的主要有优级纯、分析纯和化学纯 3 种。

国家标准《化学试剂包装及标志》(GB 15346—2012)将化学试剂分为不同门类、等级,并规定了它们的标志,详见表 1-3。GB 15346—2012 中把优级纯、分析纯、化学纯级试剂统称为通用试剂,此外还有基准试剂、生化试剂和生物染色剂等门类。

表 1-3　化学试剂的门类、等级及标志

门类	质量级别	代号	标签颜色	备注
通用试剂	优级纯	GR	深绿色	主体成分含量高,杂质含量低,主要用于精密的分析研究和测试工作
	分析纯	AR	金光红色	主体成分含量略低于优级纯,杂质含量略高,用于一般的分析研究和重要的测试工作
	化学纯	CP	蓝色	品质略低于分析纯,但高于实验试剂(LR),用于工厂、教学的一般分析和实验工作
基准试剂	—	—	深绿色	用于直接配制标准溶液或标定标准溶液的物质,纯度高于优级纯,检测的杂质项目多,但总含量低
生化试剂			咖啡色	用于生命科学研究的试剂种类特殊,纯度并非一定很高
生物染色剂	—	—	玫瑰红色	用于生物切片、细胞等的染色,以便显微观测

注:①其他类别的试剂均不得使用上述颜色标志。②生化试剂及其标签颜色是由 HG3—119—83 规定的,GB 15346—2012 中未单列。

在实际工作中,并不是使用的试剂越昂贵越好。因此,根据实验目的和要求选择合适等级的试剂是每一位化学工作者必须考虑的,总的原则是在满足实验目的和要求的前提下,尽量选用价格便宜、用量小的试剂。在一般分析工作中,通常使用分析纯试剂即可。

1.6　实验室安全事故处理

1.6.1　实验室常备药品及医用工具

实验室应配备医用药箱,以便在发生意外事故时临时处置之用。医用药箱应配备如下药品和工具:

(1)药品:碘伏、创可贴、烫伤膏、甘油、无水乙醇、硼酸溶液(1%~3%或者饱和溶液)、2%醋酸溶液、1%~5%碳酸氢钠溶液、3%~5%硫代硫酸钠溶液等。

(2)工具:医用镊子、剪刀、纱布、药棉、棉签、绷带、医用胶布等。

医用药箱供实验室急救用,不允许随便挪动或借用。

1.6.2　安全事故处理

1.6.2.1　中毒急救

在实验过程中,若感到咽喉灼痛,嘴唇脱色或发绀,胃部痉挛,或出现恶心呕吐、心悸、头晕等症状,则可能是中毒所致,经以下方法急救后,立即送医院抢救。

如果是固体或液体毒物中毒,嘴里若还有毒物者,应立即吐掉,并用大量水漱口;碱中毒,应先饮用大量水,再喝牛奶适量;误饮酸者应先饮用大量水,再服氢氧化镁乳剂,最后饮用适量牛奶。重金属中毒,应喝一杯含几克硫酸镁的溶液后立即就医。汞及汞化合物中毒,立即就医。

如果是气体或蒸气中毒,如不慎吸入煤气、溴蒸气、氯气、氯化氢、硫化氢等气体,应立即到室外呼吸新鲜空气,必要时做人工呼吸(但不要口对口)或送医院治疗。

常见毒物侵入途径、中毒症状和急救方法介绍如下:

(1)硫酸、盐酸和硝酸:主要经呼吸道和皮肤使人中毒,对皮肤黏膜有刺激和腐蚀作用。急救方法:应立即用大量水冲洗,再用2%碳酸氢钠水溶液冲洗,然后用清水冲洗。如有水疱出现,可涂红汞;眼、鼻、咽喉受蒸气刺激时,可用温水或2%碳酸氢钠水溶液冲洗和含漱。

(2)氢氟酸或氟化物:主要经呼吸道和皮肤使人中毒。接触氢氟酸气体可使皮肤局部有烧灼感,开始疼痛较轻不易感觉,深入皮下组织及血管时可引起化脓溃疡。吸入氢氟酸气体后,气管黏膜受刺激可引起支气管炎症。急救方法:皮肤被灼烧时,立即用大量水冲洗,将伤处浸入乙醇溶液(冰镇)或饱和硫酸镁溶液(冰镇)。

(3)汞及其化合物:主要经呼吸道、皮肤和口服使人中毒。急性中毒表现为恶心、呕吐、腹痛腹泻、全身衰弱、尿少或无尿,最后因尿毒症而死亡。慢性中毒表现为头晕、头痛、失眠等精神衰弱症状,记忆力减退,手指和舌头出现轻微震颤等。急救方法:急性中毒早期用饱和碳酸氢钠溶液洗胃或迅速灌服牛奶、鸡蛋清、浓茶或豆浆,立即送医院治疗;若皮肤接触汞及其化合物,应用大量水冲洗,然后湿敷3%~5%硫代硫酸钠溶液,若是不溶性汞化合物,则用肥皂和水洗。

(4)铬酸、重铬酸钾等铬(Ⅶ)化合物:主要经皮肤和口服使人中毒。吸入含铬化合物的粉尘或溶液飞沫可使口腔鼻咽黏膜发炎,严重者形成溃疡。若皮肤接触含铬化合物,最初出现发痒红点,之后侵入深部,继之组织坏死,愈合极慢。急救方法:皮肤损坏时,可用5%硫代硫酸钠溶液清洗;鼻咽黏膜损害,可用清水或碳酸氢钠水溶液灌洗。

(5)铅及其化合物:主要经皮肤和口服使人中毒。急性中毒症状为呕吐、流泪、腹痛、便秘等。慢性中毒表现为贫血、肢体麻痹瘫痪。急救方法:急性中毒时用硫酸钠或硫酸镁灌肠,送医院治疗。

1.6.2.2　实验室外伤的救治

实验室外伤是指意外受到烧伤、创伤、冻伤和化学灼伤等。

(1)化学灼伤的救治:化学灼伤是由于操作者的皮肤触及腐蚀性化学试剂所致。这些试剂包括:①强酸类,特别是氢氟酸及其盐;②强碱类,如碱金属的氢化物、浓氨水、氢氧化物等;③氧化剂,如浓的过氧化氢、过硫酸盐等;④某些单质,如溴、钾、钠等。

①碱类(氢氧化钠、氢氧化钾、氨、碳酸钾等):立即用大量水冲洗,然后用2%乙酸溶液冲洗,或撒敷硼酸粉,或用2%硼酸水溶液洗。

②酸类(硫酸、硝酸、盐酸等):先用大量水冲洗,再用碳酸氢钠溶液冲洗。

③氢氟酸:先用大量冷水冲洗直至伤口表面发红,然后用 5% NaHCO₃ 溶液洗,再以 2∶1 甘油与氧化镁悬浮液涂抹,用消毒纱布包扎;或用冰镇乙醇溶液浸泡。

④溴灼伤:溴灼伤一般不易愈合,必须严加防范。凡需用溴时应预先配制好适量 20%硫代硫酸钠溶液备用。一旦被溴灼伤,应立即用乙醇或硫代硫酸钠溶液冲洗伤口,再用水冲洗干净,并敷以甘油。若起疱,则不宜把水疱挑破。

(2)烧伤的救治:包括烫伤及火伤。急救的目的在于减轻疼痛的感觉和保护皮肤的受伤表面不受感染。措施:迅速将伤者救离现场扑灭身上的火焰,再用自来水冲洗掉烧坏的衣服,并慢慢地用剪刀剪除或脱去没有被烧坏的部分,注意避免碰伤烧伤面;对于轻度烧伤的伤口可用水洗除污物,再用生理盐水冲洗,并涂上烫伤油膏(不要挑破水疱),必要时用消毒纱布轻轻包扎予以保护;对于面积较大的烧伤,要尽快送至医院治疗,不要自行涂敷油膏,以免影响医院治疗。

(3)冻伤处理:将冻伤部位浸入 40～42℃的温水中浸泡,或用温暖的衣物、毛毯等包裹,使伤处温度回升。对于没有热水或冻伤部位不便浸水如耳朵等部位,可用体温将其暖和。严重冻伤经上述处理仍得不到恢复的应送至医院治疗。

(4)创伤处理:创伤主要是来自机械和玻璃仪器破损造成的伤害。处理创伤常用的方法:用消毒镊子或消毒纱布先把伤口清理干净,若伤口内有碎玻璃渣或其他异物,应先取出。然后用碘伏擦抹伤口周围,对于创伤较轻的毛细管出血,伤口消毒后即可用止血粉外敷,最后用消毒纱布包扎。若玻璃溅进眼里,千万不要揉擦,不要转眼球,任其流泪,并迅速送医院处理。创伤后不论是毛细管出血(渗出血液,出血少)、静脉出血(暗红色血,流出慢),还是动脉出血(喷射状出血,血多),都可以用压迫法止血,即直接压迫损伤部位进行止血。

1.6.2.3　触电

人体若通以 50Hz、25mA 交流电,会感到呼吸困难,100mA 以上则会致死。因此,使用电器必须制定严格的操作规程,以防触电。要注意:已损坏的插头、插座、电线接头、绝缘不良的电线,必须及时更换;电线的裸露部分必须绝缘;不要用湿手接触或操作电器;接好线路后再通电,用后先切断电源再拆线路;一旦遇到有人触电,应立即切断电源,尽快用绝缘物(如竹竿、干木棒、塑料棒等)将触电者与电源隔开,切不可用手去拉触电者。

1.7　实验室废弃物的处理

在化学实验室中会遇到各种有毒的废渣(废固)、废液和废气(简称"三废"),随意排放会对周围的空气、水、土壤等造成污染,影响环境,应根据国家环境保护规定和实验室废弃物处理要求进行合理处置。"三废"中的某些有用成分应予以回收,资源综合利用也是实验室工作的重要组成部分。

1.7.1　废渣(废固)处理

实验中产生和弃用的有毒有害固态物质,以及存放过危险物品的空器皿、包装物等必须放入专门的收集容器中,并暂存于实验室安全位置,不得随意掩埋、丢弃,集中交有处理资质的单位统一处理。

1.7.2　废液处理

实验中产生的酸、碱废液必须经中和处理达到国家安全排放标准后才能排放,严禁将未经处理的酸、碱废液直接倒入水池排入下水道。实验中产生的有害、有毒废液应分级、分类收集于专门的废液收集容器中,禁止将易发生化学反应的废液混装在同一收集容器内。含重金属的废液,不论浓度高低,必须全部回收于容器中。废液应暂存于实验室安全位置,集中交有处理资质的单位统一处理。

1.7.3　废气处理

主要是对实验中产生的危害健康和环境的气体进行处理,如一氧化碳、甲醇、氨、汞、酚、氧化氮、氯化氢、氟化物等气体或蒸气。废气应视具体情况分别处理,确认其有害物质浓度低于国家安全排放标准后才能直接排入大气。对于有废气产生的实验,务必在通风橱中进行。对少量低浓度的有害气体可直接通过通风橱收集,经实验室废气处理系统处理后排空。对于大量的高浓度的废气,应根据被吸收气体组分的性质,先选择合适的吸收剂(液)进行预处理,再经实验室废气处理系统处理后排空。除吸收法外,常用的预处理方法还有吸附法、氧化法、分解法等。

第 2 章

实验数据的表达与处理

2.1　测量中的误差

在化学中,所用的数据通过理论计算或实验测定得到。由于仪器、实验条件、环境等因素的限制,不可能得到绝对准确的结果,测量值与真实值之间总会存在一定的差异,这种差异就是误差。误差是客观存在的,不可避免,只能减小。因此,有必要了解实验过程中,特别是物质组成的定量测定过程中误差产生的原因及其出现的规律,学会采取相应措施减小误差,以使测定结果接近真实值。

2.1.1　误差的分类

根据产生的原因与性质,误差可以分为系统误差、偶然误差及过失误差三类。

2.1.1.1　系统误差

系统误差是由某种确定的原因引起的,对分析结果的影响比较固定,具有单向性,即正负、大小都有一定的规律,当重复进行测定时会重复出现。根据系统误差产生的原因,可分为方法误差、仪器误差、试剂误差及操作误差等四种。

在每一次测定中系统误差都是存在的。因为系统误差是重复地以固定方向(正负)和大小出现的,所以能用对照实验、空白试验和校正仪器等方法加以校正。

2.1.1.2　偶然误差

偶然误差也称随机误差,是某种偶然因素(实验时环境的温度、湿度和气压的微小波动,仪器性能的微小变化)所引起的,其影响时大时小,时正时负,具有不确定值。产生偶然误差的原因有许多,在操作中难以察觉、难以控制、无法校正,因此不能完全避免,但在消除系统误差后,在同样条件下进行多次测定,则可发现偶然误差的分布符合正态分布规律。因此,通过增加平行测定的次数,偶然误差可随测定次数的增加而迅速减小,逐渐接近于零,但是,测定次数增加到一定程度(10 次),再继续增加测定次数,则效果不显著,在实际工作中,测定 4~6 次已经足够了。在一般的化学分析中,对同一试样通常要求平行测定 3~4 次,以获得较为精确的分析结果。

2.1.1.3　过失误差

在测定过程中,由于操作者粗心大意或操作不正确所引起的误差,称过失误差。例如,溶液溅失、沉淀穿滤、加错试剂、读错刻度、记录错误等。这些都是不应有的过失。通常只要我们在操作中认真细心,严格遵守操作规程,这种错误是可以避免的。

2.1.2 误差的表示方法

2.1.2.1 误差与准确度

准确度是表示测定值与真实值接近的程度。测量值(x_i)与真实值(x_T)越接近,就越准确。准确度的大小,用误差表示,误差越小说明分析结果的准确度越高。误差可以用绝对误差(E)和相对误差(E_r)来表示。

绝对误差是指测量值与真实值之差。

$$E = x_i - x_T$$

式中,x_i 为测量值,x_T 为真实值。

相对误差是指绝对误差在真实值中所占的比例,常用百分率表示。

$$E_r = \frac{E}{x_T} \times 100\%$$

绝对误差和相对误差都有正负之分,正值表示分析结果偏高,负值表示分析结果偏低。分析结果的准确度常用相对误差表示。

2.1.2.2 偏差与精密度

精密度是指在相同的条件下,多次平行测定结果相互接近的程度,它体现了测定结果的重现性。精密度用偏差来表示,偏差越小说明分析结果的精密度越高。偏差同样可以用绝对偏差和相对偏差来表示。

绝对偏差 d_i 是指测量值 x_i 与平均值 $\overline{x}$ 之差。

$$d_i = x_i - \overline{x}$$

相对偏差 d_r 是指绝对偏差在平均值中所占的比例,常用百分率表示。

$$d_r = \frac{d_i}{\overline{x}} \times 100\%$$

在实际工作中,经常采用平均偏差和相对平均偏差来衡量精密度的高低。平均偏差 $\overline{d}$ 是指各单个偏差绝对值的平均值。

$$\overline{d} = \frac{|d_1| + |d_2| + \cdots + |d_n|}{n} = \frac{\sum_{i=1}^{n} |x_i - \overline{x}|}{n}$$

相对平均偏差 $\overline{d_r}$ 是指平均偏差与平均值之比,常用百分率表示。

$$\overline{d_r} = \frac{\overline{d}}{\overline{x}} \times 100\%$$

用统计方法处理数据时,常用标准偏差来衡量精密度。标准偏差为各测定值绝对偏差平方的平均值的平方根。在一般分析工作中,只做有限次数的平行测定(测定次数 $n \leqslant 20$),单次测定的标准偏差 s 可按下式计算:

$$s = \sqrt{\frac{\sum_{i=1}^{n} (x_i - \overline{x})^2}{n-1}}$$

标准偏差在平均值中所占的百分数,称为相对标准偏差(RSD),也称为变异系数(CV)。

$$RSD = \frac{s}{\overline{x}} \times 100\%$$

2.1.2.3　准确度与精密度的关系

准确度表示测量值与真实值的符合程度,精密度表示同一试样的重复测定值之间的符合程度。系统误差是主要的误差来源,它决定了测定结果的准确度;而偶然误差则决定了测定结果的精密度。精密度是保证准确度的先决条件,测定时应首先保证测定的精密度,精密度低的测定结果是不可靠的;高的精密度不一定能保证高的准确度,只有减小系统误差,才能得到准确度高的分析结果。因此,我们在评价分析结果优劣的时候,应该从测定结果的准确度和精密度两个方面入手。

2.1.3　误差的减免

系统误差可以采用一些校正的办法或制定标准规程的办法来加以校正,使之减免或消除。偶然误差可采取适当增加测定次数,取其平均值的办法来减小。

2.2　实验数据记录与有效数字

2.2.1　有效数字

在分析工作中,任一物理量的测定,其准确度都有一定限度。例如,读取滴定管的刻度得到 25.45mL,该数据中,前三位数字是从滴定管上直接读取的准确值,第四位数字因为没有刻度,是估计出来的,记录时应予以保留。这四位数字都是有效数字。

有效数字是指实际能够测量到的数字,也就是说,在一个数据中,除了最后一位是不确定的或是可疑的外,其他各位数字都是确定的。

有效数字的位数应与测量仪器的精度相对应,所以不能任意增加或减少。例如,称得 NaOH 的质量为 3.2000g,表示该物质是在可测量到 0.0001g 的分析天平上称量的,最后一位为估计数字,可能有 ±0.0001g 的误差。若记为 3.2g,则表示该物质是在只能测量到 0.1g 的台秤上称量的,可能有 ±0.1g 的误差。所以,有效数字一方面反映了数量的大小,另一方面也反映了测量的精确程度。

在判断有效数字的位数时,应注意"0"的位置。如 3.2000g 为五位有效数字,若写作 0.0032000kg仍为五位有效数字,数据中第一个非零数字之前的"0"只起定位作用,与所采用的单位有关,而与测量的精确程度无关,所以不是有效数字。而末尾的"0"关系到测量的精确程度,是有效数字,不能随意略去。

此外,若涉及非测量值(如自然数、分数等)以及常数(如 π,e 等)时,此类数字可视为准确值(可认为有无限多位有效数字),因此计算中考虑有效数字位数时与此类数字无关。

2.2.2　数字修约规则

在处理分析数据时,涉及的各测量值的有效数字位数可能不同,计算时必须运用有效数字的修约规则进行修约,做到合理取舍。目前所遵循的数字修约规则多采用"四舍六入五成双"规则,即被修约的数字尾数≤4时舍去;被修约的数字≥6时进位;被修约的数字等于 5 时,当 5 后面的数字不全为 0 时进位,当 5 后面都是 0 时,进位或舍去以保证修约后的末位数字为偶

数。例如,将下列数据修约为两位有效数字:7.549、7.3690、7.4500、7.350、7.4501,结果为
7.5、7.4、7.4、7.4、7.5。修约应一次到位,不得连续多次修约。

2.2.3　有效数字的计算规则

在分析结果的计算中,为保证计算结果的准确度与实验数据相符合,防止误差累积,测定
值先多保留一位有效数字(称为安全数),运算过程中再按下列规则将各数据进行修约,然后计
算结果。有效数字的计算规则是:

(1)对数值进行加减时,各数据及最后计算结果所保留的小数点后位数与小数点后位数最
少的一个数据相同。

(2)对数值进行乘除时,各数据及最后计算结果所保留的位数应与有效数字位数最少的一
个数据相同。

(3)对数值进行乘方或开方时(相当于乘法或除法),其有效数字位数不变。

(4)对数值进行对数计算时(如计算 pH,pM,lg$c$,lg$K$ 等),对数尾数的位数应与真数的有
效数字位数相同。

(5)单位变换不影响有效数字位数。

此外,数据进行乘除运算时,若第一位数字大于或等于 8,其有效数字位数可多算一位。
如 9.46 可看作是四位有效数字;表示分析结果的精密度和准确度时,误差和偏差等可根据实
际测量情况只取一位或两位有效数字;当计算中需要用到相对原子质量、相对分子质量及有关
常数(如 π,e 等)等数据时,应根据有效数字计算规则的要求选取有效数字的位数,以保证计算
结果的准确性。

特别需注意的是,用计算器进行连续运算的过程中可能保留了过多的有效数字,但最后结
果应当按数字修约规则修约成适当的数字,以正确表达分析结果的准确度。

2.3　实验数据的处理

实验中测量得到的许多数据需要处理后才能表示测定的最终结果。对实验数据进行记
录、整理、计算、分析、拟合等,从中获得实验结果和寻找物理量变化规律或经验公式的过程就
是数据处理。

一般在表示测定结果之前,首先要对所测得的一组数据进行整理,排除有明显过失的测定
值,再对有怀疑但又没有确凿证据的与大多数测定值差距较大的测定值,采取数理统计的方法
决定取舍,最后进行统计处理,计算数据的平均值、平均偏差和标准偏差等。

2.3.1　可疑值的取舍

在一组测定值中,常会出现个别数据与其他数据偏离较远,这些偏离数值称为可疑值,是
舍弃还是保留,必须慎重,必须按科学的统计方法来决定取舍。统计学处理可疑值取舍的方法
有多种,常用的方法有 $4\bar{d}$ 法、Q 检验法、G 检验法。

2.3.1.1　$4\bar{d}$ 法

先求出平均值 $\bar{x}$ 与平均偏差 $\bar{d}$ 再计算比较,若 $|x-\bar{x}|>4\bar{d}$,则测定值 x 可以舍去。

2.3.1.2 Q 检验法

当测定值较少时（通常测量次数 $n=3\sim10$ 次），通常采用 Q 检验法。Q 检验法是将测定值按大小顺序排列，由可疑值与其相邻值之差的绝对值除以极差，求得 Q 值。

$$Q=\frac{|x_疑-x_邻|}{x_{最大}-x_{最小}}$$

Q 值愈大，表明可疑值离群愈远，当 Q 值超过一定界限时应舍去。表 2-1 为不同置信度时的 Q 值。当计算值大于或等于表值时，该可疑值应舍去，否则应予保留。

表 2-1　不同置信度下舍弃可疑数据的 Q 值

置信度	测量次数							
	3	4	5	6	7	8	9	10
$Q_{0.9}$	0.94	0.76	0.64	0.56	0.51	0.47	0.44	0.41
$Q_{0.95}$	0.97	0.84	0.73	0.64	0.59	0.54	0.51	0.49
$Q_{0.99}$	0.99	0.93	0.82	0.74	0.68	0.63	0.60	0.57

2.3.1.3 G 检验法

目前用得最多的检验方法是 G 检验法，其计算公式如下：

$$G_计=\frac{|x_疑-\overline{x}|}{s}$$

式中，$\overline{x}$ 为包括可疑值在内的平均值，s 为包括可疑值在内的标准偏差。计算的 $G_计$ 值与表 2-2 查得的 $G_{\alpha,n}$ 值进行比较决定取舍。表 2-2 中，α 为显著性水平，n 为测定次数。若 $G_计\geqslant G_{\alpha,n}$，可疑值应弃去，否则应保留。

表 2-2　$G_{\alpha,n}$ 值

α	测定次数 n												
	3	4	5	6	7	8	9	10	11	12	13	14	15	20
0.05	1.15	1.46	1.67	1.82	1.94	2.03	2.11	2.18	2.23	2.29	2.33	2.37	2.41	2.56
0.01	1.15	1.49	1.75	1.94	2.10	2.22	2.32	2.41	2.48	2.55	2.61	2.66	2.71	2.88

2.3.2　常用数据处理方法

实验数据的处理要求准确、简明、形象。目前数据的处理方法主要有三种：列表法、图示法和回归分析法。

2.3.2.1　列表法

列表法就是将一组实验数据和计算的中间数据依据一定的形式和顺序列成表格。列表法的优点是可以简单明确地表示出物理量之间的对应关系，便于分析和发现资料的规律性，也有助于检查和发现实验中的问题。设计实验数据表时应做到以下几点：

(1)表格设计要合理，便于记录、检查、运算和分析。

(2)数据表的表头要清楚列出物理量的名称、符号和单位及量值的数量级。符号与单位之

间用斜线"/"隔开。

（3）表中数据要正确反映测量结果的有效数字和不确定度。

（4）表格要加上必要的说明。实验室所给的数据或查得的单项数据应列在表格的上部，说明写在表格的下部。

2.3.2.2　图示法

图示法就是将整理得到的实验数据或结果在坐标纸上用图线表示物理量之间的关系，揭示物理量之间的联系。图示法有简明、形象、直观、便于比较研究实验结果等优点，是一种常用的数据处理方法。

2.3.2.3　回归分析法

回归分析法是利用数理统计原理，对大量统计数据进行数学处理，并确定因变量与某些自变量之间的相关关系，建立一个相关性较好的回归方程（函数表达式），并加以外推，用于预测今后因变量的变化情况的分析方法。根据因变量和自变量的个数可分为一元回归分析和多元回归分析，根据因变量和自变量的函数表达式可分为线性回归分析和非线性回归分析。

在通常情况下，线性回归分析是回归分析法中最基本的方法，当遇到非线性回归分析时，可以借助数学手段将其化为线性回归。因此，我们主要研究线性回归问题，一旦线性回归问题得到解决，非线性回归问题也就迎刃而解了，例如，取对数使得乘法变成加法等。当然，有些非线性回归也可以直接进行，如多项式回归等。

由回归分析法的定义知道，回归分析可以简单地理解为信息分析与预测。信息即统计数据，分析即对信息进行数学处理，预测就是加以外推，也就是适当扩大已有自变量取值范围，并承认该回归方程在该扩大的定义域内成立，然后就可以在该定义域上取值进行"未来预测"。当然，还可以对回归方程进行有效控制。

（1）回归分析主要解决以下问题：

①确定变量之间是否存在相关关系，若存在，则找出数学表达式；相关关系可以分为确定关系和不确定关系。但是不论是确定关系还是不确定关系，只要有相关关系，都可以选择一个适当的数学关系式，用以说明一个或几个变量变动时，另一变量或几个变量平均变动的情况。

②根据一个或几个变量的值，预测或控制另一个或几个变量的值，且要估计这种控制或预测可以达到何种精确度。

（2）回归分析步骤如下：

①根据自变量与因变量的现有数据以及关系，初步设定回归方程。

②求出合理的回归系数。

③进行相关性检验，确定相关系数。

④在符合相关性要求后，即可根据已得的回归方程与具体条件相结合，确定事物的未来状况，并计算预测值的置信区间。

（3）回归分析的有效性：用回归分析法进行预测首先要对各个自变量做出预测。若各个自变量可以由人工控制或易于预测，而且回归方程也较为符合实际，则应用回归预测是有效的，否则就很难应用。

（4）回归分析的注意事项：为使回归方程较能符合实际，首先应尽可能定性判断自变量的可能种类和个数，并在观察事物发展规律的基础上定性判断回归方程的可能类型；其次，力求掌握较充分的高质量统计数据，再运用统计方法，利用数学工具和相关软件从定量方面计算或改进定性判断。

（5）回归分析中的几个常用概念介绍如下：

实际值：实际观测到的研究对象特征数据值，用 y_i 表示。

理论值：根据实际值可以得到一条倾向线，用数学方法拟合这条曲线，可以得到数学模型，根据这个数学模型计算出来的、与实际值相对应的值，称为理论值，用 $\hat{y}_i$ 表示。

预测值：实际上也是根据数学模型计算出来的理论值，但它是与未来对应的理论值，用 y_0 表示。

2.3.3　一元线性回归

一元线性回归，就是只涉及一个自变量的回归，自变量和因变量之间成线性关系，因变量与自变量之间的关系可用一元线性方程来表示。

2.3.3.1　确定回归模型

由于我们研究的是一元线性回归，因此其回归模型可表示为：

$$y = \beta_0 + \beta_1 x + \varepsilon$$

式中，y 是因变量；x 是自变量；ε 是误差项；β_0 和 β_1 称为模型参数（回归系数）。

2.3.3.2　求出回归系数

这里的回归系数的求解，就要用一定的方法，使得该系数应用于该方程是"合理的"。最常用的一种方法就是最小二乘法。最小二乘法是测量工作和科学实验中最常用的一种数据处理方法，其基本原理是：根据实验观测得到的自变量 x 和因变量 y 之间的一组对应关系，找出一个给定类型的函数 $y = f(x)$，使得它所取的值 $f(x_1), f(x_2), \cdots, f(x_n)$ 与观测值 $y_1, y_2, \cdots, y_n$ 在某种尺度下最接近，即在各点处的偏差的平方和达到最小，即 $\sum\limits_{i=1}^{n} (y_i - \hat{y}_i)^2 = \sum\limits_{i=1}^{n} (y_i - \hat{\beta}_0 - \hat{\beta}_1 x_i)^2 = $ 最小。这种方法求得的 $\hat{\beta}_0$ 和 $\hat{\beta}_1$ 将使得拟合直线 $y = \hat{\beta}_0 + \hat{\beta}_1 x$ 中的 y 和 x 之间的关系与实际数据的误差比其他任何直线都小。

根据最小二乘法的要求，可以推导得到最小二乘法的计算公式：

$$\begin{cases} \hat{\beta}_1 = \dfrac{n \sum\limits_{i=1}^{n} x_i y_i - \left(\sum\limits_{i=1}^{n} x_i \right) \left(\sum\limits_{i=1}^{n} y_i \right)}{n \sum\limits_{i=1}^{n} x_i^2 - \left(\sum\limits_{i=1}^{n} x_i \right)^2} \\ \hat{\beta}_0 = \bar{y} - \hat{\beta}_1 \bar{x} \end{cases}$$

式中，$\bar{x} = \dfrac{1}{n} \sum\limits_{i=1}^{n} x_i, \bar{y} = \dfrac{1}{n} \sum\limits_{i=1}^{n} y_i$。

2.3.3.3　相关性检验

对于若干组具体数据 (x_i, y_i) 都可算出回归系数 $(\hat{\beta}_0, \hat{\beta}_1)$，从而得到回归方程。至于 y 与 x 之间是否真有如回归模型所描述的关系，或者说用所得的回归模型去拟合实际数据是否有足够好的近似，并没有得到判明。因此，必须对回归模型描述实际数据的近似程度，也即对所得的回归模型的可信程度进行检验，称为相关性检验。

相关系数是衡量一组测量数据 x_i, y_i 线性相关程度的参量，其定义为：

$$r = \frac{\overline{xy} - \overline{x}\,\overline{y}}{\sqrt{(\overline{x^2} - \overline{x}^2)(\overline{y^2} - \overline{y}^2)}}，或者\ r = \frac{n\sum\limits_{i=1}^{n} x_i y_i - \sum\limits_{i=1}^{n} x_i \sum\limits_{i=1}^{n} y_i}{\sqrt{\left[n\sum\limits_{i=1}^{n} x_i^2 - \left(\sum\limits_{i=1}^{n} x_i\right)^2\right]\left[n\sum\limits_{i=1}^{n} y_i^2 - \left(\sum\limits_{i=1}^{n} y_i\right)^2\right]}}$$

$0 < |r| \leqslant 1$。$|r|$ 越接近于 1，x, y 之间线性关系就越好；r 为正，直线斜率为正，称为正相关；r 为负，直线斜率为负，称为负相关。$|r|$ 接近于 0，则测量数据点分散或 x_i, y_i 之间为非线性。不论测量数据好坏都能求出 $\hat{\beta}_0$ 和 $\hat{\beta}_1$，所以我们必须有一种判断测量数据好坏的方法，用来判断什么样的测量数据不宜拟合，判断的方法是当 $|r| < r_0$ 时，测量数据是非线性的。r_0 称为相关系数的起码值，与测量次数 n 有关，如表 2-3 所示。

表 2-3　相关系数起码值 r_0

n	r_0	n	r_0	n	r_0
3	1.000	9	0.798	15	0.641
4	0.990	10	0.765	16	0.623
5	0.959	11	0.735	17	0.606
6	0.917	12	0.708	18	0.590
7	0.874	13	0.684	19	0.575
8	0.834	14	0.661	20	0.561

在进行一元线性回归之前应先求出 r 值，再与 r_0 比较，若 $|r| > r_0$，则 x 和 y 具有线性关系，可求回归直线；否则，x 和 y 不具线性关系，不可求回归直线。

2.3.3.4　置信区间的确定

当确定相关性后，就可以对置信区间进行确定，并可以结合实际情况，确定事物未来的状况了。回归分析最主要的应用就在于"预测"，而预测是不是准确，就得有一个衡量的工具，它就是置信区间。或者从另外一方面来说，回归方程是由数理统计得出的，它反映的是实际数据的统计规律，所以根据回归方程所得的预测值 y_0 只是对应于 x_0 的单点预测估计值，预测值应该有一个置信区间。这样来看，计算置信区间是很有必要的。

置信区间：

$$S^2 = \frac{\sum\limits_{i=1}^{n}(y_i - \hat{y}_i)^2}{n-2},$$

式中，S^2 称为剩余方差，S 称为剩余标准差。注：该表达式的自由度为 $n-2$ 是因为有 2 个限制变量 x_i 和 y_i，故对于给定的 x_0, y 值的概率为 0.95 的置信区间是 $(y_0 - 1.96S, y_0 + 1.96S)$。

2.4　实验报告的撰写要求

实验报告的撰写是一项重要的基本技能训练，它不仅是对每次实验的总结，更重要的是它可以初步地培养和训练学生的逻辑归纳能力、综合分析能力和文字表达能力，是科学论文写作的基础。因此,参加实验的每位学生,均应及时认真地书写实验报告。要求内容实事求是,分析全面具体,文字简练通顺,誊写清楚整洁。实验报告内容与格式示范如下:

实验报告内容与格式

(一)实验名称

要用最简练的语言反映实验的内容,如验证某现象、定律、原理等,可写成"验证×××""分析×××"。

(二)所属课程名称

(三)学生姓名、学号及小组成员

(四)实验日期和地点(年、月、日)

(五)实验目的

目的要明确,在理论上验证定理、公式、算法,并使实验者获得深刻和系统的理解。在实践上,掌握使用实验设备的技能技巧和程序的调试方法。一般需说明是验证型实验还是设计型实验,是创新型实验还是综合型实验。

(六)实验原理

这是实验报告极其重要的内容。要抓住重点,可以从理论和实践两个方面考虑。这部分要写明依据何种原理、定律算法或操作方法进行实验。详细书写理论计算过程。

(七)实验仪器设备、材料和试剂

实验用的仪器设备、材料和试剂。

(八)实验步骤

只写主要操作步骤,不要照抄实习指导书,要简明扼要。还应该画出实验流程图(实验装置的结构示意图),再配以相应的文字说明,这样既可以节省许多文字说明,又能使实验报告简明扼要,清楚明白。

(九)实验结果

此部分包括实验现象的描述、实验数据的处理等。原始资料应附在本次实验主要操作者的实验报告上,同组的合作者要复制原始资料。

对于实验结果的表述,一般有三种方法。

(1)文字叙述:根据实验目的将原始资料系统化、条理化,用准确的专业术语客观地描述实验现象和结果,要有时间顺序以及各项指标在时间上的关系。

(2)图表:用表格或坐标图的方式使实验结果突出、清晰,便于相互比较,尤其适合于分组较多,且各组观察指标一致的实验,使组间异同一目了然。

(3)曲线图:应用记录仪描记出曲线图,这些指标的变化趋势形象生动、直观明了。

在实验报告中,可任选其中一种或几种方法,以获得最佳效果。

(十)讨论

根据相关的理论知识对所得到的实验结果进行解释和分析。如果所得到的实验结果和预期的结果一致,那么它可以验证什么理论? 实验结果有什么意义? 说明了什么问题? 这些是实验报告应该讨论的。但是,不能用已知的理论或生活经验硬套在实验结果上,更不能由于所得到的实验结果与预期的结果或理论不符而随意取舍甚至修改实验结果,这时应该分析其异常的可能原因。如果本次实验失败了,应找出失败的原因及以后实验应注意的事项。不要简单地复述课本上的理论而缺乏自己主动思考的内容。

另外,也可以写一些本次实验的心得以及提出一些问题或建议等。

(十一)结论

结论不是具体实验结果的再次罗列,也不是对今后研究的展望,而是针对这一实验所能验证的概念、原则或理论的简明总结,是从实验结果中归纳出的一般性、概括性的判断,要简练、准确、严谨、客观。

(十二)参考资料

详细列举在实验中用到的参考资料,格式见《信息与文献　参考文献著录规则》(GB/T 7714—2015)。

(十三)鸣谢(可略)

在实验中得到他人的帮助,应在报告中以简单语言感谢。

第3章

化学实验基本操作

3.1 玻璃仪器的洗涤与干燥

3.1.1 常用玻璃器皿

常用玻璃器皿如图 3-1 所示。

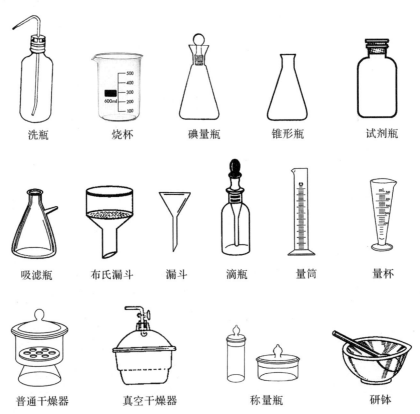

| 洗瓶 | 烧杯 | 碘量瓶 | 锥形瓶 | 试剂瓶 |

| 吸滤瓶 | 布氏漏斗 | 漏斗 | 滴瓶 | 量筒 | 量杯 |

| 普通干燥器 | 真空干燥器 | 称量瓶 | 研钵 |

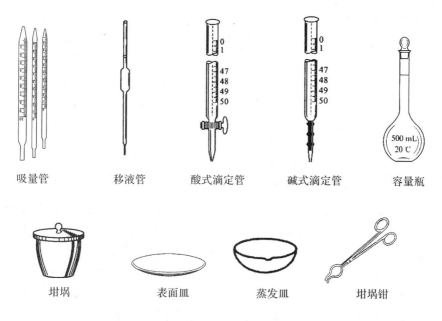

图 3-1　常用玻璃仪器

3.1.2　玻璃仪器的洗涤

实验中要使用各种玻璃仪器,这些玻璃仪器是否清洁,会直接影响实验结果的准确性,因此,在实验前必须将玻璃仪器清洗干净。洗涤的目的是保证玻璃仪器上没有杂质,避免干扰反应,保证测量体积的读数可靠。

洗涤玻璃仪器的要求:清洁透明,水沿器壁自然流下后,均匀润湿,无水的条纹,且不挂水珠。

玻璃仪器的洗涤方法很多,一般来说,应根据实验的要求、污物的性质和玷污程度来选择方法。附着在仪器上的污物既有可溶性物质,也有尘土、不溶物及有机油污等,可分别采用下列方法进行洗涤:

(1)用毛刷洗:用毛刷蘸水刷洗仪器,可以去掉仪器上附着的尘土、可溶性物质和易脱落的不溶性杂质。

(2)用去污粉(肥皂、合成洗涤剂)洗:去污粉是由碳酸钠、白土、细沙等混合而成的。将要洗的容器先用水湿润(需用少量水),然后撒入少量去污粉,再用毛刷擦洗。利用碳酸钠的碱性具有强的去污能力,细沙的摩擦作用,白土的吸附作用,增加了对仪器的清洗效果。仪器内外壁经擦洗后,先用自来水冲洗掉去污粉颗粒,然后用蒸馏水洗 3 次,去掉自来水中带来的钙、镁、铁、氯等离子。每次蒸馏水的用量要少些,注意节约用水(采取"少量多次"的原则)。洗净的玻璃仪器其内壁应能被水均匀地润湿而无水的条纹,且不挂水珠。磨口的玻璃仪器,洗刷时应注意保护磨口,不宜使用去污剂,而改用洗涤液。

(3)用洗涤液洗:针对玻璃上的不同污物,采用相应的洗涤液洗涤,并通过化学或物理的方法有效地将玻璃仪器清洗干净。目前几种常用的洗涤液见附录 1。要注意:在使用各种不同性质的洗涤液时,必须把前一种洗涤液清除后再用另一种洗涤液,以免它们之间相互作用,生成更难清除的产物。

对不易用毛刷刷洗或用毛刷刷洗不干净的玻璃仪器,如滴定管、容量瓶、移液管等,通常将洗涤液倒入或吸入容器内浸泡一段时间后,把容器内的洗涤液倒入贮存瓶中,再用自来水冲洗和去离子水润洗。

(4)用去离子水荡洗:刷洗或用洗涤剂洗过后,再用水连续淋洗数次,最后再用去离子水或蒸馏水荡洗 2~3 次,以除去由自来水带入的钙、镁、钠、铁、氯等离子。洗涤方法一般是从洗瓶向仪器内壁挤入少量水,同时转动仪器或变换洗瓶水流方向,使水能充分淋洗内壁,每次用水量不需太多,以少量多次为原则。

3.1.3 难洗污物的洗涤方法

(1)结晶和沉淀物的洗涤:如氢氧化钠或氢氧化钾因吸收空气中的二氧化碳而形成碳酸盐以及存在氢氧化铜或氢氧化铁沉淀时,可用水浸泡数日,然后用稀酸洗涤,使之生成能溶于水的物质,再用水冲洗。如存在有机物沉淀,则可用煮沸的有机溶剂或氢氧化钠溶液进行洗涤。

(2)残留汞齐的洗涤:汞与一些金属形成金属合金(汞齐),附着在玻璃壁上形成深色斑痕,可用体积分数为 10% 的硝酸溶液将汞齐溶解,再用水洗净。

(3)干性油、油脂、油漆的洗涤:可用氨水或氯仿进行洗涤,未变硬的油脂可用有机溶剂洗涤;煤油可用热肥皂水洗涤;黏性油可用热氢氧化钠溶液浸泡洗涤。

(4)污斑的洗涤:玻璃上的白色污斑,是长期贮碱而被碱腐蚀形成的;玻璃上吸附着的黄褐色的铁锈斑点,可用盐酸溶液洗涤;电解乙酸铅时生成的混浊物,可用乙酸洗涤;褐色的二氧化锰斑点可用硫酸亚铁、盐酸或草酸溶液洗涤;玻璃上的墨水污斑可用苏打或氢氧化钠溶液洗涤。

(5)银盐污迹的洗涤:氯化银、溴化银污迹可用硫代硫酸钠溶液洗涤除去。银镜可用热的稀硝酸溶液使之生成易溶于水的硝酸银加以洗除。

3.1.4 玻璃仪器的干燥

在实验完毕后应将玻璃仪器清洗干净备用。根据不同的实验,对玻璃仪器的干燥有不同的要求,通常实验中用的烧杯、锥形瓶等洗净后即可使用,而用于有机化学实验或有机分析的玻璃仪器,则在洗净后必须进行干燥。玻璃仪器的干燥方法有以下几种。

(1)晾干:不急用的玻璃仪器,可在用纯水清洗后倒置在干净的实验柜内或仪器架上,让其自然干燥。

(2)烘干:洗净的玻璃仪器可以放在电热干燥箱(烘箱)内烘干,放进去之前应尽量把水沥干净。烘箱温度在 $105 \sim 120 \, ^\circ\mathrm{C}$,保持约 1h。

(3)烤干:烧杯和蒸发皿可以放在石棉网的电炉上烤干。试管可以直接用小火烤干,操作时,先将试管略为倾斜,管口向下,并不时地来回移动试管,水珠消失后,再将管口朝上,以便水气逸出。

(4)吹干:体积小又急需干燥的玻璃仪器,可用压缩空气或电吹风机吹干。先用少量乙醇、丙酮(或乙醚)倒入仪器中将其润湿,倒出并流净溶剂后,再用电吹风机吹,开始用冷风,然后用热风把玻璃仪器吹干。

(5)用有机溶剂干燥:一些带有刻度的计量仪器,不能用加热方法干燥,否则,会影响仪器的精密度。可将一些易挥发的有机溶剂(如酒精或酒精与丙酮的混合液)倒入洗净的仪器中(量要少),把仪器倾斜,转动仪器,使仪器壁上的水与有机溶剂混合,然后倾出,少量残留在仪器内的混合液很快挥发使仪器干燥。

3.2   加热和冷却

3.2.1   加热

在实验室中加热常用酒精灯、酒精喷灯、煤气灯、电炉、电热板、电热套(包)、水浴锅、红外灯等。

(1)酒精灯:提供的温度不高。酒精易燃,使用时要特别注意安全。必须用火柴点燃,决不能用另一燃着的酒精灯来点燃,否则会把酒精洒在外面而引起火灾或烧伤。酒精灯不用时用灯罩罩上,火焰即熄灭,不能用嘴吹。酒精灯温度通常可达 400~500℃。

(2)酒精喷灯:使用前,先在预热盆上注入酒精至满,然后点燃盆内的酒精,以加热铜质灯管。待盆内的酒精将燃完时,开启开关,这时酒精在灼热燃管内气化,并与来自气孔的空气混合,用火柴在管口点燃,温度可达 700~1000℃。调节开关螺丝,可以控制火焰的大小。用毕,向右旋紧开关,可使灯焰熄灭。应该注意,在开启开关、点燃以前,灯管必须充分灼烧,否则酒精在灯管内不会全部气化,会有液态酒精由管口喷出,形成"火雨",甚至会引起火灾。不用时,必须关好储罐的开关,以免酒精漏失,造成危险。

(3)煤气灯:实验室中如果备有煤气,在加热操作中,可用煤气灯。使用时按下述方法进行操作:

①煤气由导管输送到实验台上,用橡皮管将煤气龙头和煤气灯相连。

②煤气的点燃。旋紧金属灯管,关闭空气入口,点燃火柴,打开煤气开关,将煤气点燃,观察火焰的颜色。

③调节火焰。旋紧金属灯管,调节空气进入量,观察火焰颜色的变化,待火焰分为三层时,即得正常火焰。当煤气完全燃烧时,生成不发光的五色火焰,可以得到最大的热量。如果点燃煤气时,空气入口开得太大,进入的空气太多,就会产生"侵入火焰",此时煤气在管内燃烧,发出"嘘嘘"的响声,火焰的颜色变绿色,灯管被烧得很热。当发生这种现象时,应该先关上煤气开关,待灯管冷却后再关小空气入口,重新点燃。煤气量的大小,一般可用煤气开关调节,也可用煤气灯下的螺丝来调节。

④关闭煤气灯。往里旋转螺旋形针阀,关闭煤气灯开关,火焰即灭。

(4)电炉:根据发热量不同有不同规格,如 800W、1000W 等。使用时注意以下几点:

①电源电压与电炉电压要相符。

②加热容器与电炉间要放一块石棉网,以使受热均匀。

③耐火炉盘的凹渠要保持清洁,及时清除烧灼焦煳的杂物,以保证炉丝传热良好,延长使用寿命。

(5)电热板、电热套(包):电炉做成封闭式称为电热板,由控制开关和外接调压变压器调节加热温度。电热板升温速度较慢,且受热是平面的,不适合加热圆底容器,多用作水浴和油浴的热源,也常用于加热烧杯、锥形瓶等平底容器。电热套(包)是专为加热圆底容器而设计的,使用时应根据圆底容器的大小选用合适的型号,电热套(包)相当于一个均匀加热的空气浴,为有效地保温,可在包口和容器间用玻璃布围住。

(6)水浴锅:用于实验室中蒸馏、干燥、浓缩及温渍化学药品或生物制品,也可用于恒温加热实验。

恒温水浴锅内水平放置不锈钢管状加热器,水槽的内部放有带孔的铝制搁板,上盖配有不同口径的组合套圈,可适应不同口径的烧瓶。水浴锅左侧有放水管,恒温水浴锅右侧是电气箱,电气箱前面板上装有温度控制仪表、电源开关。电气箱内有电热管和传感器。工作原理:传感器将水槽内水的温度转换为电阻值,经过集成放大器的放大、比较后,输出控制信号,有效地控制电加热管的平均加热功率,使水槽内的水保持恒温。当被加热的物体要求受热均匀,温度不超过 100℃时,可以用水浴加热。注意:不可把水浴锅烧干。

(7)红外灯:红外灯用于低沸点易燃液体的加热。使用时,受热容器应正对灯面,中间留有空隙,再用玻璃布或铝箔将容器和灯泡松松地包住,既保温又可防止灯光刺激眼睛,并能保护红外灯不被溅上冷水或其他液滴。

3.2.2　冷却

为了把反应温度控制在一定范围内,或为了观察低温下的变化情况,常常需要适当冷却。此外,当溶液经蒸发、浓缩后,也需要冷却结晶。常用的制冷方法如下:

(1)水冷:这是最经济、简便的制冷方法,但只能达到室温左右。冷却时可将容器浸在静水或流水浴中。

(2)冰浴:冰的熔点在常压下为 0℃。冰在融化时需吸收大量热(1g 冰融化成同温度的水吸热330.5J)。冷却时将容器置于冰水浴中,可获得 0℃的低温。如在冰中放些食盐或氯化钙,则可获得更低的温度。

3.3　容量仪器的使用

分析化学实验中能够准确量取体积的量器有滴定管、容量瓶、移液管(吸量管)。下面分别简要介绍一下它们的使用要点。

3.3.1　移液管和吸量管

移液管是用于准确量取一定体积溶液的量出式玻璃量器,全称为单标线吸量管。管颈上部刻有一标线,此标线的位置是由放出纯水的体积所决定的。其容量定义为:在 20℃时按规定方式排空后所流出纯水的体积,单位为 mL。常用的移液管有 5mL、10mL、25mL、50mL 等规格。

(1)洗涤:移液管和吸量管在使用前应洗净,使其内壁及下端的外壁不挂水珠。通常先用自来水冲洗一次,再用铬酸洗液洗涤。以左手持洗耳球,将食指放在洗耳球上边,右手手指拿住移液管或吸量管标线以上的地方,将洗耳球下端小孔部分紧接在移液管或吸量管管口上。管尖贴在吸水纸上,用手挤捏洗耳球,吹去残留的水。然后排出洗耳球中空气,将移液管或吸量管插入洗液瓶中,左手拇指慢慢松开,这时洗液缓缓吸入移液管球部或吸量管全管约 1/3 处,移去洗耳球,同时用右手食指按住管口,把管横过来,左手夹住管下端,开启右手食指边转边降低管口,使洗液布满全管,再将洗液放回原瓶。然后用自来水冲洗干净,再用蒸馏水洗 3 次,洗涤方法同前。每次用水量,当水上升到移液管球部或吸量管全管约 1/3 处即可,也可用洗瓶从上口进行吹洗,最后用洗瓶吹洗管的下部外壁。

　　(2)移取溶液:移取溶液前,为避免移液管尖端上残留的水滴进入所要移取的溶液,改变溶液浓度,应先用吸水纸将尖端内外的水吸干,再用少量要移取的溶液润洗 3 次,每次将溶液吸至球部即可。移取溶液时,右手拇指及中指拿住管颈标线以上的地方,使移液管的尖端插入烧杯内液面以下 1~2cm 深度,左手拿洗耳球,排空空气后紧按在移液管管口上[图 3-2(a)],缓慢松开左手,然后借助吸力使液面慢慢上升,管中液面上升至标线以上时,迅速用右手食指按紧管口,将移液管提离液面。左手持烧杯并使其倾斜 30°,竖直地拿着移液管使其出口尖端靠着烧杯的内壁,用右手的拇指和中指微微转动移液管,稍松食指使液面缓缓下降,直到管中溶液的弯月面与标线相切(眼睛应与标线在同一水平上)时,立即停止转动,按紧食指,使液体不再流出。将移液管插入准备接收溶液的容器中,使出口尖端接触容器内壁,容器稍倾斜,而移液管保持直立。松开食指,让溶液自然地流出,待全部溶液流尽后,再等 15s 取出,不要吹出残留液滴(如果标明"吹",则用洗耳球轻轻吹出残液),如图 3-2(b)所示。

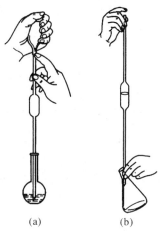

(a)　　　　(b)

图 3-2　移液管的使用

　　吸量管全称为分度吸量管,是带有分度线的量出式玻璃量器,用于移取非固定量的溶液。常用的吸量管有 1mL、2mL、5mL、10mL 等规格。吸量管有以下几种形式:

　　①完全流出式:又有两种形式,零点刻度在上及零点刻度在下。

　　②不完全流出式:零点刻度在上面。

　　③规定等待时间式:零点刻度在上面,如使用过程中液面降至流液口处后,要等待 15s,再从受液容器中移走吸量管。

　　④吹出式:有零点刻度在上和零点刻度在下两种,均为完全流出式。使用过程中液面降至流液口并静止时,应随即将最后一滴残留的溶液一次吹出。

　　目前,市场上还有一种标有"快"的吸量管,与吹出式吸量管相似。

　　吸量管调节液面的方法与移液管相同。用吸量管放出管内一定体积的溶液时,当管中液面与所需的第二次读数的刻度相切时,应立即停止转动并用力按住管口,勿让液面落到标线以下。

　　移液管和吸量管用后应立即放回移液管架上。实验完毕用自来水洗净。

3.3.2　滴定管

　　滴定管分酸式滴定管和碱式滴定管两种,是可放出不同定量滴定液体的玻璃量器。实验室常用的有 10.00mL、25.00mL、50.00mL 等规格的滴定管。酸式滴定管可以盛放非碱性的各种溶液。碱式滴定管的管身与下端的细管之间用乳胶管连接,胶管内放一粒玻璃珠,用手指挤捏玻璃珠周围的橡皮时会形成一条狭缝,溶液即可流出,并可控制流速。玻璃珠的大小要适当,过小会漏液或使用时上下滑动,过大则在放液时手指吃力,操作不方便。碱式滴定管不宜盛放对乳胶管有腐蚀作用的溶液,如 $KMnO_4$、$AgNO_3$ 溶液等。

3.3.2.1　滴定管的准备

(1)洗涤:选择合适的洗涤剂和洗涤方法。通常滴定管可用自来水或管刷蘸肥皂水或洗涤剂洗刷(避免使用去污粉),而后用自来水冲洗干净,蒸馏水润洗;有油污的滴定管要用铬酸洗液洗涤。

(2)涂凡士林:酸式滴定管洗净后,玻璃活塞处要涂凡士林(起密封和润滑作用)。涂凡士林的方法是:将管内的水倒掉,平放在台上,抽出活塞,用滤纸将活塞和塞套内的水吸干,再换滤纸反复擦拭干净。用手指粘少量凡士林,在活塞两头,沿圆周各涂一薄层,不要涂得过多,以免凡士林堵住活塞上的小孔及滴定管的出口。将涂好凡士林的活塞直插入塞套中,按紧后,向一个方向转动至油层透明,使活塞内的油膜均匀布满空隙;否则,应重新处理。为避免活塞被碰松动脱落,涂凡士林后的滴定管应在活塞末端套上小橡皮圈。然后检查以下几点:活塞孔、塞套孔和出口管孔是否有凡士林堵住;油膜涂得是否均匀;活塞转动是否灵活;是否漏水。如果凡士林堵塞小孔,可用细铜丝轻轻将其捅出,如果还不能除尽,则用热洗液浸泡一定时间。

(3)检漏:滴定管要求不漏水。要求酸式滴定管活塞转动灵活;要求碱式滴定管橡皮管内的玻璃珠大小合适,能灵活控制液滴。在使用滴定管前应先检查是否漏水。

酸式滴定管检漏的办法是将活塞关闭,用水流充满至零刻度线以上,直立约 2min,观察滴定管下端管口及活塞两端是否有水渗出,将活塞转动 180°,再直立 2min,看是否有水渗出,若前后两次均无水渗出,活塞转动也灵活,即可使用。如果发现漏水,或活塞转动不灵活,则将活塞取出,重新涂凡士林。

碱式滴定管检漏时,只需装水直立 2min,再检查玻璃珠控制液滴是否灵活,若不合要求,则可将下端的橡皮管取下,更换橡皮管或玻璃珠。滴定管经检漏后,才可用铬酸洗液洗涤。

(4)装入操作溶液:在将试液装入洗净的滴定管之前,应将试液瓶中试液摇匀。试液应由试剂瓶直接倒入滴定管(不需经过其他器皿,如漏斗),在正式装入之前,先要用待装试液将滴定管内壁润洗 3 次(每次倒入 5~10mL),润洗时,双手横持滴定管并缓慢转动,使试液洗遍全管内壁,直立滴定管,然后转动活塞,放净残留液,即可倒入试液,直到充满零刻度线以上为止。

3.3.2.2　滴定管排气法

装好溶液后,滴定管在使用前必须检查有无气泡,如有气泡,应将其排出。酸式滴定管排气时打开活塞迅速放出液流,把气泡带走。如果这种方法不行,可用右手拿住滴定管,使滴定管出口倾斜约 30°,左手迅速打开活塞,以便溶液冲出、赶出气泡。碱式滴定管的橡皮管内及出口处如有气泡,可把橡皮管向上弯曲,再用左手挤玻璃珠上方的橡皮管,使气泡被排出,如图 3-3 所示。

图 3-3　碱式滴定管排气泡

3.3.2.3　滴定管的使用

(1)滴定管要竖直放置,操作者要坐正或站正,视线与零刻度线或弯液面(滴定读数时)在同一水平。

(2)使用酸式滴定管时,左手拇指、食指和中指转动活塞,转动时手指轻轻用力把活塞向里扣住,以防把活塞顶出[图 3-4(a)]。为了滴定时能控制溶液放出的量,必须熟练掌握转动活塞的方法。

　　(3)使用碱式滴定管时,用左手拇指和食指按玻璃珠稍上方的橡皮管,无名指和中指夹住出口管,使出口管竖直而不摆动。拇指和食指向手心方向挤捏橡皮管,形成玻璃珠旁边的空隙,使溶液从空隙中流出[图 3-4(b)]。

(a)酸式滴定管　　　　　　(b)碱式滴定管

图 3-4　滴定管的使用

　　注意:不要按玻璃珠下面的橡皮管,否则在放开手时,会有空气进入玻璃管而形成气泡。

　　(4)滴定时,被滴试液一般置于锥形瓶中。操作时,用右手的拇指、食指和中指捏住锥形瓶颈,使瓶内溶液不断旋转;瓶底离桌面 2～3cm(可用一白瓷板作映衬)。滴定管下端伸入瓶口约 1cm。左手掌握滴定管滴加液体。在滴加过程中,左手不应离开活塞,任溶液自流。边滴定边摇动锥形瓶。摇瓶时应微动腕关节,做圆周摇动,使溶液朝一个方向旋转。

　　无论哪种滴定管,都要掌握好加液速度(连续滴加、逐滴滴加、半滴滴加)。开始滴定时,滴定速度可以略快些,但不能使溶液流成“水线”,而要一滴一滴地加入。离终点较近时(滴落点周围出现暂时性的明显的颜色变化),要减慢滴定速度。接近终点时(颜色可能出现暂时性扩散到全部溶液,但经摇动仍会消失),应加一滴,摇几下,终点颜色消失后再加一滴,并以蒸馏水淋洗锥形瓶内壁。然后再加半滴(用洗瓶将悬挂在尖嘴上的半滴洗入锥形瓶),摇匀溶液,直至出现稳定的明显颜色变化为止。等待 2min 后读数并记录在报告本上。

　　被滴试液也可置于烧杯中,滴定时,置烧杯于滴定管口的下方,左手滴加溶液,右手持玻璃棒搅拌,搅拌应做圆周搅动,不要碰烧杯壁和底部。当接近终点时,可用玻璃棒下端承接悬挂的半滴溶液于烧杯中。

3.3.2.4　滴定管的读数

　　读数时须注意以下几点:

　　(1)注入溶液或放出溶液后,必须等 1～2min,待附着在内壁上的溶液流下后再读数。

　　(2)将滴定管从滴定管架上取下,用右手拇指和食指捏住滴定管上部无刻度处,使滴定管保持自然竖直状态,然后读数。

　　(3)读数要求读到小数点后第二位,即估计到 0.01mL。数据应立刻记录在报告本上。

　　(4)如果滴定液是无色或浅色溶液,则读数时,应读取与弯月面相切的刻度。读数时,眼睛必须与弧形液面处于同一水平面上,否则会引起读数误差[图 3-5(a)]。

　　(5)对于有色溶液,如 $KMnO_4$ 溶液,应读取液面的最上缘(眼睛位置应调至与液面最高点处同一水平)[图 3-5(b)]。

　　(6)溶液在滴定管内形成的弯月面,由于光的漫反射常有模糊的虚影,且随光照条件的变化虚影发生变化,所以开始读数与最终读数应处在同一光照条件下。为了便于读数,可在滴定管后衬一读数卡,读数卡可用一白色卡片。此时,可清晰看到弯月面的最低点。也可在白色卡片的中间涂一黑色长方形,调黑色部分上沿至弯月面下约 1mm 时,即可看到清晰的弯月面的黑色反射层,读取黑色弯月面的最低点[图 3-5(c)]。

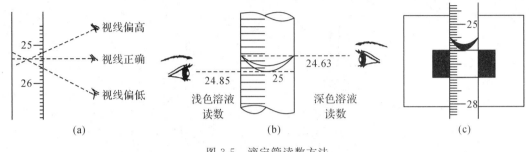

图 3-5　滴定管读数方法

3.3.2.5　清洗、备用

实验完毕,滴定溶液不宜长时间放在滴定管中,应倒出管内剩余溶液,用自来水冲洗干净,并用蒸馏水淋洗两次,再装满纯水挂在滴定台上,备用。

3.3.4　容量瓶

容量瓶的用途是配制准确浓度的溶液或定量地稀释溶液。形状是细颈梨形平底玻璃瓶,由无色或棕色玻璃制成,带有磨口玻璃塞或塑料塞,颈上有一标线。容量瓶均为量入式,其容量定义为:在 20℃ 时,充满至标线所容纳水的体积。

(1)容量瓶使用前应检查瓶塞是否已用绳系在瓶颈上。因为容量瓶与瓶塞的磨口是配套的,要求密闭,不漏水,所以不能交换使用。检查瓶塞是否漏水,可在瓶中放入自来水到标线,塞好瓶塞,左手按住塞子,右手指尖握住瓶底边缘,倒立 2min,观察瓶塞周围是否有水渗出。把瓶直立,转动瓶塞约 180°,再倒过来试一次。如果瓶塞漏水,该容量瓶不能使用。

容量瓶洗净并用蒸馏水洗涤 3 次后才可使用。

(2)将固体物质(基准试剂或被测样品)配成溶液时,先在烧杯中将固体物质全部溶解,再转移至容量瓶中。

转移时,一手拿玻璃棒,一手拿烧杯,玻璃棒插入容量瓶内,烧杯嘴紧靠玻璃棒使溶液沿玻璃棒慢慢流入瓶中,烧杯中的溶液倒尽后,烧杯不要马上离开玻璃棒,而应在烧杯扶正的同时使杯嘴沿玻璃棒上提 1~2cm,随后烧杯离开玻璃棒(这样可避免烧杯与玻璃棒之间的一滴溶液流到烧杯外面),然后用少量水(或其他溶剂)自上而下地冲洗烧杯内壁及玻璃棒,按同样的方法转移到容量瓶中。重复洗涤 3~4 次,摇匀瓶中溶液,用蒸馏水冲洗容量瓶刻度以上的瓶壁,当溶液达 2/3 容量时,可将容量瓶沿水平方向摆动几周以使溶液初步混合。继续加水稀释到刻度下 1~2cm 处,等 1~2min,待沾在瓶颈内壁的溶液流下后,用洗瓶(或滴管)沿壁缓缓加水至刻度(弯月液面最低处与标线恰好相切)。盖紧瓶塞,左手捏住瓶颈上端,食指压住瓶塞,右手三指托住瓶底,将容量瓶倒转,并在倒置状态时水平并转动容量瓶,使溶液混合均匀,再转过来,使气泡上升到顶。如此反复 15 次以上,使溶液混合均匀(图 3-6)。

容量瓶也用来稀释溶液。用移液管移取一定量准确浓度的溶液至容量瓶中,稀释到刻度,摇匀,可得准确浓度的稀溶液。热溶液必须冷至室温后,才能稀释至标线,防止体积误差。

(3)不要用容量瓶长期存放溶液,溶液配好后如果长期存放,应转移到磨口试剂瓶中保存。试剂瓶应预先烘干,或用配好的溶液充分洗涤 3 次。

(a) 液体试样的倾注 　　　 (b) 摇匀 　　　 (c) 倒转

图 3-6　容量瓶的操作

3.4　称　量

3.4.1　天平的种类

天平有按结构和按精度两种常用分类方法。

天平按结构特点可分为等臂单盘天平、等臂双盘天平及不等臂单盘天平等。单盘天平一般均具有光学读数、机械加减码和阻尼等装置。双盘天平有带普通标牌和微分标牌之分。带普通标牌的天平中,无阻尼器的天平称为摆幅天平(或摇摆天平、摆动天平等),有阻尼器的天平称为阻尼天平。具有微分标牌的天平,一般均有阻尼器和光学读数装置。

天平按精度,通常分为 10 级,一级天平精度最好,十级最差。在常量分析中,使用最多的是最大载荷为 100~200g 的分析天平,属于三、四级。在微量分析中,常用最大载荷为 20~30g 的一至三级天平。

半机械加码电光天平(简称半自动电光天平)和单盘天平是目前我国最常见的两种天平,前者是一种等臂双盘天平(图 3-7)。

(a) 托盘天平 　　　 (b) 半自动电光天平 　　　 (c) 普通电子天平 　　　 (d) 电子分析天平

图 3-7　常见的天平种类

3.4.2　等臂双盘天平的构造

目前我国制造的天平,主要是依据杠杆原理设计的。杠杆天平尽管种类繁多,名称各异,但基本结构大体相同,都有底板、立柱、横梁、刀子、刀承、悬挂系统和读数装置等,其他部分如制动器、阻尼器、光学读数系统、机械加减码装置等都可看作是天平的附属机构。这些附属机构,有的天平全部具备,有的只具备一部分。

各种型号的等臂天平,其结构和使用方法大同小异,现以 TG328B 型半自动电光天平为例,介绍这类天平的结构和使用方法。

3.4.2.1 构造

半自动电光天平构造如图 3-8 所示。

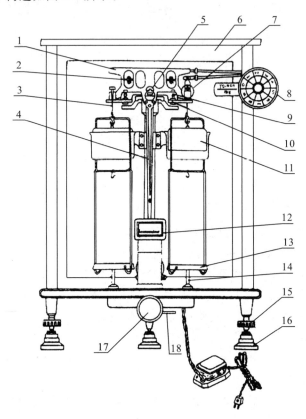

1-横梁;2-平衡调节螺丝;3-吊耳;4-指针;5-支点刀;6-框罩;7-砝码;8-指数盘;9-支力销;
10-托翼;11-阻尼器;12-光屏;13-称盘;14-盘托;15-螺旋脚;16-垫脚;17-升降旋钮;18-调屏拉杆

图 3-8　半自动电光天平构造示意图

(1)天平横梁是天平的主要部件,一般由铝合金制成。三个玛瑙刀等距离安装在梁上,梁的两端装有两个平衡铊,用来调节横梁的平衡位置(即粗调零点),梁的中间装有竖直向下的指针,用以指示平衡位置。支点刀的后方装有重心铊,用以调整天平的灵敏度。

(2)天平正中是立柱,安装在天平底板上。柱的上方嵌有一块玛瑙平板,与支点刀口相接触。柱的上部装有能升降的托翼(托梁架),关闭天平时托住横梁,与刀口脱离接触,以减少磨损。柱的中部装有空气阻尼器的外筒。

(3)悬挂系统:①吊耳。吊耳的平板下面嵌有光面玛瑙,与支点刀口相接触,使吊钩及称盘、阻尼器内筒能自由摆动。②空气阻尼器。空气阻尼器由两个特制的铝合金圆筒构成,外筒固定在立柱上,内筒挂在吊耳上。两筒间隙均匀,没有摩擦,开启天平后,内筒能自由上下运动,由于筒内空气阻力的作用,使天平横梁很快停摆而达到平衡。③称盘。两个称盘分别挂在吊耳上,左盘放被称物,右盘放砝码。

（4）读数系统：指针下端装有缩微标尺，光源通过光学系统将缩微标尺上的分度线放大，再反射到光屏上，从屏上可看到标尺的投影，中间为零，左负右正。光屏中央有一条竖直刻线，标尺投影与该线重合处即天平的平衡位置。天平箱下的调屏拉杆可将光屏在小范围内左右移动，用于细调天平的零点。

（5）天平升降旋钮：位于天平底板正中，连接托翼、盘托和光源开关。开启天平时，顺时针旋转升降旋钮，托翼即下降，梁上的三个刀口与相应的玛瑙平板接触，使吊钩及称盘自由摆动，同时接通光源，屏幕上显示出标尺的投影，天平已进入工作状态。停止称量时，关闭升降旋钮，则横梁、吊耳及称盘被托住，刀口与玛瑙平板脱离，光源切断，天平进入休止状态。

（6）天平箱下装有三个脚，前面的两个脚带有旋钮，可使天平底板升降，用以调节天平的水平位置。天平立柱的后方装有气泡水平仪，用来指示天平的水平位置。

（7）机械加码器：转动圈码指数盘，可使天平横梁右端吊耳上加 $10 \sim 990mg$ 圈形砝码。指数盘上印有圈码的质量值，内层为 $10 \sim 90mg$ 组，外层为 $100 \sim 900mg$ 组。

（8）砝码：每台天平都附有一盒配套使用的砝码，盒内装有 $1g$、$2g$、$2g$、$5g$、$10g$、$20g$、$20g$、$50g$、$100g$ 的三等砝码共 9 个。标称值相同的两个砝码，其实际质量可能有微小的差别，所以规定其中的一个用单点"."或者单星"＊"做记号以示区别。取用砝码时要用镊子，用完及时放回盒内并盖严。

3.4.2.2　使用方法

分析天平是精密仪器，使用时要认真、仔细，要预先熟悉使用方法，否则容易出错，使称量结果不准确或损坏天平部件。

（1）取下防尘罩，叠平后放在天平箱上面。检查天平是否正常，是否水平；称盘是否洁净；硅胶（干燥剂）容器是否靠住称盘；圈码指数是否在"000"位；圈码有无脱位；吊耳是否错位等。

（2）调节零点：接通电源，打开升降旋钮，此时在光屏上可以看到标尺的投影在移动。当标尺稳定后，如果屏幕中央的刻度线与标尺中的"0"线不重合，可拨动调屏拉杆，移动屏幕位置，使屏中刻度线恰好与标尺中的"0"线重合，即调定零点。如果屏幕移到尽头仍调不到零点，则需关闭天平，调节横梁上的平衡铊（这一操作由教师进行），再开启天平继续拨动调屏拉杆，直到调定零点，然后关闭天平，准备称量。

（3）称量：将欲称物体先在台秤上粗称，然后放到天平左盘中心，根据粗称的数据在天平右盘上加砝码至克位。半开天平，观察标尺移动方向或指针的倾斜方向（注：光标始终向重盘方向移动）以判断所加砝码是否合适。克组砝码调定后，再依次调定百毫克组及十毫克组圈码，为了尽快达到平衡，选取砝码应遵循"由大到小，中间截取，逐级试验"的原则。十毫克圈码调定后，完全开启天平，准备读数。

调整砝码的顺序是：由大到小、依次调定。砝码未完全调定时不可完全开启天平，以免横梁过度倾斜，以至于造成错位或吊耳脱落！

（4）读数：砝码调定后，关闭天平门，全开天平，待标尺停稳后即可读数，被称物的重量等于砝码总量加标尺读数。

（5）复原：称量、记录完毕，随即关闭天平，取出被称物，将砝码夹回盒内，圈码指数盘退回到"000"位，关闭两侧门，盖上防尘罩。

3.4.3　单盘天平

单盘天平具有感量（或灵敏度）恒定、准确、称量速度快、操作方便等优点。目前单盘天平的型号、数量日益增多,精度也不断提高,出现了取代双盘天平的趋势。

单盘天平也是按杠杆原理设计的,其横梁结构分不等臂和等臂两种形式。等臂单盘天平除只有一个称盘以外,其余部分结构特点与等臂双盘天平大致相同。

不等臂单盘天平只有两把刀:支点刀、重点刀。机械挂砝码与称盘装在横梁的同一臂(承重臂)上。在测量时,加上被测量物体后,减去悬挂系统上的砝码,使测量始终保持全载平衡状态。因此,所减去的砝码的质量加上微分标牌上的读数值,就是被测量物体的质量。这种方法,使砝码与被测物体始终在横梁同一臂上进行替代测量,故称为替代测量法,没有不等臂性误差,提高了测量结果的准确性。在测量过程中,由于横梁始终保持全载平衡,所以天平的分度值是不变的。

3.4.4　电子天平

电子天平是新一代天平,它是利用电子装置完成电磁力补偿的调节,使物体在重力场中实现力的平衡,或通过电磁力矩的调节,使物体在重力场中实现力矩的平衡。

自动调零、自动校正、自动去皮和自动显示称量结果是电子天平最基本的功能。电子天平达到平衡时间短,使称量更加快速。根据使用要求不同,电子天平的精度也不相同,分析使用的电子天平通常为"万分之一"天平,最低可精确到0.1mg。这类天平由于灵敏度很高,极易受到环境因素的干扰,通常要安放在专门的天平室内,环境温度、湿度、净化度、隔音、电压、桌椅等要符合仪器要求。

3.4.4.1　基本结构及称量原理

随着现代科学技术的不断发展,电子天平产品的结构设计一直在不断改进,向着功能多、平衡快、体积小、重量轻和操作简便的趋势发展。但就其基本结构和称量原理而言,各种型号的电子天平都是大同小异的。

常见电子天平的结构是机电结合式的,核心部分由载荷接受与传递装置、载荷测量及补偿控制装置两部分组成。常见电子天平的基本结构如图3-9所示。

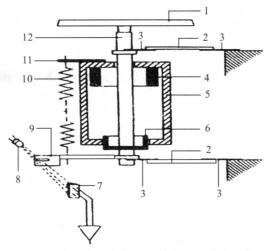

1-称盘;2-平行导杆;3-挠性支承簧片;4-线性绕组;5-永久磁铁;6-载流线圈;
7-接收二极管;8-发光二极管;9-光闸;10-预载弹簧;11-双金属片;12-盘支承

图3-9　电子天平结构示意图

　　载荷接受与传递装置由称盘、盘支承、平行导杆等部件组成,它是接受被称物体和传递载荷的部件。平行导杆是由两个三角形导向杆上下平行排列(从侧面看)组成的结构,以维持称盘在载荷改变时进行竖直运动,并可避免称盘倾倒。

　　载荷测量及补偿控制装置是对载荷进行测量,并通过传感器、转换器及相应的电路进行补偿和控制的部件。该装置是机电结合式的,既有机械部分,又有电子部分,包括示位器、补偿线圈、电力转换器的永久磁铁,以及控制电路等部分。

　　电子装置能记忆加载前示位器的平衡位置。所谓自动调零,就是能记忆和识别预先调定的平衡位置,并能自动保持这一位置。称盘上载荷的任何变化都会被示位器察觉并立即向控制单元发出信号。当称盘上加载后,示位器发生位移并导致补偿线圈接通电流,线圈内就产生垂直的力,这种力是作用于称盘上的外力,使示位器准确地回到原来的平衡位置。载荷越大,线圈中通过电流的时间越长,通过电流的时间间隔是由对平衡位置扫描的可变增益放大器来调节的,而且这种时间间隔直接与称盘上所加载荷成正比。整个称量过程均由微处理器进行计算和调控。这样,当称盘上加载后,即接通了补偿线圈的电流,计算器就开始计算脉冲,达到平衡后,就自动显示出载荷的质量。

　　目前的电子天平多数为上皿式(即顶部加载式),悬盘式已很少见,内校式(标准砝码预装在天平内,触动校正键后由马达自动加码并进行校正)多于外校式(附带标准砝码,校正时夹到称盘上),使用非常方便。

　　自动校正的基本原理是:当人工给出校正指令后,天平便自动对标准砝码进行测量,而后微处理器将标准砝码的测量值与存储的理论值(标准值)进行比较,并计算出相应的修正系数,存于计算器中,直至再次进行校正时方可改变。

3.4.4.2　BP210S 型电子天平的使用方法

　　BP210S 型电子天平是多功能、上皿式常量分析天平,感量为 0.1mg,最大载荷为 210g,其外形如图 3-10 所示,显示屏和控制板如图 3-11 所示。

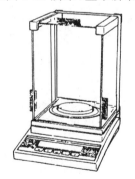

1-开/关键;2-清除键(CF);3-校正键(CAL);
4-功能键(F);5-打印键;6-去皮调零键(TARE);7-重量显示屏

图 3-10　BP210S 型电子天平外形　　　　图 3-11　BP210S 型电子天平显示屏和控制板

　　一般情况下,只能用开/关键、去皮调零键和校正键。使用时的操作步骤如下:

　　(1)接通电源,屏幕右上角显示一个"0",预热 30min 以上。

　　(2)检查水平仪,如不水平,应通过调节天平前边左、右两个水平支脚而使其达到水平状态。

　　(3)按一下"开/关键",显示屏很快出现"0.0000g"。

　　(4)如果显示不是"0.0000g",则要按一下"TARE"键。

（5）将被称物轻轻放在称盘上,这时可见显示屏上的数字在不断变化,待数字稳定并出现质量单位"g"后,即可读数,并记录称量结果。

（6）称量完毕,取下被称物,如果稍后还要继续使用天平,可暂不按"开/关键",天平将自动保持零位,或者按一下"开/关键"(但不可拔下电源插头),让天平处于待命状态,即显示屏上数字消失,左下角出现一个"0",再称样时按一下"开/关键"就可使用。如果较长时间(半天以上)不再用天平,应拔下电源插头,盖上防尘罩。

（7）如果天平长时间没有用过,或天平移动位置,应进行一次校正。校正要在天平通电预热 30min 以后进行,程序是:调整水平,按下"开/关键",显示稳定后如不为零则按一下"TARE"键,稳定地显示"0.0000g"后,按一下校正键(CAL),天平将自动进行校正。10s 左右,"CAL"消失,表示校正完毕,应显示出"0.0000g"。如果显示不正好为零,可按一下"TARE"键,然后即可进行称量。

3.4.5 天平的性能

天平作为精密的测量仪器,必须具有适当的灵敏度、准确性、稳定性和不变性等性能。

3.4.5.1 灵敏度

天平的灵敏度一般是指天平上增加 1mg 所引起的指针在读数标牌上偏移的格数:灵敏度＝指针偏移的格数/1mg。指针偏移的距离愈大,表示天平愈灵敏。双盘天平以 TG328B 型为例,其标尺的分度数为－10～110(分度值为 0.1mg),在左盘上加 10mg 标准砝码,如果平衡位置在 99～101 分度内,其空载时的分度值误差就在国家规定的允许误差之内;测定结果若超出这个范围,就应调整其灵敏度。天平的灵敏度就是天平能察觉出两盘载重质量差的能力。灵敏度高,表示天平感觉能力强,即两盘载重有微小的差别时,天平也能察觉出来。所以,灵敏度也可以用感量(或分度值)表示。感量是指针偏移一格所相当的质量的变化,故感量＝1/灵敏度。

3.4.5.2 准确性

准确性是指天平本身的系统误差最小到多大范围的能力,对双盘等臂天平而言,通常用横梁的"不等臂性误差"来表示,对单盘天平和电子天平来说,主要是指天平在不同载荷下所能控制线性偏差在规定范围内的能力。

3.4.5.3 稳定性

稳定性是指天平受到扰动后能自动回到初始平衡位置的能力。天平不仅要有一定的灵敏度,而且要有相当的稳定性,才能完成准确的称量。灵敏度和稳定性是相互矛盾的两种性质,对天平来说,灵敏度和稳定性两者要兼顾,才能使它处于最佳状态。

3.4.5.4 不变性

不变性是指天平在相同条件下,多次称量同一物体,所得称量结果的一致程度,通常用天平示值的变动性来表示。

3.4.6 称量方法

根据不同的称量对象,须采用相对应的称量方法。天平大致有以下几种常用的称量方法。

3.4.6.1 直接法

天平零点调定后,将被称物直接放在称盘上,所得读数即被称物的质量。这种称量方法适用于洁净干燥的器皿、棒状或块状的金属等。注意:不得用手直接取放被称物,而可采用戴手套、垫纸条、用镊子等合适的方法［见图 3-12(a)］。

3.4.6.2　差减称样法

取适量待称样品置于一洁净干燥的容器(称固体粉末状样品用称量瓶,称液体样品可用小滴瓶)中,在天平上准确称量后,转移出欲称量的样品置于实验器皿中,再次准确称量,两次称量读数之差,即所称取样品的质量。如此重复操作,可连续称取若干份样品。这种称量方法适用于一般的颗粒状、粉末状及液态样品。由于称量瓶和滴瓶都有磨口瓶塞,对于称量较易吸湿、氧化、挥发的试样很有利。称量瓶的使用方法:称量瓶是差减法称量粉末状、颗粒状样品最常用的容器,用前要洗干净烘干或自然晾干,称量时不可直接用手抓,而要用纸条套住瓶身中部,用手指捏紧纸条进行操作,这样可避免手汗和体温的影响。先将称量瓶放在台秤上粗称,然后将瓶盖打开放在同一称盘上,根据所需样品量(应略多一点)加砝码,用药勺缓慢加入样品至台秤平衡,盖上瓶盖,再拿到天平上准确称量并记录读数。取出称量瓶,在盛接样品的容器上方打开瓶盖并用瓶盖的下面轻敲瓶口的上沿或右上边沿,使样品缓慢流入容器。估计倾出的样品已够量时,边敲瓶口边将瓶身扶正,盖好瓶盖后方可离开容器上方,再准确称量［图3-12(b)］。如果一次倾出的样品量不到所需量,可再次倾倒样品,直到倾出的样品质量满足要求(在欲称质量的±10%内为宜)后,再记录第二次天平读数。在敲出样品的过程中,要保证样品没有损失,边敲边观察样品的转移量,切不可在还没盖上瓶盖时就将瓶身和瓶盖都离开容器上口,因为瓶口边沿处可能粘有样品,容易损失。

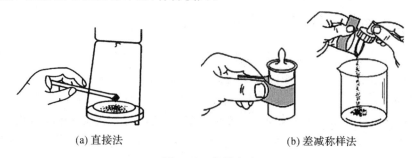

(a) 直接法　　　　　　　　　　(b) 差减称样法

图 3-12　称量方法

3.4.6.3　增量法

将干燥的小容器轻轻放在天平称盘上,待显示平衡后记录读数,然后再适当调整砝码,打开天平门往容器中缓慢加入试样并观察,记录第二次读数,两次读数之差即为样品质量。增量法适用于不易吸湿的颗粒状或粉末状样品的称量。

3.5　化学试剂的取用

实验中应根据不同的要求选用不同级别的试剂。化学试剂在实验室分装时,一般把固体试剂装在广口瓶中,把液体试剂或配制的溶液盛放在细口瓶或带有滴管的滴瓶中,把见光易分解的试剂或溶液(如硝酸银等)盛放在棕色瓶内。试剂瓶上均贴好标签,上面写明试剂的名称、规格或浓度(溶液)以及日期,在标签外面涂上一层蜡来保护它。

3.5.1　固体试剂的取用规则

(1)用干净的药勺取用,用过的药勺必须洗净、擦干后才能再使用。

(2)试剂取用后应立即盖紧瓶盖。

(3)多取出的药品,不要再倒回原瓶。

(4)一般试剂可放在干净的纸或表面皿上称量。具有腐蚀性、强氧化性或易潮解的试剂不能在纸上称量,应放在玻璃容器内称量。

(5)有毒药品要在教师指导下取用。

3.5.2　液体试剂的取用规则

(1)从滴瓶中取用时,要用滴瓶中的滴管,滴管不要触及所接收的容器,以免玷污药品。装有药品的滴管不得横置或滴管口向上斜放,以免液体流入滴管的橡胶帽中。

(2)从细口瓶中取用试剂时,用倾注法。将瓶塞取下,反放在桌面上,手握住试剂瓶上贴标签的一面,逐渐倾斜瓶子,让试剂沿着洁净的瓶口流入试管或沿着洁净的玻璃棒注入烧杯中。取出所需量后,将试剂瓶口在容器上靠一下,再逐渐竖起瓶子,以免遗留在瓶口的液滴流到瓶的外壁。

(3)在试管里进行某些不需要准确体积的实验时,可以估算取用量。如用滴管取 1mL 相当于多少滴,5mL 液体占一个试管容量的几分之几等。倒入试管里的溶液的量,一般不超过其容积的 1/3。

(4)定量取用时,用量筒或移液管取。

3.5.3　特殊化学试剂(汞、金属钠和钾)的存放

(1)汞:汞易挥发,在人体内会积累起来,引起慢性中毒。因此,不要让汞直接暴露在空气中,汞要存放在厚壁器皿中,保存汞的容器内必须加水将汞覆盖,使其不能挥发。玻璃瓶装汞只能至半满。

(2)金属钠、钾:通常应保存在煤油中,放在阴凉处,使用时先在煤油中切割成小块,再用镊子夹取,并用滤纸把煤油吸干。切勿与皮肤接触,以免烧伤,未用完的金属碎屑不能乱丢,可加少量酒精,令其缓慢反应掉。

3.6　溶液配制

3.6.1　一般溶液的配制

配制一般溶液常用三种方法。

(1)直接水溶法:对一些易溶于水而不易水解的固体试剂,如 KNO_3、KCl、$NaCl$ 等,先算出所需固体试剂的量,用台秤或分析天平称出所需量,放入烧杯中,以少量蒸馏水搅拌使其溶解后,再稀释至所需的体积。若试剂溶解时有放热现象,或以加热促使其溶解的,均应待其冷却后再移至试剂瓶中,贴上标签备用。

(2)介质水溶法:对易水解的固体试剂,如 $FeCl_3$、$SbCl_3$、$BiCl_3$ 等,配制其溶液时,称取一定量的固体,加入适量的酸(或碱)使之溶解,再以蒸馏水稀释至所需体积,摇匀后转入试剂瓶。在水中溶解度较小的固体试剂,先选用合适的溶剂溶解,再稀释,摇匀转入试剂瓶。如固体 I_2,

可选用 KI 水溶液溶解。

（3）稀释法：对于液态试剂，如盐酸、硫酸等，配制其稀溶液时，用量筒量取所需浓溶液的量，再用适量蒸馏水稀释。配制硫酸溶液时，需特别注意，应在不断搅拌下将浓硫酸缓缓倒入盛水的容器中，切不可颠倒操作顺序。

易发生氧化还原反应的溶液，如 Sn^{2+}、Fe^{2+} 溶液，为防止其在保存期间失效，应分别在溶液中放入一些 Sn 粒和 Fe 粉。

见光容易分解的物质要注意避光保存，如 $AgNO_3$、$KMnO_4$、KI 等溶液应贮于棕色容器中。

3.6.2　标准溶液的配制

已知准确浓度的溶液称为标准溶液。配制标准溶液的方法有两种。

（1）直接法：用分析天平准确称取一定量的基准试剂于烧杯中，加入适量的离子交换水溶解后，转入容量瓶，再用离子交换水稀释至刻度，摇匀。其准确浓度可由称量数据及稀释体积求得。

（2）标定法：不符合基准条件的物质，不能用直接法配制标准溶液，但可先配成近似于所需浓度的溶液，然后用基准试剂或已知准确浓度的标准溶液标定它的浓度。

当需要通过稀释法配制标准溶液的稀溶液时，可用移液管准确吸取其浓溶液至适当的容量瓶中配制。

3.7　气体的发生、净化、干燥和收集

3.7.1　气体的制备

化学实验中经常要制备少量气体，可根据原料和反应条件，采用以下某一装置进行。制备氢气、二氧化碳及硫化氢等气体可用启普发生器。

$$Zn + 2HCl \rightleftharpoons ZnCl_2 + H_2 \uparrow$$
$$CaCO_3 + 2HCl \rightleftharpoons CaCl_2 + CO_2 \uparrow + H_2O$$
$$FeS + 2HCl \rightleftharpoons FeCl_2 + H_2S \uparrow$$

启普发生器（图 3-13）由一个玻璃容器和球形漏斗组成，固体药品放在中间圆球内，固体下面放些玻璃棉，以免固体掉至下球内。酸从球形漏斗加入，使用时，打开活塞，酸进入中间球内，与固体接触而产生气体。要停止使用，把活塞关闭，气体就会把酸从中间球内压入下球及球形漏斗内，使固体与酸不再接触而停止反应。下次再用，只要重新打开活塞，又会产生气体。

图 3-13　启普发生器

启普发生器的优点之一就是使用起来甚为方便。

启普发生器不能加热，且装在发生器内的固体必须是块状的。当制备反应需要在加热情况下进行或固体的颗粒很小甚至是粉末时，就不能用启普发生器，而要采用如图 3-14 所示的装置。如下列反应：

$$2KMnO_4 + 16HCl \Longrightarrow 2MnCl_2 + 2KCl + 5Cl_2\uparrow + 8H_2O$$
$$NaCl + H_2SO_4 \Longrightarrow NaHSO_4 + HCl\uparrow$$
$$Na_2SO_3 + H_2SO_4 \Longrightarrow Na_2SO_4 + SO_2\uparrow + H_2O$$
$$MnO_2 + 4HCl \Longrightarrow MnCl_2 + Cl_2\uparrow + 2H_2O$$

图 3-14　气体制备装置

在此装置中,固体加在蒸馏瓶内,酸加在分液漏斗中,使用时,打开分液漏斗下面的活塞,使酸液滴加在固体上,以产生气体(注意:酸不要加得太多),当反应缓慢或不发生气体时,可以微微加热。

实验室里还可以使用气体钢瓶直接得到各种气体。气体钢瓶是储存压缩气体的特制的耐压钢瓶,钢瓶的内压很大,且有些气体易燃或有毒,所以操作要特别小心,使用时应注意以下几点:

(1)钢瓶应存放在阴凉、干燥、远离热源(如阳光、暖气、炉火)的地方。可燃性气体钢瓶与氧气瓶分开存放。

(2)不让油或其他易燃有机物沾在气瓶上(特别是气门嘴和减压器),不得用棉、麻等物堵漏,以防燃烧引起事故。

(3)使用时,要用减压器(气压表)有控制地放出气体。可燃性气体钢瓶,气门螺纹是反扣的(如氢气、乙炔气)。不燃或助燃性气体钢瓶,气门螺纹是正扣的。各种气体的气压表不得混用。为了避免各种气瓶混淆,通常在气瓶外面涂以特定的颜色以利区分,并在瓶上写明瓶内气体的名称。

3.7.2　气体的干燥与纯化

由以上方法制得的气体常带有酸雾和水汽,有时要进行净化和干燥。酸雾可用水或玻璃棉除去,水汽可选用浓硫酸、无水氯化钙或硅胶等干燥剂吸收。通常使用洗气瓶、干燥塔或 U 型管等进行净化。液体(如水、浓硫酸)装在洗气瓶内,无水氯化钙和硅胶装在干燥塔或 U 型管内,玻璃棉装在 U 型管内。气体中如还有其他杂质,可根据具体情况分别用不同的洗涤液或固体吸收。

3.7.3　气体的收集

气体的收集可根据其性质选取不同的方式。在水中溶解度很小的气体(如氢气、氧气),可按图 3-15(a)所示的排水集气法收集;易溶于水而比空气重的气体(如氯气、二氧化碳),可按图 3-15(b)所示的向上排空气法收集;易溶于水而比空气轻的气体(如氨气),可按图 3-15(c)所示的向下排空气法收集。

(a)排水法　　　　　(b)向上排空气法　　　　　(c)向下排空气法

图 3-15　气体的收集方法

3.8　溶解、结晶、固液分离技术

3.8.1　固体的溶解

当固体物质溶解于溶剂时,如固体颗粒太大,可先在研钵中研细。对一些溶解度随温度升高而增加的物质来说,加热对溶解过程有利。加热时要盖上表面皿,要防止溶液剧烈沸腾和迸溅。加热后要用蒸馏水冲洗表面皿和烧杯内壁,冲洗时也应使水流顺烧杯壁流下。搅拌可加速溶质的扩散,从而加快溶解速度。搅拌时注意手持玻璃棒,轻轻转动,使玻璃棒不要触及容器底部及器壁。在试管中溶解固体时,可用振荡试管的方法加速溶解,但不能上下振荡,也不能用手指堵住管口来回振荡。

3.8.2　结晶

3.8.2.1　蒸发(浓缩)

当溶液很稀而所制备的物质的溶解度又较大时,为了能从中析出该物质的晶体,必须通过加热,使水分蒸发、溶液浓缩到一定程度时冷却,方可析出晶体。若物质的溶解度较大,必须蒸发到溶液表面出现晶膜时才可停止;若物质的溶解度较小或高温时溶解度较大而室温时溶解度较小,则不必蒸发到液面出现晶膜就可冷却。蒸发在蒸发皿中进行。蒸发浓缩时视溶质的性质选用直接加热或水浴加热的方法进行。若无机物对热是稳定的,可以用煤气灯直接加热(应先预热),否则用水浴间接加热。

3.8.2.2　结晶与重结晶

析出晶体的颗粒大小与结晶条件有关。如果溶液的浓度较高,溶质在水中的溶解度是随温度下降而显著减小的,冷却得越快,析出的晶体就越细小,否则就得到较大颗粒的晶体。搅拌溶液和静置溶液,可以得到不同的效果,前者有利于细小晶体的生成,后者有利于大晶体的生成。若溶液容易发生过饱和现象,可采用搅拌、摩擦器壁或投入几粒小晶体(晶种)等办法,使其形成结晶中心而结晶析出。

如果第一次结晶所得物的纯度不合要求,可进行重结晶。其方法是在加热情况下使纯化的物质溶于一定量的水中,形成饱和溶液,趁热过滤,除去不溶性杂质,然后使滤液冷却,被纯化物质即结晶析出,而杂质则留在母液中。重结晶是使不纯物质通过重新结晶而获得纯化的过程,它是提纯固体物质常用的重要方法之一,适用于溶解度随温度有显著变化的化合物。

3.8.3　固液分离及沉淀的洗涤

溶液与沉淀的分离方法有三种:倾析法、过滤、离心分离法。

3.8.3.1　倾析法

当沉淀的相对密度较大或晶体的颗粒较大,静置后能很快沉降至容器底部时,可用倾析法将沉淀上部的溶液倾入另一容器中而使沉淀与溶液分离,操作如图 3-16 所示。如需洗涤沉淀,向盛沉淀的容器内加入少量水或洗涤液,将沉淀搅动均匀,待沉淀沉降到容器的底部后,再用倾析法分离。反复操作两三次,即能将沉淀洗净。要把沉淀转移到滤纸上,可先用洗涤液将沉淀搅起,将悬浮液倾到滤纸上,这样大部分沉淀就可从烧杯中移走,然后用洗瓶中的水冲下杯壁和玻璃棒上的沉淀,再行转移。

3.8.3.2 过滤

图 3-16　倾析法

过滤是固-液分离最常用的方法。过滤时,溶液和沉淀的混合物通过过滤器(如滤纸),沉淀留在过滤器上,溶液则通过过滤器进入接收器中,过滤后所得的溶液叫做滤液。常用的过滤方法有常压过滤、减压过滤和热过滤三种。

常压过滤是最为简便、最常用的固-液分离方法,通常使用玻璃漏斗和滤纸进行过滤,尤其当沉淀为微细的晶体时,用此法过滤较好。滤纸按用途分定性、定量两种;按滤纸的空隙大小,又分快速、中速、慢速三种。

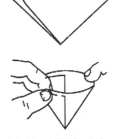

图 3-17　滤纸折叠法

过滤时,把一圆形或方形滤纸对折两次成扇形(方形滤纸需剪成扇形),展开使之呈锥形(一边三层,另一边一层)(图 3-17),放入玻璃漏斗中,恰能与 60°角的漏斗相密合。如果漏斗的角度大于或小于 60°,应适当改变滤纸折成的角度,使之与漏斗相密合。滤纸边缘应略低于漏斗边缘,然后在三层滤纸的那边将外两层撕去一小角,用食指把滤纸按在漏斗内壁上,用少量蒸馏水润湿滤纸,再用玻璃棒轻压滤纸四周,赶走滤纸与漏斗壁间的气泡,使滤纸紧贴在漏斗壁上。过滤时,漏斗要放在漏斗架上,下面放容器以收集溶液,调节漏斗架的位置,并使漏斗管的末端紧靠接收器内壁(图 3-18)。先倾倒溶液,后转移沉淀,转移时应使用玻璃棒,应使玻璃棒接触三层滤纸处,漏斗中的液面应低于滤纸边缘 2～3mm。如果沉淀需要洗涤,应待溶液转移完毕,再将少量洗涤液倒入沉淀上,然后用玻璃棒充分搅动,静置一段时间,待沉淀下沉后,将上清液倒入漏斗。洗涤两三遍,最后把沉淀转移到滤纸上。

(a) 倾泻法过滤　　　　　　(b) 沉淀的转移　　　　　(c) 沉淀在漏斗中的洗涤

图 3-18　常压过滤

减压过滤又叫抽滤、吸滤或真空过滤。减压过滤可加快过滤速度,并把沉淀抽滤得比较干燥。但胶状沉淀在过滤速度很快时会透过滤纸,颗粒很细的沉淀会因减压抽吸而在滤纸上形成一层密实的沉淀,使溶液不易透过,反而达不到加速目的,因此它不适用于胶状沉淀和颗粒太细的沉淀的过滤。

减压过滤装置如图 3-19 所示,先选好一张比抽滤漏斗(或布氏漏斗)内径略小但又能把瓷孔全部盖没的圆形滤纸,平整地放在抽滤漏斗上,用少量蒸馏水湿润滤纸,然后用橡皮塞把抽滤漏斗装在抽滤瓶上(注意:漏斗下端的斜削面要对着抽滤瓶侧面的细嘴),用橡皮管将抽滤瓶与水流抽气泵接好。

　　过滤时慢慢打开自来水龙头，先稍微抽气使滤纸紧贴，然后把上部澄清液用玻璃棒往漏斗内转移，注意加入的溶液不要超过漏斗容积的 2/3，开大水龙头，等溶液抽完后再转移沉淀，把沉淀均匀地分布在滤纸上，继续减压抽滤，直至沉淀较干为止。洗涤沉淀时，应关小水龙头或暂停抽滤，加入洗涤剂使其与沉淀充分接触后再开大水龙头将沉淀抽干。

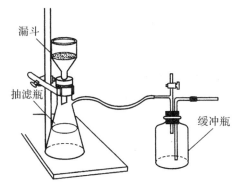

图 3-19　减压过滤

　　若用真空泵进行抽滤，为了防止滤液倒流和潮湿空气抽入泵内，在抽滤瓶和真空泵之间要连接一个缓冲瓶和一个装有变色硅胶的干燥瓶。

　　过滤完后，应先把连接抽滤瓶的橡皮管拔下，再关闭水龙头（或停真空泵），以防止水倒吸入抽滤瓶中，使滤液弄脏。取下漏斗把它倒扣在滤纸上，轻轻敲打漏斗边缘，使滤纸和沉淀脱离漏斗。滤液则从过滤瓶的上口倾出，不要从侧面尖嘴倒出，以免污染滤液。

　　有些浓的强酸、强碱和强氧化性溶液，过滤时不能用滤纸，可用石棉纤维来代替，也可用玻璃砂芯漏斗。玻璃砂芯漏斗是玻璃质的，可以根据沉淀颗粒的不同选用不同规格，这种漏斗不适用于强碱性溶液的过滤，因为强碱会腐蚀玻璃。

　　当溶质的溶解度对温度极为敏感易结晶析出时，可用热滤漏斗过滤（热过滤）。把玻璃漏斗放在用金属制成的外套中，底部用橡皮塞连接并密封，夹套内充水至约 2/3 处，灯焰放在夹套支管处加热（图 3-20）。这种热滤漏斗的优点是能够使待滤液一直保持或接近其沸点，尤其适用于滤去热溶液中的脱色炭等细小颗粒杂质；缺点是过滤速度慢。

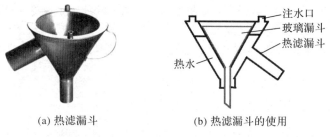

(a) 热滤漏斗　　　　　　　　　(b) 热滤漏斗的使用

图 3-20　热滤漏斗及其使用示意图

3.8.3.3　离心分离法

　　当被分离的沉淀量很少时，使用一般的方法过滤后，沉淀会粘在滤纸上，难以取下，这时可以用离心分离法。实验室内常用电动离心机进行分离。

　　实验室常用的电动离心机是由高速旋转的小电动机带动一组金属套管做高速圆周运动。装在金属套管内的离心试管中的沉淀受到离心力的作用向离心试管底部集中，上层便得到澄清的溶液，这样离心试管中的溶液与沉淀就分离开了。电动离心机的转速可在一定范围内进行调节。

　　使用电动离心机时，将装试样的离心管放在离心机的套管中，为了使离心机旋转时保持平稳，套管底部先垫些棉花，几个离心管放在对称的位置上，如果只有一个试样，则在对称的位置上放一支离心管，管内装等量的水。电动离心机转速极快，要注意安全。放好离心管后，应盖好盖子。先慢速后加速，停止时应逐步减速，最后任其自行停下，决不能用手强制它停止。离心沉降后,要将沉淀和溶液分离时,左手斜持离心管,右手拿毛细滴管,把毛细管伸入离心管,末端恰好进入液面,取出清液。在毛细管末端接近沉淀时,要特别小心,以免沉淀也被取出。沉淀和溶液分离后,沉淀表面仍含有少量溶液,必须经过洗涤才能得到纯净的沉淀。为此,往盛沉淀的离心管中加入适量的蒸馏水或洗涤用溶液,用玻璃棒充分搅拌后进行离心分离。用毛细管将上层清液取出,再用上述方法操作2～3遍。

3.9　试纸的使用

3.9.1　试纸的种类及性能

(1)石蕊(红色、蓝色)试纸:用来定性检验气体或溶液的酸碱性。pH<5的溶液或酸性气体能使蓝色石蕊试纸变红色;pH>8的溶液或碱性气体能使红色石蕊试纸变蓝色。

(2)pH试纸:用来粗略测量溶液pH的大小(或酸碱性强弱)。pH试纸遇到酸碱性强弱不同的溶液时,显示出不同的颜色,可与标准比色卡对照确定溶液的pH值。巧记颜色:赤(pH=1或2)、橙(pH=3或4)、黄(pH=5或6)、绿(pH=7或8)、青(pH=9或10)、蓝(pH=11或12)、紫(pH=13或14)。

(3)淀粉碘化钾试纸:用来定性地检验氧化性物质的存在。遇较强的氧化剂时,I^-被氧化成I_2,I_2与淀粉作用而使试纸显示蓝色。能氧化I^-的常见氧化剂有Cl_2、Br_2蒸气(和它们的溶液)、NO_2、Fe^{3+}、Cu^{2+}、MnO_4^-、浓H_2SO_4、HNO_3、H_2O_2、O_3等。

(4)醋酸铅(或硝酸铅)试纸:用来定性地检验H_2S和含硫离子的溶液。遇H_2S气体或S^{2-}时因生成黑色的PbS而使试纸变黑色。

(5)品红试纸:用来定性地检验某些具有漂白性的物质,遇到SO_2、Cl_2等有漂白性的物质时会褪色(变白)。

3.9.2　试纸的使用方法

(1)检验溶液的性质:取一小块试纸在表面皿或玻璃片上,用沾有待测液的玻璃棒或胶头滴管点于试纸的中部,观察颜色的变化,判断溶液的性质。

(2)检验气体的性质:先用蒸馏水把试纸润湿,粘在玻璃棒的一端,用玻璃棒把试纸靠近气体,观察颜色的变化,判断气体的性质。

(3)注意:

①试纸不可直接伸入溶液。

②试纸不可接触试管口、瓶口、导管口等。

③测定溶液的pH时,试纸不可事先用蒸馏水润湿,因为润湿试纸相当于稀释被检验的溶液,这会导致测量不准确。正确的方法是用蘸有待测溶液的玻璃棒点滴在试纸的中部,待试纸变色后,再与标准比色卡比较来确定溶液的pH。

④取出试纸后,应将盛放试纸的容器盖严,以免被实验室的一些气体玷污。

第 **4** 章

无机化学基础实验

实验一　粗盐的提纯及产品纯度的检验

一、实验目的

1. 学习提纯粗食盐的原理和方法。
2. 练习溶解、蒸发、浓缩、干燥及过滤等基本操作。
3. 学习 Ca^{2+}、Mg^{2+}、SO_4^{2-} 等离子的定性检验方法。

二、实验原理

粗食盐中含有不溶性杂质(如泥沙等)和可溶性杂质(主要是 Ca^{2+}、Mg^{2+}、SO_4^{2-})。

不溶性杂质可以通过将粗食盐溶于水后用过滤的方法除去。Ca^{2+}、Mg^{2+}、SO_4^{2-} 等离子可以选择适当的试剂使它们分别生成难溶化合物的沉淀而被除去。

首先,在粗食盐溶液中加入稍微过量的 $BaCl_2$ 溶液,除去 SO_4^{2-},反应式为:

$$Ba^{2+} + SO_4^{2-} \longrightarrow BaSO_4 \downarrow$$

然后在溶液中再加入 NaOH 和 Na_2CO_3 溶液,除去 Ca^{2+}、Mg^{2+} 和过量的 Ba^{2+}:

$$Ca^{2+} + CO_3^{2-} \longrightarrow CaCO_3 \downarrow$$

$$2Mg^{2+} + 2OH^- + CO_3^{2-} \longrightarrow Mg_2(OH)_2CO_3 \downarrow$$

$$Ba^{2+} + CO_3^{2-} \longrightarrow BaCO_3 \downarrow$$

过量的 NaOH 和 Na_2CO_3 用盐酸中和除去:

$$CO_3^{2-} + 2H^+ \longrightarrow CO_2 \uparrow + H_2O$$

$$OH^- + H^+ \longrightarrow H_2O$$

粗食盐中的 K^+ 和上述沉淀剂不起作用,仍留在母液中。由于 KCl 的溶解度比 NaCl 大,且在粗食盐中的含量少,在蒸发浓缩和结晶过程中绝大部分仍留在溶液中,不会和 NaCl 同时结晶出来。

三、仪器和试剂

1. 仪器:台秤,烧杯(100mL),普通漏斗,布氏漏斗,抽滤瓶,真空泵,蒸发皿,酒精灯等。
2. 试剂:$2\text{mol} \cdot \text{L}^{-1}$ HCl 溶液,$2\text{mol} \cdot \text{L}^{-1}$ NaOH 溶液,$1\text{mol} \cdot \text{L}^{-1}$ $BaCl_2$ 溶液,$1\text{mol} \cdot \text{L}^{-1}$

Na_2CO_3 溶液,$6mol \cdot L^{-1}$ HAc 溶液,$0.5mol \cdot L^{-1}$ $(NH_4)_2C_2O_4$ 溶液,镁试剂,pH 试纸等。

四、实验步骤

(一)粗食盐的提纯

1.粗食盐的溶解:在台秤上称取 5g 粗食盐,放入小烧杯中,加 25mL 去离子水加热使其溶解。

2.SO_4^{2-} 及不溶性杂质的除去:将溶液加热至近沸腾时,边搅拌边滴加 $1mol \cdot L^{-1}$ $BaCl_2$ 溶液至沉淀完全(约 1mL),继续加热,使 $BaSO_4$ 颗粒长大而易于沉淀和过滤。为了检验沉淀是否完全,可将烧杯从石棉网上取下,待沉淀沉降后,在上层清液中加入 1~2 滴 $1mol \cdot L^{-1}$ $BaCl_2$ 溶液,观察是否浑浊,如不浑浊,说明 SO_4^{2-} 已完全沉淀;如仍浑浊,则需继续滴加 $BaCl_2$ 溶液,直至不产生浑浊。沉淀完全后,继续加热 3~5min,过滤,弃去不溶性杂质和 $BaSO_4$ 沉淀,保留滤液。

3.Ca^{2+}、Mg^{2+}、Ba^{2+} 等离子的除去:在上述滤液中加入 10~15 滴 $2mol \cdot L^{-1}$ NaOH 溶液和 2mL $1mol \cdot L^{-1}$ Na_2CO_3 溶液,加热至近沸,待沉淀沉降后,在上层清液中滴加 $1mol \cdot L^{-1}$ Na_2CO_3 溶液至不再产生沉淀为止,继续加热 3~5min,过滤,弃去沉淀,保留滤液。

4.OH^-、CO_3^{2-} 的除去:在滤液中逐滴加入 $2mol \cdot L^{-1}$ HCl 溶液,充分搅拌,并用 pH 试纸测试,直至溶液呈微酸性(pH=3~4)。

5.蒸发浓缩、结晶:将溶液倒入蒸发皿中,加热蒸发,浓缩至糊状的稠液为止,但切不可将溶液蒸干。让浓缩液冷却至室温。

6.减压过滤、干燥:采用布氏漏斗和吸滤瓶进行减压过滤,尽量将晶体抽干。将晶体转至蒸发皿中,在石棉网上小火烘干。

7.计算收率:产品冷却后称重,计算收率。

(二)产品纯度的检验

取原料和产品各 1g,分别用 6mL 去离子水溶解,然后各分成 3 份,盛于试管中,组成 3 组,对照检查其纯度。

1.SO_4^{2-}:在第一组溶液中,分别加入 1~2 滴 $2mol \cdot L^{-1}$ HCl 溶液,再加入 2 滴 $1mol \cdot L^{-1}$ $BaCl_2$ 溶液,分别观察有无白色沉淀产生,若有白色沉淀产生,表示有 SO_4^{2-} 存在。

2.Ca^{2+}:在第二组溶液中各滴加 2 滴 $0.5mol \cdot L^{-1}$ $(NH_4)_2C_2O_4$ 溶液,分别观察有无白色沉淀产生,若有白色沉淀产生,表示有 Ca^{2+} 存在。

3.Mg^{2+}:在第三组溶液中,分别加入 2~3 滴 $2mol \cdot L^{-1}$ NaOH 溶液,使溶液呈碱性,再各加入 1~2 滴镁试剂,分别观察有无天蓝色沉淀产生,若有天蓝色沉淀产生,表示有 Mg^{2+} 存在。

五、思考题

1.在除去 SO_4^{2-}、Ca^{2+} 和 Mg^{2+} 时,为什么要先加 $BaCl_2$ 溶液,然后再加 Na_2CO_3 溶液?可不可以调个顺序?

2.加 HCl 溶液除 CO_3^{2-} 时,为何要把溶液的 pH 值调到 3~4?调至中性好不好?

3.浓缩溶液时为什么不能蒸干?

实验二　硫酸亚铁铵的制备

一、实验目的

1. 了解复盐的一般特性,学习复盐的制备方法。
2. 熟悉和巩固蒸发、结晶、减压过滤等基本操作。
3. 学习利用目视比色法检测产品质量的方法。

二、实验原理

硫酸亚铁铵(俗称摩尔盐)是一种复盐,分子式为 $FeSO_4 \cdot (NH_4)_2SO_4 \cdot 6H_2O$,是浅蓝绿色晶体。通常,亚铁盐在空气中易被氧化,但生成复盐 $FeSO_4 \cdot (NH_4)_2SO_4 \cdot 6H_2O$ 后比较稳定,不易被氧化,因此在定量分析中常用来配制亚铁离子的标准溶液。

和其他复盐一样,硫酸亚铁铵在水中的溶解度比组成它的 $FeSO_4$ 和 $(NH_4)_2SO_4$ 都小(有关盐的溶解度见表 4-1),因此将含 $FeSO_4$ 和 $(NH_4)_2SO_4$ 的溶液经蒸发浓缩、冷却结晶即可得到 $FeSO_4 \cdot (NH_4)_2SO_4 \cdot 6H_2O$ 晶体。

表 4-1　有关盐的溶解度

(单位:g/100g 水)

温度	$(NH_4)_2SO_4$	$FeSO_4 \cdot 7H_2O$	$FeSO_4 \cdot (NH_4)_2SO_4 \cdot 6H_2O$
10℃	73.0	40.0	18.1
20℃	75.4	48.0	21.2
30℃	78.0	60.0	24.5
40℃	81.0	73.3	38.5

本实验制备硫酸亚铁铵的方法如下:

$$Fe(铁屑) + 稀 H_2SO_4 \longrightarrow FeSO_4 + H_2\uparrow$$

$$FeSO_4 + (NH_4)_2SO_4 + 6H_2O \longrightarrow FeSO_4 \cdot (NH_4)_2SO_4 \cdot 6H_2O$$

应注意的是,在制备过程中,溶液需保持一定的酸度,才能使 Fe^{2+} 不被氧化或水解。

目视比色法是确定杂质含量的一种常用方法,在确定杂质含量后便能定出产品的级别。将产品配成溶液,与各标准溶液进行比色,如果产品溶液的颜色比某一标准溶液的颜色浅,可确定杂质含量低于该标准溶液中的含量,即低于某一规定的限度,所以这种方法又称为限量分析。

本实验仅做摩尔盐中 Fe^{3+} 的限量分析。

三、仪器和试剂

1. 仪器:台秤,布氏漏斗,吸滤瓶,真空泵,铁架台,量筒(25mL),烧杯(100mL),蒸发皿,比色管(25mL)。

2.试剂:铁屑,100g · L^{-1} Na$_2$CO$_3$ 溶液,3mol · L^{-1} H$_2$SO$_4$ 溶液,2mol · L^{-1} HCl 溶液, 1mol · L^{-1} KSCN 溶液,(NH$_4$)$_2$SO$_4$(s)。

四、实验步骤

1.铁屑表面油污的去除:用台秤称取 2.0g 铁屑放入小烧杯中,加入 15mL 100g · L^{-1} Na$_2$CO$_3$ 溶液,缓慢加热约 10min,用倾析法倾去碱液,用去离子水将铁屑冲洗干净。

2.硫酸亚铁的制备:往盛有铁屑的烧杯中加入 15mL 3mol · L^{-1} H$_2$SO$_4$ 溶液,盖上表面皿,在石棉网上小火加热,使铁屑与硫酸反应至不再有气泡冒出为止。在加热过程中需不断添加水以补充失去的水分。趁热减压过滤,滤液转至蒸发皿中。将烧杯中和滤纸上的铁屑及残渣洗净,收集起来用滤纸吸干后称重。算出已反应的铁屑的量并计算生成的 FeSO$_4$ 的理论产量。

3.硫酸亚铁铵的制备:根据 FeSO$_4$ 的理论量,按 1:1 的比例称取一定量的(NH$_4$)$_2$SO$_4$ 固体配成饱和溶液,加到硫酸亚铁溶液中,混合均匀后滴加 3mol · L^{-1} H$_2$SO$_4$ 溶液至 pH$-$1~2。用小火蒸发浓缩至表面出现一层微晶膜为止(蒸发过程中不可搅拌)。静置,冷却至室温,析出浅绿色 FeSO$_4$ · (NH$_4$)$_2$SO$_4$ · 6H$_2$O 晶体。用布氏漏斗减压过滤,尽量挤干晶体上残存的母液,观察晶体的形状和颜色,称重并计算产率。

4.纯度检验:铁(Ⅲ)的限量分析:称 1g 样品置于 25mL 比色管中,用 15mL 不含氧的去离子水溶解。再加入 2mL 2mol · L^{-1} HCl 溶液和 1mL 1mol · L^{-1} KSCN 溶液,再用水稀释至 25mL 刻度,摇匀后,所呈现的红色不得深于规定级别的标准溶液。

标准溶液(实验室配制):

Ⅰ级试剂　　含 Fe^{3+} 0.05mg

Ⅱ级试剂　　含 Fe^{3+} 0.10mg

Ⅲ级试剂　　含 Fe^{3+} 0.20mg

五、思考题

1.为什么要首先除去铁屑表面的油污?

2.在制备 FeSO$_4$ 时,是铁过量还是硫酸过量,为什么?

3.为什么在制备过程中溶液始终呈酸性?

4.蒸发浓缩硫酸亚铁铵溶液时,能否将溶液加热至干,为什么?

实验三　化学反应级数、速率常数和活化能的测定

一、实验目的

1. 了解浓度、温度和催化剂对化学反应速率的影响,加深对化学反应速率、反应级数和活化能等概念的理解。

2. 了解测定过二硫酸铵与碘化钾反应速率的原理和方法,掌握计算反应级数、速率常数和活化能的过程中所涉及的数据处理和作图方法。

二、实验原理

在水溶液中,过二硫酸铵与碘化钾发生如下反应:

$$S_2O_8^{2-} + 3I^- =\!=\!= 2SO_4^{2-} + I_3^- \tag{1}$$

该反应的速率方程可表示为:

$$v = kc(S_2O_8^{2-})^m c(I^-)^n \tag{2}$$

式中,v 为瞬时反应速率,k 为速率常数,m 与 n 的总和称为该反应的反应级数。

实验中只能测平均速率,由于本实验在 Δt 时间内反应物浓度变化很小,故可用平均速率代替瞬时速率,即

$$v = -\Delta c(S_2O_8^{2-})/\Delta t \approx kc(S_2O_8^{2-})^m c(I^-)^n \tag{3}$$

为了能够测定在 Δt 时间内 $S_2O_8^{2-}$ 的浓度变化值,引入示踪反应:

$$2S_2O_3^{2-} + I_3^- =\!=\!= S_4O_6^{2-} + 3I^- \tag{4}$$

反应(4)进行得非常快,几乎瞬间完成,而反应(1)比反应(4)慢得多,因此由反应(1)生成的 I_3^- 立即与 $S_2O_3^{2-}$ 反应,生成无色的 $S_4O_6^{2-}$ 和 I^-。因此在开始一段时间内,看不到碘与淀粉反应而显示的特有蓝色。一旦 $Na_2S_2O_3$ 耗尽,由反应(1)继续生成的微量碘很快与淀粉作用,使溶液显蓝色。所以,从反应开始到溶液变蓝,$S_2O_3^{2-}$ 的消耗量即为加入的 $Na_2S_2O_3$ 起始浓度。

比较反应(1)和(4)可知:

$$\Delta c(S_2O_8^{2-}) = \Delta c(S_2O_3^{2-})/2 = \frac{1}{2}c(S_2O_3^{2-})$$

因此

$$v = -\Delta c(S_2O_8^{2-})/\Delta t = \frac{1}{2}c(S_2O_3^{2-})/\Delta t \approx kc(S_2O_8^{2-})^m c(I^-)^n \tag{5}$$

根据不同浓度下的反应速率(反应速率常数不变),可通过比较第一组和第三组的 v_1 和 v_3(I^- 的浓度相同),运用式(5)可计算出对反应物过二硫酸铵的反应分级数 m,同理可通过比较第一组和第五组的反应速率 v_1 和 v_5,运用式(5)计算出对反应物 KI 的反应分级数 n,反应总级数即为($m+n$)。然后将 m 和 n 的数值代入式(5)中求出五组数据的反应速率常数 k,取其平均值即为所求的常温下的反应速率常数 k,详见实验数据记录与处理。也可以通过作图法求出 m、n,从而求出常温下反应速率常数 k。

反应速率常数 k 和温度 T 之间存在如下关系,即著名的阿伦尼乌斯方程:

$$k = Ae^{-E_a/(RT)} \tag{6}$$

式中:E_a 为反应活化能,R 为气体常数,A 为实验测得常数。

将式(6)两边取对数,由 $\lg k = -\dfrac{E_a}{2.303RT} + \lg A$,测出不同温度下的 k 值,以 $\lg k$ 对 $1/T$ 作图,可得一直线,其斜率为 $-\dfrac{E_a}{2.303R}$,由斜率即可求出活化能 E_a。

三、仪器和试剂

1. 仪器:烧杯(100mL),大试管,量筒(10mL),秒表,温度计,恒温水浴锅。

2. 试剂:0.20mol · L^{-1}(NH$_4$)$_2$S$_2$O$_8$ 溶液,0.20mol · L^{-1} KI 溶液,0.010mol · L^{-1} Na$_2$S$_2$O$_3$ 溶液,0.20mol · L^{-1} KNO$_3$ 溶液,0.20mol · L^{-1}(NH$_4$)$_2$SO$_4$ 溶液,0.20mol · L^{-1} Cu(NO$_3$)$_2$ 溶液,0.2%淀粉溶液。

四、实验步骤

1. 浓度对化学反应速率的影响(求反应级数):在室温下,用量筒(贴上标签,以免混用)量取表 4-2 中编号 1 的 KI、Na$_2$S$_2$O$_3$、淀粉溶液于 100mL 烧杯(或锥形瓶)中混合,然后量取(NH$_4$)$_2$S$_2$O$_8$ 溶液,迅速加入烧杯中,同时按动秒表计时,并不断搅拌,仔细观察溶液颜色,待溶液刚出现蓝色时即停止计时。将反应所用的时间 Δt 记录于表 4-2 中。按表中编号 2～5 所列用量重复上述实验。为了使溶液中的离子强度和总体积保持不变,将编号 2～5 中减少的(NH$_4$)$_2$S$_2$O$_8$ 和 KI 溶液的用量分别用 KNO$_3$ 和(NH$_4$)$_2$SO$_4$ 溶液补充。

2. 温度对化学反应速率的影响(求活化能):按表 4-2 中编号 4 的试剂用量,把 KI、Na$_2$S$_2$O$_3$、KNO$_3$ 和淀粉溶液倒入 100mL 烧杯中,并把(NH$_4$)$_2$S$_2$O$_8$ 溶液加入另一支大试管中,然后将它们共同放入比室温高约 10℃ 的恒温水浴中加热,并不断搅拌,使溶液温度达到平衡时测量温度并记录。将(NH$_4$)$_2$S$_2$O$_8$ 溶液加到 KI、Na$_2$S$_2$O$_3$、KNO$_3$ 和淀粉的混合溶液中,立即计时,并搅拌溶液,当溶液刚出现蓝色时即停表,记录时间。在反应的整个过程中,烧杯不能离开恒温水浴。将水浴温度提高到高于室温约 20℃、30℃、40℃,重复上述编号 4 的实验,测定温度和反应所需时间,将所得数据记录于表 4-3 中。

3. 加入催化剂对反应速率的影响:按表 4-2 中实验 4 的用量把 KI、Na$_2$S$_2$O$_3$、KNO$_3$ 和淀粉溶液倒入 100mL 烧杯中,再加入两滴 Cu(NO$_3$)$_2$ 溶液,然后迅速加入(NH$_4$)$_2$S$_2$O$_8$ 溶液,搅拌,计时,数据填入表 4-4 中。将此实验的反应速率与表 4-2 中实验 4 的反应速率进行比较,得出结论。

五、数据记录和处理

(一)数据记录

将实验数据填入表 4-2、表 4-3、表 4-4 中。

表 4-2　浓度对反应速率的影响　　　　　　　　　室温：＿＿℃

	实验编号	1	2	3	4	5
试剂用量/mL	$0.2 \text{mol} \cdot \text{L}^{-1}(\text{NH}_4)_2\text{S}_2\text{O}_8$	8.0	4.0	2.0	8.0	8.0
	$0.20 \text{mol} \cdot \text{L}^{-1}\text{KI}$	8.0	8.0	8.0	4.0	2.0
	$0.010 \text{mol} \cdot \text{L}^{-1}\text{Na}_2\text{S}_2\text{O}_3$	2.0	2.0	2.0	2.0	2.0
	0.2%淀粉	2.0	2.0	2.0	2.0	2.0
	$0.20 \text{mol} \cdot \text{L}^{-1}\text{KNO}_3$	0	0	0	4.0	6.0
	$0.20 \text{mol} \cdot \text{L}^{-1}(\text{NH}_4)_2\text{SO}_4$	0	4.0	6.0	0	0
反应物的起始浓度/$(\text{mol} \cdot \text{L}^{-1})$	$(\text{NH}_4)_2\text{S}_2\text{O}_8$					
	KI					
	$\text{Na}_2\text{S}_2\text{O}_3$					
反应时间 $\Delta t/\text{s}$						
$\text{S}_2\text{O}_8^{2-}$ 的浓度变化 $\Delta c(\text{S}_2\text{O}_8^{2-})/(\text{mol} \cdot \text{L}^{-1})$						
反应速率 $v/(\text{mol} \cdot \text{L}^{-1} \cdot \text{s}^{-1})$						
$\lg v$						
$\lg c(\text{S}_2\text{O}_8^{2-})$						
$\lg c(\text{I}^-)$						
m						
n						
反应总级数$(m+n)$						
反应速率常数 k						
平均反应速率常数$\bar{k}$						

表 4-3　温度对反应速率的影响

实验编号	4	6	7
反应温度 T/K			
反应时间 $\Delta t/\text{s}$			
反应速率 $v/(\text{mol} \cdot \text{L}^{-1} \cdot \text{s}^{-1})$			
反应速率常数 $k/(\text{mol} \cdot \text{L}^{-1} \cdot \text{s}^{-1})$			
$\lg k$			
$(1/T)/\text{K}^{-1}$			
活化能 $E_a/(\text{kJ} \cdot \text{mol}^{-1})$			

表 4-4　催化剂对反应速率的影响

实验编号	4	8
加入 $Cu(NO_3)_2$ 溶液滴数	0	2
反应时间 $\Delta t/s$		

(二)数据处理

1.用直尺、铅笔画数据表,数据表中的数据不可用铅笔填写。注意数据的科学表达形式。

2.由计算得出反应级数(参考上述实验原理)。

3.以作图法计算反应的活化能 E_a(文献值 $E_a=51.8\text{kJ}\cdot\text{mol}^{-1}$)。

六、思考题

1.分析可能引起误差的各种原因。

2.根据反应方程式能否确定反应级数?为什么?

3.本实验中为什么可由反应溶液出现蓝色的时间长短计算反应速率?溶液出现蓝色后,反应是否就终止?

4.不用 $S_2O_8^{2-}$,而用 I^- 浓度变化表示反应速率,则反应速率常数 k 是否一样?

5.下列操作对实验结果有何影响?

(1)取用三种试剂的量筒没有分开专用;

(2)先加 $(NH_4)_2S_2O_8$ 溶液,最后加 KI 溶液;

(3)慢慢加入 $(NH_4)_2S_2O_8$ 溶液。

6.本实验中 $Na_2S_2O_3$ 的用量过多或过少,对实验结果有何影响?

实验四　硫代硫酸钠的晶体制备

一、实验目的

1. 了解硫代硫酸钠的制备方法。
2. 练习溶解、过滤、结晶等基本操作。
3. 学习 SO_3^{2-} 与 SO_4^{2-} 的半定量比浊分析法。
4. 掌握 $Na_2S_2O_3 \cdot 5H_2O$ 含量的测定方法。

二、实验原理

$Na_2S_2O_3 \cdot 5H_2O$ 俗称海波，又称大苏打，易溶于水，其水溶液呈弱碱性。制备硫代硫酸钠晶体的方法有多种，本实验采用亚硫酸钠溶液和硫粉反应，反应为：

$$Na_2SO_3 + S \Longrightarrow Na_2S_2O_3$$

经过滤、蒸发、浓缩结晶，即可制得硫代硫酸钠晶体。制得的晶体一般含有 SO_3^{2-} 与 SO_4^{2-} 杂质，可用比浊分析法来半定量分析 SO_3^{2-} 与 SO_4^{2-} 的总含量。先用 I_2 将 SO_3^{2-} 与 SO_4^{2-} 分别氧化为 SO_4^{2-} 与 $S_4O_6^{2-}$，然后与过量的 $BaCl_2$ 反应，生成难溶的 $BaSO_4$，溶液变浑浊，且溶液的浑浊程度与溶液中 SO_3^{2-} 与 SO_4^{2-} 的总含量呈正比。

制得的晶体中 $Na_2S_2O_3 \cdot 5H_2O$ 的含量可用碘量法来测量，以淀粉为指示剂，用碘标准溶液进行滴定，反应如下：

$$2S_2O_3^{2-} + I_2 \Longrightarrow S_4O_6^{2-} + 2I^-$$

根据消耗的标准 I_2 溶液的体积即可计算得 $Na_2S_2O_3 \cdot 5H_2O$ 的含量。

三、仪器和试剂

1. 仪器：烧杯（100mL），量筒（100mL、10mL），容量瓶（100mL），比色管（25mL），碱式滴定管（50mL），锥形瓶（250mL），移液管（10mL），表面皿，磁力加热搅拌器，酒精灯，蒸发皿，布氏漏斗，吸滤瓶，台秤，分析天平，洗耳球，石棉网。

2. 试剂：硫粉（CP），Na_2SO_3（AR），0.1mol・L^{-1} HCl 溶液，无水乙醇，50% 乙醇，25% $BaCl_2$ 溶液，0.1mol・L^{-1} I_2 溶液，0.1000mol・L^{-1} I_2 标准溶液，0.05mol・L^{-1} $Na_2S_2O_3$ 溶液，HAc-NaAc 缓冲溶液，1% 淀粉溶液，酚酞指示剂。

四、实验步骤

1. $Na_2S_2O_3 \cdot 5H_2O$ 的制备：称取 6.3g Na_2SO_3 固体于烧杯中，加入 35mL 蒸馏水，加热搅拌使之溶解，盖上表面皿，继续加热至沸。称取硫粉 2g 于小烧杯中，加入少量 50% 乙醇将硫粉调成糊状，在搅拌下分次加至近沸的 Na_2SO_3 溶液中，继续加热保持沸腾 1h。在反应过程中，要经常搅拌，并注意适当补加水，保持溶液体积不少于 30mL。反应完毕，趁热减压过滤，将滤液转移至蒸发皿中，在石棉网上加热、搅拌至溶液呈微黄色浑浊为止，冷却至室温即有大量晶体析出，静置一段时间后，减压过滤，并用少量无水乙醇洗涤晶体。取出晶体，干燥后称量,计算产率。

产品质量/g ＿＿＿＿＿＿＿＿＿＿＿＿

理论产量/g ＿＿＿＿＿＿＿＿＿＿＿

产率/% ＿＿＿＿＿＿＿＿＿＿＿

2. SO_3^{2-} 和 SO_4^{2-} 的半定量分析:称取 1g 产品溶于 25mL 水中,加入 15mL 0.1mol·L^{-1} I_2 溶液,然后再滴加碘水使溶液呈浅黄色。将溶液定量转移至 100mL 容量瓶中,定容。吸取上述溶液 10.00mL 至 25mL 比色管中,加入 1mL 0.1mol·L^{-1} HCl 和 3mL 25% $BaCl_2$ 溶液,稀释至刻度,摇匀,放置 10min。然后加 1 滴 0.05mol·L^{-1} $Na_2S_2O_3$ 溶液,摇匀,立即与标准系列溶液进行比浊,确定产品等级。

3. $Na_2S_2O_3$·$5H_2O$ 含量的测定:准确称取 0.5000g(准确至 0.1mg)产品,用 20mL 水溶解,滴入 1～2 滴酚酞指示剂,加入 10mL HAc-NaAc 缓冲溶液(保证溶液呈弱酸性)。然后用 0.1000mol·L^{-1} I_2 标准溶液进行滴定,以 1% 淀粉为指示剂,直到 1min 内溶液的蓝色不褪去为止。用以下公式计算含量:

$$\omega/\% = \frac{V \times 10^{-3} \times c \times M(Na_2S_2O_3 \cdot 5H_2O) \times 2}{m} \times 100\%$$

式中:V 为所消耗 I_2 标准溶液的体积,mL;c 为 I_2 标准溶液物质的量浓度,mol·L^{-1}; $M(Na_2S_2O_3 \cdot 5H_2O)$ 为 248.2g·mol^{-1};m 为 $Na_2S_2O_3$·$5H_2O$ 试样的质量,g;ω 为 $Na_2S_2O_3$·$5H_2O$ 的质量分数。

试样质量 m/g ＿＿＿＿＿＿＿＿＿＿＿＿

I_2 标准溶液的浓度 c/mol·L^{-1} ＿＿＿＿＿＿＿＿＿＿＿＿

I_2 标准溶液的体积 V/mL ＿＿＿＿＿＿＿＿＿＿＿＿

质量分数/% ＿＿＿＿＿＿＿＿＿＿＿＿

五、思考题

1. 根据制备反应原理,实验中哪种反应物过量?倒过来可以吗?

2. 在蒸发、浓缩过程中,溶液可以蒸干吗?

实验五　配合物的生成和性质

一、实验目的

1. 了解配离子的生成和组成,配离子与简单离子的区别。
2. 加深对配合物特性的理解,比较并解释配离子的相对稳定性。
3. 了解配位平衡与酸碱平衡、沉淀溶解平衡以及氧化还原平衡之间的关系。
4. 了解配合物的应用。

二、实验原理

由一个简单的正离子和几个中性分子或者其他离子结合而成的复杂离子叫配离子,含有配离子的化合物叫配合物。配离子在溶液中也能或多或少地解离成简单离子或分子。例如,$[Cu(NH_3)_4]^{2+}$ 配离子在溶液中存在下列解离平衡:

$$[Cu(NH_3)_4]^{2+} \rightleftharpoons Cu^{2+} + 4NH_3$$

$$K_d = \frac{c(Cu^{2+}) \times c^4(NH_3)}{c([Cu(NH_3)_4]^{2+})}$$

不稳定常数 K_d 表示该离子解离成简单离子趋势的大小。

配离子的解离平衡也是一种化学平衡。能向着生成更难解离或更难溶解的物质的方向进行,例如,在 $[Fe(SCN)]^{2+}$ 溶液中加入 F^- 离子,则反应向着生成稳定常数更大的 $[FeF_6]^{3-}$ 配离子方向进行。

螯合物是中心离子与多基配位形成的具有环状结构的配合物。很多金属的螯合物具有特征性颜色,并且很难溶于水而易溶于有机溶剂。例如,丁二肟在弱碱性条件下与 Ni^{2+} 生成鲜红色难溶于水的螯合物,这一反应可作为检验 Ni^{2+} 的特征反应。

三、仪器和试剂

1. 仪器:试管,滴定管。
2. 试剂:$0.1mol \cdot L^{-1}$ $HgCl_2$ 溶液,$0.1mol \cdot L^{-1}$ KI 溶液,$0.2mol \cdot L^{-1}$ $NiSO_4$ 溶液,$0.1mol \cdot L^{-1}$ $BaCl_2$ 溶液,$0.1mol \cdot L^{-1}$ NaOH 溶液,氨水溶液(1∶1),$0.1mol \cdot L^{-1}$ $FeCl_3$ 溶液,$0.1mol \cdot L^{-1}$ KSCN 溶液,$0.1mol \cdot L^{-1}$ $K_3[Fe(CN)_6]$溶液,$0.1mol \cdot L^{-1}$ $AgNO_3$ 溶液,$0.1mol \cdot L^{-1}$ NaCl 溶液,CCl_4,$0.5mol \cdot L^{-1}$ $FeCl_3$ 溶液,$4mol \cdot L^{-1}$ NH_4F 溶液,$2mol \cdot L^{-1}$ NaOH 溶液,H_2SO_4 溶液(1∶1),浓盐酸溶液,$0.1mol \cdot L^{-1}$ $CuSO_4$ 溶液,$2mol \cdot L^{-1}$ $K_4P_2O_7$ 溶液,$0.1mol \cdot L^{-1}$ $NiCl_2$ 溶液,$2mol \cdot L^{-1}$ 氨水溶液,1%丁二肟溶液,乙醚。

四、实验步骤

(一)配离子的生成与配合物的组成

1. 在试管中加入 $0.1mol \cdot L^{-1}$ $HgCl_2$ 溶液 10 滴(极毒!),再逐渐加入 $0.1mol \cdot L^{-1}$ KI 溶液,观察红色沉淀的生成。再继续加入 KI 溶液,观察沉淀的溶解。写出有关化学反应方程式。

2.在试管中加入 $0.2mol \cdot L^{-1}$ $NiSO_4$ 溶液 10 滴,逐滴加入 1:1 氨水,边加边振荡,待生成的沉淀完全溶解后,再适当多加些氨水。然后将此溶液分成两份,分别加入 $0.1mol \cdot L^{-1}$ $BaCl_2$ 溶液和 $0.1mol \cdot L^{-1}$ $NaOH$ 溶液。观察现象,写出有关化学反应方程式。

(二)简单离子和配离子的区别

1.在试管中加入 $0.1mol \cdot L^{-1}$ $FeCl_3$ 溶液,加入少量 KSCN 溶液,溶液变红。以 $0.1mol \cdot L^{-1}$ $K_3[Fe(CN)_6]$ 溶液代替 $FeCl_3$ 溶液做同样实验,观察现象,写出有关化学反应方程式。

(三)配位平衡的移动

1.配位平衡与沉淀反应:在试管中加入 $0.1mol \cdot L^{-1}$ $AgNO_3$ 溶液,滴加 $0.1mol \cdot L^{-1}$ NaCl 溶液,观察现象;然后加入过量的氨水,观察现象,写出化学反应反应式,并解释之。

2.配位平衡与氧化还原反应:在试管中加入 $0.5mol \cdot L^{-1}$ $FeCl_3$ 溶液,滴加 $0.1mol \cdot L^{-1}$ KI 溶液,然后加入 CCl_4,振荡后观察 CCl_4 层颜色。解释现象,写出有关化学反应方程式。

在另一支盛有 $0.5mol \cdot L^{-1}$ $FeCl_3$ 溶液的试管中,先逐滴加入 $4mol \cdot L^{-1}$ NH_4F 溶液变为无色,再加入 $0.1mol \cdot L^{-1}$ KI 溶液和 CCl_4,振荡后,观察 CCl_4 层颜色。解释现象,并写出有关化学反应方程式。

3.配位平衡与介质的酸碱性:在试管中加入 $0.5mol \cdot L^{-1}$ $FeCl_3$ 溶液 10 滴,逐滴加入 $4mol \cdot L^{-1}$ NH_4F 溶液,呈无色。将此溶液分成两份,分别滴加 $2mol \cdot L^{-1}$ NaOH 溶液和 1:1 H_2SO_4 溶液,观察现象,写出有关化学反应方程式。

4.配离子的转化:往一支试管中加入 2 滴 $0.1mol \cdot L^{-1}$ $FeCl_3$ 溶液,加水稀释至无色,加入 1~2 滴 $0.1mol \cdot L^{-1}$ KSCN 溶液,再逐渐加入 $0.1mol \cdot L^{-1}$ NaF 溶液,观察现象并解释之。

(四)螯合物的形成

1.往试管中加入约 1mL $0.1mol \cdot L^{-1}$ $CuSO_4$ 溶液,然后逐滴加入 $2mol \cdot L^{-1}$ $K_4P_2O_7$ 溶液,观察现象。继续加入 $K_4P_2O_7$ 溶液,观察现象,并写出有关化学反应方程式。

2.往试管中加入 2 滴 $0.1mol \cdot L^{-1}$ $NiCl_2$ 溶液及蒸馏水,再加入 1~2 滴 $2mol \cdot L^{-1}$ 氨水溶液,使呈碱性。然后加入 2~3 滴 1% 丁二肟溶液,观察生成的鲜红色沉淀。最后加入 1mL 乙醚,振荡,观察现象。

五、思考题

1.总结本实验观察到的现象。

2.配离子和简单离子的区别以及影响配位平衡的因素有哪些?

实验六　碱式碳酸铜的制备

一、实验目的

1. 了解碱式碳酸铜的性质和制备原理。
2. 学习通过反应条件的探索来确定反应物合适配比及反应适宜温度的实验方法。
3. 初步培养独立设计实验的能力。

二、实验原理

碱式碳酸铜 $Cu_2(OH)_2CO_3$ 为天然孔雀石的主要成分,呈暗绿色或淡蓝绿色粉末,俗称孔雀绿,密度 $4.0g/cm^3$,在水中的溶解度很小,溶于酸,新制备的试样在沸水中很易分解。加热至 200℃即分解:

$$Cu_2(OH)_2CO_3 =\!=\!= 2CuO + CO_2 + H_2O$$

将碳酸钠溶液加入铜盐中,可得碱式碳酸铜沉淀:

$$2CuSO_4 + 2Na_2CO_3 + H_2O =\!=\!= Cu_2(OH)_2CO_3\downarrow + 2Na_2SO_4 + CO_2\uparrow$$

三、仪器和试剂

1. 仪器:烧杯(150～200mL),试管,玻璃棒,温度计,恒温水浴锅。
2. 试剂:$0.5mol \cdot L^{-1}$ $CuSO_4$ 溶液,$0.5mol \cdot L^{-1}$ Na_2CO_3 溶液。

四、实验步骤

(一)制备反应条件的探索

1. $CuSO_4$ 和 Na_2CO_3 溶液的合适配比:于 4 支试管内均加入 2.0mL $0.5mol \cdot L^{-1}$ $CuSO_4$ 溶液,再分别取 $0.5mol \cdot L^{-1}$ Na_2CO_3 溶液 1.6mL、2.0mL、2.4mL 及 2.8mL 依次加入另外 4 支编号的试管中。将 8 支试管放在 75℃的恒温水浴中。几分钟后,依次将 $CuSO_4$ 溶液分别倒入 Na_2CO_3 溶液中,振荡试管,比较各试管中沉淀生成的速度、沉淀的数量及颜色,从中得出两种反应物溶液以何种比例相混合为最佳,将数据填入表 4-5 中。

表 4-5　$CuSO_4$ 和 Na_2CO_3 配比的选择

编号	1	2	3	4
$0.5mol \cdot L^{-1}$ $CuSO_4$ 溶液的体积/mL	2.0	2.0	2.0	2.0
$0.5mol \cdot L^{-1}$ Na_2CO_3 溶液的体积/mL	1.6	2.0	2.4	2.8
$Na_2CO_3/CuSO_4$(物质的量比)	0.8	1	1.2	1.4
沉淀生成的速度				
沉淀的颜色				
沉淀的数量				
最佳比例				

2.反应温度的确定：在 3 支试管中,各加入 2.0mL 0.5mol·L^{-1} CuSO$_4$ 溶液,另取 3 支试管,各加入由上述实验得到的合适用量的 0.5mol·L^{-1} Na$_2$CO$_3$ 溶液。从这两列试管中各取一支,将它们分别置于室温、50℃、100℃的恒温水浴中,数分钟后将 CuSO$_4$ 溶液倒入 Na$_2$CO$_3$ 溶液中,振荡并观察现象,由实验结果确定制备反应的合适温度,将数据填入表4-6中。

表 4-6　反应温度的确定

编号	1	2	3
0.5mol·L^{-1} CuSO$_4$ 溶液的体积/mL	2.0	2.0	2.0
0.5mol·L^{-1} Na$_2$CO$_3$ 溶液的体积/mL			
水浴温度/℃	室温	50℃	100℃
沉淀生成的速度			
沉淀的颜色			
沉淀的数量			
最佳温度/℃			

(二)碱式碳酸铜制备

取 60mL 0.5mol·L^{-1} CuSO$_4$ 溶液,根据上面实验确定的反应物合适比例及适宜温度制取碱式碳酸铜。待沉淀完全后,用蒸馏水洗涤沉淀数次,直到沉淀中不含 SO$_4^{2-}$ 为止,吸干。

将所得产品在烘箱中于 100℃烘干,待冷至室温后称量,并计算产率。

产品质量/g ＿＿＿＿＿＿＿＿＿＿＿＿＿

理论产量/g ＿＿＿＿＿＿＿＿＿＿＿＿＿

产率/％＿＿＿＿＿＿＿＿＿＿＿＿＿

五、思考题

1.哪些铜盐适合于制取碱式碳酸铜?

2.各试管中沉淀的颜色为何会有差别?估计何种颜色产物的碱式碳酸铜含量最高?

3.若将 Na$_2$CO$_3$ 溶液倒入 CuSO$_4$ 溶液,其结果是否会有所不同?

4.反应温度对本实验有何影响?

5.反应在何种温度下进行会出现褐色产物?这种褐色物质是什么?

实验七　三氯化六氨合钴(Ⅲ)的制备及组成测定

一、实验目的

1. 了解三氯化六氨合钴(Ⅲ)的制备原理及其组成的测定方法。
2. 理解配合物的形成对三价钴稳定性的影响。
3. 掌握水蒸气蒸馏的操作。

二、实验原理

根据有关电对的标准电极电势可以知道,在通常情况下,二价钴盐较三价钴盐稳定得多,而在它们的配合状态下却正相反,三价钴反而比二价钴稳定。因此,通常采用空气或过氧化氢氧化二价钴的配合物的方法,来制备三价钴的配合物。

氯化钴(Ⅲ)的氨合物有许多种,主要有三氯化六氨合钴(Ⅲ)$[Co(NH_3)_6]Cl_3$(橙黄色晶体)、三氯化一水五氨合钴(Ⅲ)$[Co(NH_3)_5H_2O]Cl_3$(砖红色晶体)、二氯化一氯五氨合钴(Ⅲ)$[Co(NH_3)_5Cl]Cl_2$(紫红色晶体)等。它们的制备条件各不相同。三氯化六氨合钴(Ⅲ)的制备条件是:以活性炭为催化剂,用过氧化氢氧化有氨及氯化铵存在的氯化钴(Ⅱ)溶液。反应式为:

$$2CoCl_2 + 2NH_4Cl + 10NH_3 + H_2O_2 \rule[0.5ex]{2em}{0.4pt} 2[Co(NH_3)_6]Cl_3 + 2H_2O$$

所得产品$[Co(NH_3)_6]Cl_3$为橙黄色单斜晶体,20℃时在水中的溶解度为$0.26mol \cdot L^{-1}$。

三、仪器和试剂

1. 仪器:烧杯(100mL),研钵,水浴锅,抽滤瓶,布氏漏斗,真空泵,烘箱,蒸馏烧瓶,氨接收管,碘量瓶。

2. 试剂:$CoCl_2 \cdot 6H_2O$,NH_4Cl,浓氨水,活性炭,6% H_2O_2溶液,浓盐酸溶液,乙醇,10% NaOH溶液,$0.1mol \cdot L^{-1}$ NaOH标准溶液,酚酞指示剂,$0.1mol \cdot L^{-1}$ HCl标准溶液,$6mol \cdot L^{-1}$ HCl溶液,KI,$0.01mol \cdot L^{-1}$ $Na_2S_2O_3$标准溶液,$1g \cdot L^{-1}$淀粉溶液,$0.1mol \cdot L^{-1}$ $AgNO_3$标准溶液,$50g \cdot L^{-1}$ K_2CrO_4溶液。

四、实验步骤

(一)三氯化六氨合钴(Ⅲ)的制备

将6.0g研细的氯化钴($CoCl_2 \cdot 6H_2O$)、4.0g NH_4Cl和10.0mL水加入100mL烧杯中,加热溶解。再加入0.4g活性炭。冷却后,加20mL浓氨水,进一步冷至10℃以下,缓慢加入20mL 6% H_2O_2溶液。在水浴上加热至60℃,恒温20min(适当摇动烧杯)。取出烧杯,以水流冷却后再以冰水冷却之。用布氏漏斗抽滤分离。将沉淀溶于含有3mL浓盐酸的80mL沸水中,趁热过滤。加10mL浓盐酸于滤液中。以冰水冷却,即有晶体析出,过滤,抽干,将固体置于105℃下烘干,称重。

(二)三氯化六氨合钴(Ⅲ)组成的测定

1.氨的测定:精确称取所得产品约 0.3g,用少量蒸馏水溶解后移至蒸馏烧瓶中;往蒸馏烧瓶中加几粒沸石,在测定氮装置的磨口部位涂上凡士林,检查装置的气密性;加 20mL 10% NaOH 溶液,缠上玻璃棉,加热蒸馏,保持微沸状态,蒸出的氨用 30mL HCl 标准溶液吸收,接收管浸入冰水浴中。取下氨接收管,用少量水将导管内外可能黏附的溶液洗入锥形瓶内,以酚酞为指示剂,用 NaOH 标准溶液滴定剩余的 HCl。蒸馏瓶内残留物留待测钴使用。记录数据,计算氨的质量分数,与理论值比较。

2.钴的测定:将上述蒸馏瓶中的残留物完全转移至碘量瓶中,加适量蒸馏水溶解。加入 1g 碘化钾固体及 10mL 6mol·L⁻¹ HCl 溶液,于暗处放置 15min 左右。用 0.01mol·L⁻¹ Na₂S₂O₃ 标准溶液滴定到浅黄色,加入 5mL 新配制的 1g·L⁻¹ 淀粉溶液后,再缓慢滴至蓝色消失。记录数据,计算钴的质量分数,与理论值比较。

3.氯的测定:采用 0.1mol·L⁻¹ AgNO₃ 标准溶液滴定样品中的氯含量(莫尔法)。试根据所学的知识,进行计算,并配制样品液。测定时,以 50g·L⁻¹ K₂CrO₄ 溶液为指示剂,用 0.1mol·L⁻¹ AgNO₃ 标准溶液滴定至出现淡红棕色不再消失为终点。记录数据,计算氯的质量分数,与理论值比较。

根据以上分析所得的结果,写出产品的实验式。

五、思考题

1.在制备过程中,为什么在溶液中加入了过氧化氢后要在 60℃恒温一段时间? 为什么在滤液中加 10mL 浓盐酸? 为什么用冷的稀盐酸洗涤产品?

2.要使三氯化六氨合钴(Ⅲ)合成产率高,你认为哪些步骤是比较关键的? 为什么?

3.若钴的分析结果偏低,分析产生结果偏低的可能原因。

实验八　三草酸合铁(Ⅲ)酸钾的制备和性质

一、实验目的

1. 了解配合物制备的一般方法。
2. 综合训练无机合成,滴定分析的基本操作。
3. 学习用滴定分析法来确定配合物组成的原理和方法。

二、实验原理

三草酸合铁(Ⅲ)酸钾 $K_3[Fe(C_2O_4)_3]\cdot 3H_2O$ 是翠绿色单斜晶体,易溶于水(溶解度:0℃时,4.7g/100g H_2O;100℃时,117.7g/100g H_2O),难溶于乙醇。110℃下失去结晶水,230℃分解。该配合物对光敏感,遇光照会发生分解:

$$2K_3[Fe(C_2O_4)_3]===3K_2C_2O_4+2FeC_2O_4(黄色)+2CO_2$$

因其具有光敏性,所以常用来作为化学光量计。它在日光直射(或强光)下分解生成的草酸亚铁遇六氰合铁(Ⅲ)酸钾可生成滕氏蓝,反应为:

$$3FeC_2O_4+2K_3[Fe(CN)_6]===Fe_3[Fe(CN)_6]_2+3K_2C_2O_4$$

因此,在实验室中可做成感光纸,进行感光实验。

三草酸合铁(Ⅲ)配离子较稳定,其稳定常数 $K_f^\ominus=1.58\times 10^{20}$。目前合成三草酸合铁(Ⅲ)酸钾的工艺路线有多种,其中,可用铁屑与稀 H_2SO_4 反应制得 $FeSO_4\cdot 7H_2O$ 晶体,再与$H_2C_2O_4$ 溶液反应制得 $FeC_2O_4\cdot 2H_2O$ 沉淀:

$$Fe+H_2SO_4===FeSO_4+H_2\uparrow$$

$$FeSO_4+H_2C_2O_4+2H_2O===FeC_2O_4\cdot 2H_2O\downarrow+H_2SO_4$$

或以硫酸亚铁铵为原料与草酸反应制备草酸亚铁:

$$(NH_4)_2Fe(SO_4)_2\cdot 6H_2O+H_2C_2O_4===FeC_2O_4\cdot 2H_2O\downarrow+(NH_4)_2SO_4+H_2SO_4+4H_2O$$

然后在过量草酸根存在下,用 H_2O_2 氧化草酸亚铁即可得到三草酸合铁(Ⅲ)酸钾,同时有氢氧化铁生成:

$$6FeC_2O_4\cdot 2H_2O+3H_2O_2+6K_2C_2O_4===4K_3[Fe(C_2O_4)_3]+2Fe(OH)_3\downarrow+12H_2O$$

加入适量草酸可以使 $Fe(OH)_3$ 转化为三草酸合铁(Ⅲ)酸钾:

$$2Fe(OH)_3+3H_2C_2O_4+3K_2C_2O_4===2K_3[Fe(C_2O_4)_3]+6H_2O$$

再加入乙醇,放置即可析出产物的晶体。总反应式为:

$$2FeC_2O_4\cdot 2H_2O+H_2O_2+3K_2C_2O_4+H_2C_2O_4===2K_3[Fe(C_2O_4)_3]\cdot 3H_2O$$

本实验直接采用硫酸亚铁铵为原料来制备三草酸合铁(Ⅲ)酸钾配合物。

结晶水含量的确定采用质量分析法。将已知质量的产品在 110℃下干燥脱水,脱水完全后再进行称量,通过质量的变化即可计算出结晶水的含量。

配离子的组成可通过滴定分析法确定,用氧化还原滴定法确定配离子中 Fe^{3+} 和 $C_2O_4^{2-}$ 的含量。在酸性介质中,用 $KMnO_4$ 标准溶液直接滴定 $C_2O_4^{2-}$:

$$5C_2O_4^{2-}+2MnO_4^-+16H^+===10CO_2+2Mn^{2+}+8H_2O$$

在上述测定 $C_2O_4^{2-}$ 后剩余的溶液中,用过量的还原剂锌粉将 Fe^{3+} 还原为 Fe^{2+},然后用 $KMnO_4$ 标准溶液滴定 Fe^{2+}:

$$Zn + 2Fe^{3+} = 2Fe^{2+} + Zn^{2+}$$
$$5Fe^{2+} + MnO_4^- + 8H^+ = 5Fe^{3+} + Mn^{2+} + 4H_2O$$

根据 $KMnO_4$ 标准溶液的消耗量,可计算出 $C_2O_4^{2-}$ 和 Fe^{3+} 的质量分数。

根据 $n(Fe^{3+}) : n(C_2O_4^{2-}) = \dfrac{w(Fe^{3+})}{55.8} : \dfrac{w(C_2O_4^{2-})}{88.0}$,可确定 Fe^{3+} 与 $C_2O_4^{2-}$ 的配位比。

三、仪器和试剂

1.仪器:台秤,分析天平,烧杯(100mL、250mL),量筒(10mL、100mL),温度计(0～100℃),漏斗,漏斗架,布氏漏斗,吸滤瓶,真空泵,酒精灯,水浴锅,称量瓶,干燥器,滴管,表面皿,酸式滴定管(50mL),锥形瓶(250mL),玻璃棒。

2.试剂:6% H_2O_2 溶液,锌粉,$K_3[Fe(CN)_6]$ (s,AR),2mol·L^{-1} H_2SO_4 溶液,1mol·L^{-1} $H_2C_2O_4$ 溶液,饱和 $K_2C_2O_4$ 溶液,95%乙醇,0.0200mol·L^{-1} $KMnO_4$ 标准溶液,$(NH_4)_2Fe(SO_4)_2 \cdot 6H_2O$ (s,AR)。

四、实验步骤

(一)三草酸合铁(Ⅲ)酸钾的制备

1.$FeC_2O_4 \cdot 2H_2O$ 的制备:称取 5.0g $(NH_4)_2Fe(SO_4)_2 \cdot 6H_2O$ 固体于烧杯中,加入 15mL 蒸馏水和 1mL 2mol·L^{-1} H_2SO_4 溶液,加热使其溶解,然后加入 25mL 1mol·L^{-1} $H_2C_2O_4$ 溶液,加热至沸,不断搅拌,静置得黄色 $FeC_2O_4 \cdot 2H_2O$ 晶体,待沉淀沉降后用倾析法弃去上层溶液。用倾析法洗涤沉淀 3 次,方法如下:在沉淀中加 20mL 蒸馏水,温热并搅拌,静置后再弃去上层清液(尽量将清液倒干净),除去可溶性杂质。

2.$K_3[Fe(C_2O_4)_3] \cdot 3H_2O$ 的制备:在上述沉淀中加入 15mL 饱和 $K_2C_2O_4$ 溶液,水浴加热至 40℃,用滴管缓慢滴加 10mL 6% H_2O_2 溶液,不断搅拌并保温在 40℃左右,此时有 $Fe(OH)_3$ 沉淀产生。滴加完后,加热溶液至沸以除去过量的 H_2O_2。一次性加入 5mL 1mol·L^{-1} $H_2C_2O_4$ 溶液,然后再滴加 $H_2C_2O_4$ 溶液(约 3mL),并保持近沸,直至变成绿色透明溶液。冷却,加入 20mL 95%乙醇,放于暗处继续冷却结晶,减压过滤,抽干后用少量乙醇洗涤产品,继续抽干,称量,计算产率。产品在干燥器内避光保存。

产品质量/g _____

理论产量/g _____

产率/% _____

(二)产物组成的定量分析

1.结晶水的确定:准确称取 0.5～0.6g 已干燥的产品 2 份,分别放入两个已干燥、恒重的称量瓶中,在 110℃烘箱中干燥 1h,然后于干燥器中冷却至室温,称量。重复上述干燥(改为 0.5h)、冷却、称量操作,直至质量恒定,根据称量结果计算产品中结晶水的质量分数。

2.草酸根含量的测定:准确称取 0.12～0.15g 产品 2 份,分别放入两个锥形瓶中,各加入 20mL 水和 10mL 3mol·L^{-1} H_2SO_4 溶液,微热溶解,加热至 75～85℃(即水面冒水汽),趁热用 0.0200mol·L^{-1} $KMnO_4$ 标准溶液,滴定至溶液呈粉红色(30s 内不褪色)为终点。记录

$KMnO_4$ 标准溶液的用量,保留滴定后的溶液待下一步分析使用。

3.铁含量的测定:在上述保留的溶液中加入半药匙锌粉,加热近沸,直至溶液的黄色消失,将 Fe^{3+} 还原成 Fe^{2+},趁热过滤除去多余的锌粉,滤液收集在另一锥形瓶中,再用 5mL 水洗涤残渣,并将洗涤液一并收集在上述锥形瓶中,继续用 $KMnO_4$ 标准溶液滴定至溶液呈粉红色。记录 $KMnO_4$ 标准溶液的用量。

根据滴定数据,计算产品中 $C_2O_4^{2-}$ 、Fe^{3+} 的质量分数,确定配合物的组成。

结晶水的质量分数/％＿＿＿＿＿＿＿＿＿＿＿＿＿

$C_2O_4^{2-}$ 的质量分数/％＿＿＿＿＿＿＿＿＿＿＿

Fe^{3+} 的质量分数/％＿＿＿＿＿＿＿＿＿＿＿＿

配合物的组成＿＿＿＿＿＿＿＿＿＿＿＿＿＿＿

(三)产物的化学性质

1.将少许产品放在表面皿上,在日光下观察晶体颜色变化。与放在暗处的晶体比较。

2.感光实验:称取产品 0.3g,$K_3[Fe(CN)_6]$ 固体 0.4g,加 5mL 水配成溶液,涂在纸上即制成黄色感光纸;附上图案,在日光下(或红外灯光下)直照,曝光部分呈深蓝色,被遮盖部分没有曝光,即显影出图案。也可以按如下操作:称取产品 0.3g,加 5mL 水配成溶液,用滤纸做成感光纸;附上图案,在日光下(或红外灯光下)曝光,曝光后去掉图案,用约 3.5％ $K_3[Fe(CN)_6]$ 溶液浸润或漂洗,即显影出图案。

【附注】

[1]将溶液加热至沸,其目的是使 $FeC_2O_4 \cdot 2H_2O$ 颗粒变大,易于沉降。

[2]用倾析法洗涤 $FeC_2O_4 \cdot 2H_2O$ 沉淀,每次用水不宜太多(约 20mL),至沉淀沉降后再将上层清液弃去,尽量减少沉淀的损失。

[3]将称量瓶洗净,放在 110℃ 烘箱中干燥 1h。然后置于干燥器中冷却至室温,在分析天平上称量。重复上述干燥(改为 0.5h)、冷却、称量操作,直至质量恒定(两次称量相差不超过 0.3mg)。

五、思考题

1.氧化 $FeC_2O_4 \cdot 2H_2O$ 时,温度控制在 40℃,不能太高,为什么?

2.用 $KMnO_4$ 滴定 $C_2O_4^{2-}$ 时,加热使温度控制在 75～85℃,不能太高,为什么?

3.测定 $C_2O_4^{2-}$ 的计算公式是什么?计算 $C_2O_4^{2-}$ 质量分数的公式是什么?

4.合成 $K_3[Fe(C_2O_4)_3] \cdot 3H_2O$ 中,加入 3％H_2O_2 溶液后为什么要煮沸溶液?

5.最后在溶液中加入乙醇的作用是什么?能否用蒸发法浓缩或蒸干溶液的方法来提高产率?本实验的各步反应中哪些试剂是过量的?哪些试剂用量是有限的?

6.影响三草酸合铁(Ⅲ)酸钾质量的主要因素有哪些?如何减小副反应的发生?

实验九　转化法制备硝酸钾

一、实验目的

1. 学习利用各种易溶盐在不同温度时溶解度的差异来制备易溶盐的原理和方法。
2. 了解结晶和重结晶的一般原理和方法。
3. 掌握固体溶解、加热、蒸发的基本操作。
4. 掌握过滤(包括常压过滤、减压过滤和热过滤)的基本操作。

二、实验原理

转化法制备硝酸钾晶体的反应:

$$NaNO_3 + KCl \rlap{=}{=} NaCl + KNO_3$$

利用氯化钠的溶解度随温度变化不大(表 4-7),氯化钾、硝酸钠和硝酸钾在高温时有较大或很大的溶解度,而温度降低时溶解度明显减小(如氯化钾、硝酸钠)或急剧下降(如硝酸钾)的特性(图 4-1),经蒸发浓缩、结晶、过滤,制得硝酸钾的粗产品。然后,再通过重结晶的方法对产品进行提纯,称量,计算产率。对所得的粗产品和纯的硝酸钾晶体进行检验。

表 4-7　不同温度下四种无机化合物的溶解度

（单位：g/100g 水）

无机化合物	0℃	10℃	20℃	30℃	40℃	50℃	60℃	70℃	80℃	90℃	100℃
KNO₃	13.3	21.2	31.6	45.3	61.3	85.8	106	138	167	203	247
KCl	27.6	31.0	34.0	37.0	40.0	42.6	45.5	48.3	51.1	54.0	56.7
NaCl	35.7	35.8	36.0	36.3	36.6	37.0	37.3	37.8	38.4	39.0	39.2
NaNO₃	73.0	80.8	87.6	92.1	102	113	122	136	148	165	180

注:盐类在水中的溶解度就是在一定温度下它们在饱和水溶液中的浓度,一般以每 100g 水中溶解盐的质量(g)来表示。

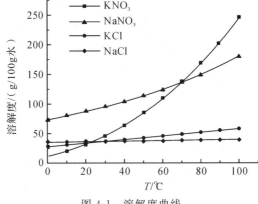

图 4-1　溶解度曲线

三、仪器和试剂

1.仪器:量筒(10mL,25mL),抽滤瓶(250mL),酒精灯,烧杯(100mL,25mL),洗耳球,滤纸,表面皿,胶头滴管,石绵网,三角架,试管夹,橡皮圈,玻璃棒。

2.试剂:固体氯化钾(CP),固体硝酸钠(CP),3mol・L^{-1} HNO_3 溶液,0.01mol・L^{-1} $AgNO_3$溶液。

四、实验步骤

(一)KNO_3的初步制备

1.称量、溶解:称取硝酸钠固体 10.5g 和氯化钾固体 9.0g,放入烧杯中,加 15mL 水。将烧杯放在石棉网上用酒精灯加热(注意:开始加热的速度不宜过高),不断搅拌使固体全部溶解,记下烧杯中液面的位置。

2.蒸发、热过滤:继续加热使溶液蒸发至原有体积的 2/3,此时有晶体析出(什么物质?),趁热用热滤漏斗过滤,滤液盛于小烧杯中。在蒸发过程中,要不断地搅拌(否则析出的晶体会引起暴沸,使浓的盐溶液溅出烧杯,严重时会将烧杯冲倒,致实验失败)。蒸发时间不宜过长,否则所剩溶液较少,在热过滤时温度稍有下降,KNO_3 就会与 NaCl 一起析出;反之,如果溶液体积大,则析出的 NaCl 较少,使得 KNO_3 的产量减少。

3.粗产品的制备:将小烧杯中的滤液自然冷却至室温(不宜骤冷,防止晶体过于细小),待晶体完全析出后,减压过滤,晶体尽量抽干。所得粗产品用滤纸挤压吸干后称重,计算产率。保留 0.1g 此粗产品供纯度检验,其余全部用于下面的重结晶。

(二)重结晶

按粗产品:水＝2:1(质量比)的比例将粗产品溶于蒸馏水中,加热使晶体全部溶解。若溶液沸腾时还见晶体存在,可滴加少量蒸馏水使其溶解。冷却至室温,KNO_3 晶体析出完全后抽滤,经水浴烘干,得到纯度较高的 KNO_3 晶体,称量。

(三)纯度检验

各取少量粗产品和重结晶 KNO_3 晶体,用 1mL 蒸馏水分别在两支试管中溶解,在溶液中分别滴入一滴 3mol・L^{-1} HNO_3 溶液酸化,再各滴入两滴 0.01mol・L^{-1} $AgNO_3$ 溶液。观察溶液的浊度,进行对比,重结晶后的产品溶液应为澄清。若重结晶后的产品中仍然检验出含氯离子,则产品应再次重结晶。

五、思考题

1.何谓重结晶? 本实验都涉及哪些基本操作? 应注意什么?

2.溶液沸腾后为什么温度高达 100℃以上?

3.能否将除去氯化钠后的滤液直接冷却制取硝酸钾?

实验十　钼硅酸的制备和性质

一、实验目的

1. 掌握十二钼硅酸的制备方法。
2. 加深对杂多酸的了解。

二、实验原理

杂多酸作为一种新型催化剂,近年来已广泛应用于石油化工、冶金、医纺等许多领域。在碱性溶液中 Mo(Ⅵ)[或 W(Ⅵ)]以正钼酸根 MoO_4^{2-}(或正钨酸根 WO_4^{2-})存在,随着溶液 pH 的减小,逐渐聚合为多酸根离子。

在上述聚合过程中,加入一定量的磷酸盐或硅酸盐,则可生成有确定组成的钼杂多酸根离子,如$[SiMo_{12}O_{40}]^{4-}$、$[PW_{12}O_{40}]^{3-}$等。这类钼杂多酸在水溶液中结晶时,得到高水合状态的杂多酸(盐)晶体 $H_m[XMo_{12}O_{40}] \cdot nH_2O$ 或 $H_m[XW_{12}O_{40}] \cdot nH_2O$。

本实验利用钼杂多酸在强酸溶液中易与乙醚生成加合物而被乙醚萃取的性质来制备十二钼硅酸($H_3SiMo_{12}O_{40} \cdot nH_2O$)。

三、仪器和试剂

1. 仪器:恒温水浴锅,烧杯(100mL),分液漏斗,蒸发皿。
2. 试剂:$Na_2MoO_4 \cdot 2H_2O$,$Na_2SiO_3 \cdot 9H_2O$,浓盐酸,乙醚。

四、实验步骤

1. 称取 10.0g $Na_2MoO_4 \cdot 2H_2O$ 溶于 20mL 热水中(约 60℃),称取 0.6g $Na_2SiO_3 \cdot 9H_2O$ 溶于 10mL 热水中。搅拌下,将 Na_2SiO_3 溶液逐滴加入 Na_2MoO_4 溶液中,并滴加 2mL 浓盐酸(约 10min),之后再滴加 8mL 浓盐酸(约 15min),调 pH＝2,搅拌 30min。

2. 将上述混合溶液转至 125mL 分液漏斗中,加入 15mL 乙醚,振荡、放气,放置 15min。油状物转至另一分液漏斗中,加 10mL 水,振荡,再加入 5mL 浓盐酸,然后加入 15mL 乙醚,剧烈振荡后,静置。将油状物转移至蒸发皿中,加入少量蒸馏水(10～15 滴),在 60℃水浴上蒸发浓缩,直至液体表面有晶膜出现为止。冷却,待乙醚完全挥发后,得黄色的十二钼硅酸晶体。

五、思考题

1. 萃取分离时,静置后溶液分三层,请问每层各为何物?
2. 使用乙醚时,要注意哪些事项?

实验十一 醋酸解离常数和解离度的测定

一、实验目的

1. 掌握弱电解质解离常数和解离度的测定方法。
2. 酸度计(pH 计)的使用。
3. 加深对弱电解质电离平衡的理解。
4. 巩固滴定管、移液管和容量瓶的基本操作。

二、实验原理

醋酸是弱电解质,在溶液中存在如下电离平衡:

$$HAc \Longrightarrow H^+ + Ac^-$$

$$K_a = \frac{c(H^+) \times c(Ac^-)}{c(HAc)} \tag{1}$$

式中:$c(H^+)$、$c(Ac^-)$、$c(HAc)$ 分别为平衡时 H^+、Ac^-、HAc 的浓度。平衡时 $c(Ac^-) = c(H^+)$,$c(HAc) = c - c(H^+)$,其中 c 为 HAc 的起始浓度,分别代入式(1),得:

$$K_a = \frac{c(H^+)^2}{c - c(H^+)} \tag{2}$$

若 $c/K_a > 380$,则 $c - c(H^+) \approx c$,由式(2)得到以下近似计算式:

$$K_a = \frac{c(H^+)^2}{c} \tag{3}$$

HAc 的解离度 α 可表示为:

$$\alpha = \frac{c(H^+)}{c} \tag{4}$$

又知 $pH = -\lg c(H^+)$,本实验用酸度计(pH 计)测定已知浓度 HAc 溶液的 pH,代入式(3)、(4),即可求得 K_a 和 α。

三、仪器和试剂

1. 仪器:酸度计,容量瓶(50mL),吸量管(5mL),烧杯(50mL),移液管(25mL),温度计。
2. 试剂:$0.1 mol \cdot L^{-1}$ HAc 溶液(准确浓度已标定),$0.1 mol \cdot L^{-1}$ NaAc 溶液。

四、实验步骤

(一)不同浓度醋酸溶液的配制

用移液管和吸量管分别取 25.00mL、5.00mL、2.50mL 已测得准确浓度的醋酸溶液,分别置于 3 个 50mL 容量瓶中。用蒸馏水定容,摇匀,并计算出这三瓶醋酸溶液的浓度。

(二)不同浓度醋酸溶液 pH 值的测定

取以上 3 种不同浓度的醋酸溶液 25.00mL,分别加入 3 个干燥、洁净的 50mL 烧杯中,按由稀到浓的次序用 pH 计分别测出其 pH 值,并记录。

(三)醋酸解离度和解离常数的计算

在一定温度下,用酸度计测一系列已知浓度的 HAc 溶液的 pH 值,根据 pH = $-\lg c(H^+)$,计算各 HAc 溶液的 $c(H^+)$,代入式(3)、(4)中,即可求出 K_a 和 α。

五、数据记录和处理

用 pH 法测定醋酸解离度和解离常数的数据填入表 4-8 中,并处理。

表 4-8　用 pH 法测定醋酸解离度和解离常数的数据记录和处理

醋酸溶液的初始浓度 $c(HAc)$_____ mol·L^{-1},实验时室温_____℃。

实验序号	$c_0/$ (mol·L^{-1})	pH 值	$c(H^+)/$ (mol·L^{-1})	$\alpha/\%$	解离常数 $K_a^{\ominus}$	
					计算值	平均值
1#						
2#						
3#						

六、思考题

1. 测定 HAc 溶液的 pH 时,为什么要按溶液的浓度由稀到浓的顺序?
2. 不同浓度的 HAc 溶液解离平衡常数是否相同,为什么? 解离度是否相同,为什么?
3. 使用酸度计的主要步骤有哪些?

实验十二　纸色谱法分离与鉴定 Fe^{3+}、Co^{2+}、Ni^{2+}、Cu^{2+} 离子

一、实验目的

1. 掌握用纸色谱法分离 Fe^{3+}、Co^{2+}、Ni^{2+}、Cu^{2+} 离子的基本原理及操作技术。
2. 掌握相对比移值 R_f 的计算及其应用。

二、实验原理

纸色谱又称为纸层析,是在滤纸上进行的色谱分析法。滤纸被看作是一种惰性载体,滤纸纤维素中吸附着的水分或其他溶剂,在层析过程中不流动,是固定相;在层析过程中沿着滤纸流动的溶剂或混合溶剂是流动相,又称展开剂。试液点在滤纸上,在层析过程中,试液中的各种组分,利用其在固定相和流动相中溶解度的不同,即在两相中的分配系数不同而得以分离。纸层析设备简单、操作简便,广泛地应用在药物、染料、抗生素、生物制品等的分析方面,也可以用来分离性质极相类似的无机离子。

在滤纸的下端滴上含 Fe^{3+}、Co^{2+}、Ni^{2+}、Cu^{2+} 的混合液,将滤纸放入盛有适量盐酸和丙酮的容器中,盐酸丙酮溶液作流动相。由于毛细管作用展开剂沿着滤纸上升,当它经过所点的试液时,试液的每个组分向上移动。由于 Fe^{3+}、Co^{2+}、Ni^{2+}、Cu^{2+} 各组分在固定相和流动相中具有不同的分配系数,即在两相中具有不同的溶解度,在水中溶解度较大的组分倾向于滞留在某个位置,向上移动的速度缓慢,在盐酸丙酮溶剂中溶解度较大的组分倾向于随展开剂向上快速移动,通过足够长的时间后所有组分可以得到分离。然后,分别用氨水和硫化钠溶液喷雾。氨与盐酸反应生成氯化铵。硫化钠与各组分生成黑色硫化物(Fe_2S_3、CoS、NiS、CuS)。

计算各组分在纸层中的相对比移值 R_f:

$$R_f = \frac{斑点中心移动距离}{溶剂前沿移动距离} = \frac{h}{H}$$

R_f 值与溶质在固定相和流动相间的分配系数有关,当固定相、流动相和温度一定时,每种物质的 R_f 值为一定值。由于影响 R_f 的因素较多,要严格控制比较难,在作鉴定时,可分别用纯组分 Fe^{3+}、Co^{2+}、Ni^{2+}、Cu^{2+} 作对照试验。

三、仪器和试剂

1. 仪器:烧杯(100mL),毛细管,滤纸。
2. 试剂:$CoCl_2$,$NiCl_2$,$CuCl_2$,$FeCl_3$,$0.5mol \cdot L^{-1} Na_2S$ 溶液,$6mol \cdot L^{-1} HCl$ 溶液,丙酮,浓氨水。

四、实验步骤

取一张 $13cm \times 16cm$ 的滤纸作色谱纸。以 $16cm$ 长的边为底边,距离底边 $2cm$ 处用铅笔画一条与其底边平行的基线,按图 4-2 将纸折叠成 8 片,除左右最外两片以外,在每片铅笔线的中心位置依次写上 Co^{2+}、Ni^{2+}、Cu^{2+}、Fe^{3+} 混合物和未知样品。

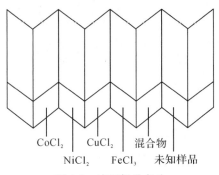

图 4-2　滤纸折叠方法

分别配制浓度为 $0.03mol \cdot L^{-1}$ 的 $CoCl_2$、$NiCl_2$、$CuCl_2$、$FeCl_3$ 溶液和它们的混合液,用干净的专用毛细管分别在色谱纸上按上述指定的位置上点样,最后点未知样品,每试样的斑点直径应小于 0.5cm。自然干燥色谱纸上试液的斑点。

在 100mL 烧杯中加 35mL 丙酮,10mL $6mol \cdot L^{-1}$ HCl 溶液,盖上塑料纸轻轻振摇烧杯,充分混合展开剂,揭开塑料纸,按如图 4-3 所示把层析纸放入烧杯内,展开剂液面应略低于色谱纸上铅笔线,盖上塑料纸用橡皮筋固定。

图 4-3　纸色谱简易装置

仔细观察与记录层析过程中产生的现象。当展开剂前沿离色谱纸顶部 2cm 处停止层析,取出色谱纸,及时用铅笔画下展开剂前沿位置。

在通风橱内自然干燥色谱纸,干燥后用浓氨水喷雾,使之润湿,再喷 $0.5mol \cdot L^{-1}$ Na_2S 溶液,自然干燥色谱纸。

五、数据记录和处理

1. 记录各组分在层析时显示的颜色。

2. 用铅笔画下各黑斑点的轮廓,测量斑点中心位置至基线的垂直距离 h;测量展开剂前沿至基线垂直距离 H(精确至 0.1cm),记录测量结果。

3. 计算 R_f 值。

将实现数据与现象记录在表 4-9 中。

4. 根据对照试验(颜色、R_f 值),试判断未知组分分别是何种物质。

表 4-9　实验数据与现象记录

色谱物质名称	CoCl$_2$	NiCl$_2$	CuCl$_2$	FeCl$_3$	混合物	未知物
色谱时颜色						
喷雾氨水显色						
喷雾硫化钠显色						
h/cm						
H/cm						
R_f 值						

六、思考题

1. CoCl$_2$ 在丙酮溶液中该显示何种颜色？

2. 若在展开剂中改用 12mol·L^{-1} HCl 溶液 5mL，试估计各组分 R_f 值的变化情况。

第 5 章

分析化学基础实验

实验十三　仪器的认领和洗涤

一、实验目的

1. 熟悉化学实验室规则和要求。
2. 领取化学实验常用仪器,为化学实验做好准备。
3. 学习并练习常用仪器的洗涤和干燥方法。

二、基本操作

(一)仪器的洗涤

1. 洗涤的目的:无机及分析化学实验所用仪器大多是玻璃制品。要想获得准确的实验结果,必须保证玻璃仪器的洁净,因此玻璃仪器的洗涤是做好无机及分析化学实验的一个重要环节。

2. 玻璃仪器洗涤的要求:清洁透明,水沿器壁自然流下后,均匀润湿,无水的条纹,且不挂水珠。

3. 洗涤玻璃仪器的方法:

(1)用水刷洗:用毛刷刷洗仪器,每次刷洗用水不必太多,可洗去可溶性物质、部分不溶性物质和尘土等,但不能除去油污等有机物质。

(2)用去污粉、肥皂粉或洗涤剂洗:用蘸有肥皂粉或洗涤剂的毛刷擦拭,再用自来水冲洗干净,可除去油污等有机物质。

用上述方法不能洗涤的仪器或不便于用毛刷刷洗的仪器,如容量瓶、移液管等,若内壁黏附油污等物质,则可视其油污的程度,选择洗涤剂进行清洗,将洗衣粉或洗涤剂配成溶液,倒少量洗涤液于容器内振荡几分钟或浸泡一段时间后,再用自来水冲洗干净。

(3)用铬酸洗液洗涤:铬酸洗液用重铬酸钾的饱和溶液和浓硫酸配制而成,具有极强的氧化性和酸性,能彻底除去油污等物质,但在使用时要注意不可溅在身上。

配制铬酸洗液 100mL:称取 $K_2Cr_2O_7$ 5g 于 250mL 烧杯中,加水 10mL,加热使其溶解,冷却后,缓缓加入 90mL 浓硫酸(千万不能将水或溶液加入 H_2SO_4 中),边加边用玻璃棒搅拌,并注意不要溅出,混合均匀,冷却后贮于磨口细口瓶中备用。新配制的洗液呈红褐色,氧化能力很强,当洗液用久后变为黑绿色,即说明洗液无氧化洗涤能力。

　　(4)特殊污物的洗涤:根据粘在器壁上物质的不同,采用适当的试剂进行处理。

　　(注意:为了更好洗涤器皿,应在每次实验结束后立即清洗)

(二)玻璃仪器干燥

　　玻璃仪器有时还需要干燥。一般将洗净的仪器倒置一段时间后,若没有水迹,即可使用。有些实验须严格要求无水,这时,可将仪器放在烘箱中烘干(但容量器皿不能在烘箱中烘,以免影响体积准确度)。较大的仪器或者在洗涤后需立即使用的仪器,为了节省时间,可将水尽可能沥干后,加入少量丙酮或乙醇润洗(使用后的乙醇或丙酮应倒回专用的回收瓶中),再用电吹风吹干。先吹冷风 1~2min,当大部分溶剂挥发后,再吹入热风使干燥完全(有机溶剂蒸汽易燃和爆炸,故不宜先用热风吹),吹干后再吹冷风使仪器逐渐冷却。

三、仪器和试剂

　　容量瓶,锥形瓶,移液管,滴定管,试剂瓶,毛刷,去污粉。

四、实验步骤

(一)仪器的认领

按仪器单认领分析实验常用仪器,并熟悉其名称、规格、使用方法及注意事项。

(二)仪器的洗涤

将领取的仪器洗涤干净,并接受老师的检查。将洗净的仪器按要求摆放于实验柜中。

五、思考题

　　1.仪器洗净的标志是什么? 不同类型的玻璃仪器应用什么方法洗涤?

　　2.配制铬酸洗液时应注意什么? 新配制的铬酸洗液应呈什么状态?

　　3.为什么说铬酸洗液不是万能的? 应如何正确使用铬酸洗液? 怎样知道铬酸洗液已经失效?

实验十四　滴定管、容量瓶和移液管的使用与校正练习

一、实验目的

1. 学习并掌握滴定管、容量瓶和移液管的使用方法。
2. 学习滴定管、容量瓶和移液管的校正方法，了解容量仪器校正的意义。

二、实验原理

移液管、滴定管、容量瓶等是分析化学实验中常用的量器，它们的准确度是保证分析化学实验测定结果准确性的前提，国家对这些量器作了 A、B 级标准规定（参见表 5-1、表 5-2、表5-3）。

表 5-1　常用移液管的规格

标称容量/mL		2	5	10	20　25	50	100
容量允差/mL	A	±0.010	±0.015	±0.020	±0.030	±0.05	±0.08
	B	±0.020	±0.030	±0.040	±0.060	±0.10	±0.16
水的流出时间/s	A	7～12	15～25	20～30	25～35	30～40	35～40
	B	5～12	10～25	15～30	20～35	25～40	30～40

表 5-2　常用容量瓶的规格

标称容量/mL		10	25	50	100	200	250	500	1000
容量允差/mL	A	±0.020	±0.03	±0.05	±0.10	±0.15	±0.15	±0.25	±0.40
	B	±0.040	±0.06	±0.20	±0.20	±0.30	±0.30	±0.50	±0.80

表 5-3　常用滴定管的规格

标称容量/mL		5	10	25	50	100
分度值/mL		0.02	0.05	0.1	0.1	0.2
容量允差/mL	A	±0.010	±0.025	±0.04	±0.05	±0.10
	B	±0.020	±0.050	±0.08	±0.10	±0.20
水的流出时间/s	A	30～45	30～45	45～70	60～90	70～100
	B	20～45	20～45	35～70	50～90	60～100
读数前等待时间/s				30		

由于不同级别的允差不同，容量器皿的容积与其所标出的体积并非完全相符，目前我国生产的量器，可以满足一般分析工作对准确度的要求，无需校正，但在准确度要求较高的分析工

作中,必须对容量器皿进行校正。由于玻璃具有热胀冷缩的特性,在不同的温度下容量器皿的容积也有所不同。因此,校正玻璃容量器皿时,必须规定一个共同的温度值,这一规定温度值为标准温度。国际上规定玻璃容量器皿的标准温度为 20℃,即在校正时都将玻璃容量器皿的容积校正到 20℃ 时的实际容积。

容量器皿常采用两种校正方法。

(一)相对校正

要求两种容器体积之间有一定的比例关系时,常采用相对校正的方法。例如,25mL 移液管量取液体的体积应等于 250mL 容量瓶量取体积的 10%。

(二)绝对校正

绝对校正是测定容量器皿的实际容积。常用的校正方法为衡量法,又叫称量法,即用天平称得容量器皿容纳或放出纯水的质量,然后根据水的密度,计算出该容量器皿在标准温度 20℃ 时的实际体积。

由质量换算成容积时,需考虑以下三方面的影响:

(1)水的密度随温度的变化。

(2)温度对玻璃器皿容积胀缩的影响。

(3)在空气中称量时空气浮力的影响。

为了方便计算,将上述三种因素综合考虑,得到一个总校正值。经总校正后的纯水密度列于表 5-4(空气密度为 $0.0012 g \cdot cm^{-3}$,钙钠玻璃体膨胀系数为 $2.6 \times 10^{-5} ℃^{-1}$)

表 5-4　不同温度下纯水的密度

温度 $t/℃$	$\rho_w/(g \cdot cm^{-3})$	温度 $t/℃$	$\rho_w/(g \cdot cm^{-3})$	温度 $t/℃$	$\rho_w/(g \cdot cm^{-3})$
8	0.9886	16	0.9978	24	0.9963
9	0.9985	17	0.9976	25	0.9961
10	0.9984	18	0.9975	26	0.9959
11	0.9983	19	0.9973	27	0.9956
12	0.9982	20	0.9972	28	0.9954
13	0.9981	21	0.9970	29	0.9951
14	0.9980	22	0.9968	30	0.9948
15	0.9979	23	0.9966		

在实际应用时,只要称出被校正的容量器皿容纳和放出纯水的质量,再除以该温度时纯水的密度,便是该容量器皿在 20℃ 时的实际容积,公式为:

$$V_{20} = m_t / \rho_t$$

三、仪器和试剂

1.仪器:分析天平,具塞锥形瓶(50mL),酸式滴定管(50mL),移液管(25mL)。

2.试剂:去离子水。

四、实验步骤

(一)滴定管的校正(称量法)

将已洗净且干燥的 50mL 锥形瓶放在分析天平上称量,得空瓶质量 $m_瓶$,准确至小数点后第二位。(为什么?)

再在洗净的滴定管中,装满纯水,调节至 0.00 刻度,记下读数,按正确的操作,以每分钟不超过 10mL 的流速,放出 10mL 水于已称重的具塞锥形瓶中,盖紧塞子,称出"瓶+水"的质量(称准至小数点后第几位?),此两次质量之差即为放出之水的质量。根据放出水的温度,从表 5-4 查出 ρ,即可算出滴定管 0.00～10.00mL 刻度之间的真实容积 V_t。用同样方法称量滴定管从 0.00～20mL、0.00～30mL……的真实容积。

重复校正 1 次。两次校正值之差应小于 0.02mL。算出各体积处的校正值(两次平均值)。以读数为横坐标,校正值为纵坐标作校正曲线,以备滴定时查取。

校正时必须控制滴定管的流速,使每秒钟流出 3～4 滴,读数必须准确。根据国家规定,滴定管允许误差:50mL 为 0.05mL,25mL 为 0.04mL。滴定管的零至任意分量的误差均应符合规定。

(二)移液管(25mL)的校正(称量法)

将已洗净且干燥的 50mL 锥形瓶放在分析天平上称量,得空瓶质量 $m_瓶$,准确至小数点后第二位。(为什么?)

用洗净的 25mL 移液管吸取纯水(盛在烧杯中)至标线以上几毫米,用滤纸片擦干管下端的外壁,将流液口接触烧杯壁,移液管竖直,烧杯倾斜约 30°。调节液面使其最低点与标线上边缘相切,然后将移液管移至锥形瓶内,使流液口接触磨口以下的内壁(勿接触磨口!),使水沿壁流下,待液面静止后,再等 15s。在放水及等待过程中,移液管要始终保持竖直,流液口一直接触瓶壁,但不可接触瓶内的水,锥形瓶保持倾斜。放完水随即盖上瓶塞,称量。两次称得质量之差即为放出纯水的质量,除以实验水温时的密度(查表 5-4)即可得实际容积 V_t。重复操作一次,求出平均值。

(三)移液管与容量瓶的相对校正

在分析化学实验中,常利用容量瓶配制溶液,并用移液管取出其中一部分进行测定,此时重要的不是知道容量瓶与移液管的准确容量,而是两者的容量是否为准确的整数倍关系。例如,用 25mL 移液管从 100mL 容量瓶中取出一份溶液是否确为 1/4,这就需要进行这两件量器的相对校正。此法简单,在实际工作中使用较多,但必须在这两件仪器配套使用时才有意义。将 100mL 容量瓶洗净、晾干(可用几毫升乙醇润洗内壁后倒挂在漏斗板上),用 25mL 移液管准确吸取纯水 4 次至容量瓶中(移液管的操作与上述校正时相同),若液面最低点不与标线上边缘相切,其间距超过 1mm,应重新做一标记。

五、数据记录和处理

将实验数据填入表 5-5 中。

六、注意事项

1.待校正的仪器检定前需进行清洗,清洗的方法为:用重铬酸钾的饱和溶液和浓硫酸的混合液(调配比例为 1∶1)或 20％发烟硫酸进行清洗,然后用水冲净,器壁上不应有挂水等沾污现象,使液面与器壁接触处形成正常弯月面。

表 5-5　滴定管的校正

校正分段/mL	称量记录/g		水的质量/g	实际体积/mL	校正值/mL $\Delta V = V_{20} - V$	总校正值/mL
	瓶+水	瓶				
0～10.00						
0～15.00						
0～20.00						
0～25.00						
0～30.00						
0～35.00						

2.校正的温度一般以 15～25℃为好。

3.校正所用的纯化水及欲校正的玻璃容器,至少提前 1h 放进天平室,待温度恒定后,再进行校正,以减少校正的误差。

4.校正时,滴定管或移液管尖端和外壁的水必须除去。

5.称量时,使用万分之一分析天平即可。

6.一般每个容量仪器应同时校正 2～3 次,取其平均值。校正时,两次真实容积差不得超过±0.01mL 或水重差值不得超过±10mg;对于 10mL 以下的容器,水重差值不得超过±5.0mg。

7.校正时使用的温度计必须定期送计量部门检定。

七、思考题

1.容量仪器为什么要校正?

2.称量纯水所用的具塞锥形瓶,为什么要避免将磨口部分和瓶塞沾湿?

3.本实验称量时,为何只要求称准到毫克?

4.利用称量水法进行容量器皿校正时,为何至少提前 1h 放进天平室?

5.从滴定管放出去离子水到称量的锥形瓶内时,应注意些什么?

6.影响玻璃容量仪器校正的因素有哪些?

实验十五　分析天平称量练习

一、实验目的

1.学会正确使用电子分析天平。
2.学习并掌握差减称量法。
3.学会记录实验原始数据和正确运用有效数字。

二、实验原理

对于不易吸水、在空气中稳定、无腐蚀性的样品,可以用直接法称量。若待称量物易吸水、易氧化、易吸收 CO_2 等物质,则应用差减法(或减量法)称量,即两次称量之差就是所要称量物质的质量。

三、仪器和试剂

1.仪器:电子分析天平,称量瓶,小烧杯等。
2.试剂:铁粉(或其他试剂)。

四、实验步骤

要求:用差减称量法称取试样 2 份,每份 0.2~0.4g。

1.准备两只洁净干燥的小烧杯,编号后在分析天平上精确称量,称准至 0.1mg,记录。

2.用纸条套住已装入试样的称量瓶,轻轻放在分析天平的托盘上,准确称量,记录其质量为 m_1(读数应准确至 0.1mg),然后用纸条套住称量瓶将其从分析天平中取出,举放于已称出质量的第一只小烧杯上方,另取一纸片放在称量瓶盖上,打开称量瓶盖,使称量瓶口略倾斜,用称量瓶盖轻轻敲击称量瓶口侧上方,使试样慢慢落入小烧杯中,当倾出的试样已接近所需要的质量时,慢慢地将称量瓶竖起,同时用称量瓶盖轻轻敲击称量瓶口,盖好称量瓶盖,放回到天平上称量,准确称量其质量 m_2,记录数据。则倾出试样的质量 m 为 m_1-m_2。若倾出的试样不足 0.2g,则反复操作至达到要求的倾出量为止。

3.第一份试样称好后,再依上法倾出第二份试样于第 2 只小烧杯中,精确称出称量瓶与剩余试样的质量,记录其质量为 m_3,m_2-m_3 就是第 2 只小烧杯中试样的质量。

4.分别称出两个"小烧杯+试样"的质量,记录。

5.结果检验:

(1)检查 m_1-m_2 是否等于第 1 只小烧杯中增加的质量;m_2-m_3 是否等于第 2 只小烧杯中增加的质量;若不同,求出差值,要求称量的绝对差值小于 0.5mg。

(2)检查倒入小烧杯中的试样质量是否合乎要求(为 0.2~0.4g)。

(3)若不符合上述要求,分析原因并重新称量。

五、数据记录和处理

将实验数据记录于表 5-6 中。

表 5-6　分析天平称量练习

记录项目	1	2
倾出试样前(称量瓶＋试样)的质量/g		
倾出试样后(称量瓶＋试样)的质量/g		
倾出试样的质量/g		
(烧杯＋倾出试样)的质量/g		
空烧杯质量/g		
倾出试样的质量/g		
绝对误差/g		

六、思考题

1. 差减称量法的使用场合是什么?

2. 使用分析天平时应注意哪些问题?

3. 称量结果应记录几位有效数字?

4. 差减称量法操作要点有哪些?

实验十六　酸碱标准溶液的配制及浓度比较

一、实验目的

1. 学习滴定管的准备和滴定操作。
2. 初步学会准确地确定终点的方法。
3. 练习酸碱标准溶液的配制和体积的比较。
4. 熟悉甲基橙和酚酞指示剂的使用和终点的变化,初步掌握酸碱指示剂的选择方法。

二、实验原理

标准溶液的配制通常有直接法和间接法两种。

(1)直接法:准确称取一定量的基准物质,溶解后,在容量瓶内稀释到一定体积,即可算出该标准溶液的准确浓度。但是用直接法配制标准溶液的基准物质,必须具备以下条件:具有足够的纯度,即含量>99.9%;组成与化学式应完全符合,若含结晶水,其含量也应与化学式相符;稳定性好;为降低称量误差,在可能的情况下,最好具有较大的摩尔质量。

(2)间接法:日常工作中,大部分物质不能满足直接法配制条件,如酸碱滴定法中常用的氢氧化钠和盐酸溶液,氧化还原法中 $Na_2S_2O_3$ 和 $KMnO_4$ 等标准溶液,都不能用直接法配制,而要采用间接法配制,即粗略地称取一定量的物质(或量取一定体积的溶液),配制成接近所需浓度的溶液,然后用基准物质或另一种标准溶液测定其准确浓度。这种确定浓度的操作称为标定。

浓盐酸易挥发,固体 NaOH 容易吸收空气中的水分和 CO_2,因此不能直接配制准确浓度的 HCl 和 NaOH 标准溶液,只能先配制近似浓度的溶液,然后用基准物质标定其准确浓度。也可用另一已知准确浓度的标准溶液滴定该溶液,再根据它们的体积比得该溶液的浓度。

酸碱指示剂都具有一定的变色范围。$0.1mol \cdot L^{-1}$ NaOH 和 HCl 溶液的滴定(强碱与强酸的滴定),其突跃 pH 范围为 4~10,应当选用在此范围内变色的指示剂,例如甲基橙或酚酞等。

三、仪器和试剂

1. 仪器:玻璃塞试剂瓶(1000mL),橡胶塞试剂瓶(1000mL),烧杯(500mL),量筒(10mL、100mL),电子台秤,酸式滴定管(50mL),碱式滴定管(50mL),锥形瓶(250mL)。
2. 试剂:浓盐酸(AR),NaOH(AR),甲基橙指示剂,酚酞指示剂。

四、实验步骤

(一)1000mL 0.1mol · L⁻¹ HCl 溶液的配制

计算配制 1000mL $0.1mol \cdot L^{-1}$ HCl 溶液所需浓盐酸(相对密度 1.19,约 $12mol \cdot L^{-1}$)的体积。然后,用小量筒量取计算量的浓盐酸,倒入玻璃塞试剂瓶中,用去离子水稀释至 1000mL,盖好瓶塞,充分摇匀,贴好标签备用,注明试剂名称、配制日期、使用者姓名,并留一空位以备填入此溶液的准确浓度。

(二)1000mL 0.1mol·L⁻¹NaOH 溶液的配制

计算配制 1000mL 0.1mol·L⁻¹NaOH 溶液所需的固体 NaOH 的量,在台秤上迅速称出,置于烧杯中,立即用少量水溶解,并转移至 1000mL 具橡皮塞的试剂瓶中,加水至 1000mL,盖好瓶塞,充分摇匀,贴好标签备用,注明试剂名称、配制日期、使用者姓名,并留一空位以备填入此溶液的准确浓度。

(三)NaOH 溶液和 HCl 溶液的浓度比较

取清洗干净的酸式和碱式滴定管各一支,然后用配制好的盐酸标准溶液将酸式滴定管润洗 2～3 次,再于管内装满盐酸标准溶液;用配制好的 NaOH 标准溶液将碱式滴定管润洗 2～3 次,再于管内装满 NaOH 标准溶液;然后排出两滴定管管尖气泡,分别将两滴定管液面调节至 0.00 刻度,或零点稍下处,静止 1min 后,精确读取滴定管内液面位置(读到小数点后两位),并立即将读数记录在实验报告本上。

取锥形瓶(250mL)一只,洗净后放在碱式滴定管下,以每分钟约 10mL 的速度放出约 25mL NaOH 溶液于锥形瓶中,加入一滴甲基橙指示剂,用 HCl 溶液滴定至溶液由黄色变橙色为止,读取并记录 NaOH 溶液及 HCl 溶液的精确体积。

分别向两滴定管中加入酸、碱溶液并调节液面至 0.00 刻度附近,重复以上操作,反复滴定 3 次,记下读数,分别求出体积比[$V(NaOH)/V(HCl)$]。

以酚酞为指示剂,用 NaOH 溶液滴定 HCl 溶液,终点由无色变微红色,其他程序同上。

五、数据记录和处理

将实验数据填入表 5-7 中。

表 5-7　酸碱溶液滴定

次数 记录项目	甲基橙			酚酞		
	I	II	III	I	II	III
NaOH 终读数/mL						
NaOH 初读数/mL						
NaOH 用量 $V(NaOH)$/mL						
HCl 终读数/mL						
HCl 初读数/mL						
HCl 用量 $V(HCl)$/mL						
$V(NaOH)/V(HCl)$值						
$V(NaOH)/V(HCl)$平均值						
绝对偏差						
平均偏差						
相对平均偏差						

六、思考题

1.滴定管在装入标准溶液前为什么要用此溶液润洗内壁 2～3 次？用于滴定的锥形瓶或烧杯是否需要干燥？要不要用标准溶液润洗？为什么？

2.为什么不能用直接法配制 NaOH 标准溶液？

3.配制 HCl 溶液及 NaOH 溶液所用的水的体积,是否需要准确量度？为什么？

4.用 HCl 溶液滴定 NaOH 标准溶液时是否可用酚酞作指示剂？

5.在每次滴定完成后,为什么要将标准溶液加至滴定管零点或零点附近,然后进行第二次滴定？

6.在 HCl 溶液与 NaOH 溶液浓度比较的滴定中,以甲基橙和酚酞作指示剂,所得溶液的体积比是否一致？为什么？

实验十七　酸碱标准溶液浓度的标定

A. 盐酸标准溶液的标定

一、实验目的

1.学习以 Na_2CO_3 作为基准物质标定盐酸溶液的原理及方法。

2.进一步练习滴定操作。

3.能熟练判断滴定终点。

4.学会正确记录和处理实验数据。

二、实验原理

配好的 HCl 溶液只知其近似浓度,HCl 溶液的准确浓度需用基准物质进行标定。用来标定 HCl 溶液的基准物质有无水 Na_2CO_3 和 $Na_4B_4O_7 \cdot 10H_2O$(硼砂)。采用无水 Na_2CO_3 为基准物质来标定 HCl 浓度时,由于 Na_2CO_3 易吸收空气中的水分,因此采用市售基准试剂级的 Na_2CO_3 时应预先于 180℃下使之充分干燥,并保存于干燥器中,标定时可选用甲基橙为指示剂。标定时的反应式为:

$$Na_2CO_3 + 2HCl =\!=\!= 2NaCl + H_2O + CO_2 \uparrow$$

到达滴定终点时,溶液由黄色变为橙色。HCl 标准溶液浓度的计算公式如下:

$$c(HCl) = \frac{2m(Na_2CO_3)}{M(Na_2CO_3) \times V(HCl)}$$

三、仪器和试剂

1.仪器:电子分析天平,酸式滴定管(50mL),锥形瓶(250mL)。

2.试剂:$0.1mol \cdot L^{-1}$ HCl 标准溶液,无水碳酸钠(AR),甲基橙指示剂。

四、实验步骤

在分析天平上,用减量法准确称取已烘干的无水碳酸钠(质量按消耗 20～30mL HCl 溶液计)3 份,分别置于 250mL 锥形瓶中,加水约 30mL,温热,摇动使之溶解,以甲基橙为指示剂,以 $0.1mol \cdot L^{-1}$ HCl 标准溶液滴定至溶液由黄色转变为橙色,即为终点,记下 HCl 标准溶液的耗用量,并计算出 HCl 标准溶液的浓度[$c(HCl)$]。

五、数据记录和处理

将实验数据填入表 5-8 中。

表 5-8　HCl 标准溶液的标定

记录项目	次数		
	I	II	III
倾出前(称量瓶＋Na_2CO_3)质量/g			
倾出后(称量瓶＋Na_2CO_3)质量/g			
Na_2CO_3 的质量/g			
HCl 溶液的终读数/mL			
HCl 溶液的初读数/mL			
V(HCl)/mL			
c(HCl)/(mol·L^{-1})			
平均 c(HCl)/(mol·L^{-1})			
相对平均偏差			

六、思考题

1.溶解基准物质 Na_2CO_3 所用水的体积是否需要准确量度,为什么?

2.用于标定的锥形瓶,其内壁是否要预先干燥,为什么?

B. 氢氧化钠标准溶液的标定

一、实验目的

1.学习以邻苯二甲酸氢钾作为基准物质标定氢氧化钠溶液的原理及方法。

2.进一步熟练滴定操作。

二、实验原理

用邻苯二甲酸氢钾($KHC_8H_4O_4$,摩尔质量为 204.2g·mol^{-1})为基准物质,以酚酞为指示剂,标定 NaOH 标准溶液的浓度。标定时的反应式为:

$$KHC_8H_4O_4 + NaOH \rule[0.5ex]{1.5em}{0.4pt} KNaC_8H_4O_4 + H_2O$$

到达滴定终点时,溶液由无色变为微红色,30s 不褪色。NaOH 标准溶液浓度的计算公式如下:

$$c(NaOH) = \frac{m(KHC_8H_4O_4)}{M(KHC_8H_4O_4) \times V(NaOH)}$$

邻苯二甲酸氢钾用作基准物质的优点是:①易于获得纯品;②易于干燥,不吸湿;③摩尔质量大,可相对降低称量误差。

三、仪器和试剂

1.仪器:电子分析天平,碱式滴定管(50mL),锥形瓶(250mL)。

2.试剂:0.1mol·L^{-1} NaOH 标准溶液,邻苯二甲酸氢钾(AR),酚酞指示剂。

四、实验步骤

准确称取已在 105～110℃烘干 1h 以上的邻苯二甲酸氢钾 3 份(质量按消耗 20～30mL NaOH 溶液计),置于 250mL 锥形瓶中,用 50mL 煮沸后刚刚冷却的水溶解(如没有完全溶解,可稍微加热)。冷却后加入 2 滴酚酞指示剂,用 NaOH 标准溶液滴定至溶液呈微红色半分钟内不褪,即为终点。记下 NaOH 标准溶液的耗用量,并计算 NaOH 标准溶液的浓度[$c(\mathrm{NaOH})$]。

五、数据记录和处理

将实验数据填入表 5-9 中。

表 5-9　NaOH 标准溶液的标定

记录项目	次数		
	Ⅰ	Ⅱ	Ⅲ
倾出前(称量瓶＋$KHC_8H_4O_4$)质量/g			
倾出后(称量瓶＋$KHC_8H_4O_4$)质量/g			
$KHC_8H_4O_4$ 的质量/g			
NaOH 溶液的终读数/mL			
NaOH 溶液的初读数/mL			
$V(\mathrm{NaOH})$/mL			
$c(\mathrm{NaOH})$/(mol·L^{-1})			
平均 $c(\mathrm{NaOH})$/(mol·L^{-1})			
相对平均偏差			

六、思考题

1. 如果 NaOH 标准溶液在保存过程中吸收了空气中的 CO_2,用该标准溶液滴定盐酸,以甲基橙为指示剂,用 NaOH 溶液原来的浓度进行计算会不会引入误差?若用酚酞为指示剂进行滴定,又怎样?

2. 若 $KHC_8H_4O_4$ 加水后加热溶解,不等其冷却就进行滴定,对标定结果有无影响,为什么?

实验十八　食用白醋中 HAc 浓度的测定

一、实验目的

1. 掌握强碱滴定弱酸的滴定过程、突跃范围及指示剂的选择原理。
2. 掌握定量转移操作的基本特点。

二、实验原理

食用白醋中的主要成分是 HAc,含量为 30~50mg·mL^{-1}。

HAc 为有机弱酸($K_a=1.8\times10^{-5}$),可以被 NaOH 标准溶液准确滴定,反应式为:

$$NaOH + HAc \Longrightarrow NaAc + H_2O$$

反应产物为弱酸强碱盐,滴定突跃在碱性范围内,可选用酚酞等碱性范围变色的指示剂。

由于食醋是液体样品,通常是量取体积而不是称其质量,因此测定结果一般以每升或每100mL 样品所含 HAc 的质量来表示。

$$\rho(HAc)=\frac{c(NaOH)\times V(NaOH)\times M(HAc)}{V(HAc)\times\dfrac{25.00}{250.0}}$$

三、仪器和试剂

1. 仪器:移液管(25mL),碱式滴定管(50mL),锥形瓶(250mL),容量瓶(250mL)。
2. 试剂:0.1mol·L^{-1} NaOH 标准溶液,食用白醋,酚酞指示剂。

四、实验步骤

准确移取食用白醋 25.00mL 置于 250mL 容量瓶中,用蒸馏水稀释至刻度,摇匀。用 25mL 移液管分取 3 份上述溶液,分别置于 250mL 锥形瓶中,加入酚酞指示剂 2~3 滴,用 NaOH 标准溶液滴定至微红色在 30s 内不褪即为终点。计算每升食用白醋中含醋酸的质量。

五、数据记录和处理

将实验数据填入表 5-10 中。

表 5-10　食用白醋中 HAc 浓度的测定

记录项目	次数		
	I	II	III
NaOH 溶液终读数/mL			
NaOH 溶液初读数/mL			
$V(NaOH)$/mL			
总酸度/(g·L^{-1})			
总酸度平均值/(g·L^{-1})			
相对平均偏差			

六、思考题

1.测定食用白醋含量时,为什么选用酚酞为指示剂? 能否选用甲基橙或甲基红为指示剂?

2.酚酞指示剂由无色变为微红时,溶液的 pH 为多少? 变红的溶液在空气中放置后又会变为无色的原因是什么?

实验十九　工业纯碱总碱度测定

一、实验目的

1. 掌握强酸滴定二元弱碱的滴定方法、突跃范围及指示剂选择。
2. 掌握定量转移操作的基本特点。

二、实验原理

工业纯碱的主要成分为碳酸钠,商品名为苏打,其中可能还含有少量 $NaCl$、Na_2SO_4、$NaOH$ 或 $NaHCO_3$。常以 HCl 标准溶液为滴定剂测定总碱度来衡量产品的质量。滴定反应为:

$$Na_2CO_3 + 2HCl =\!\!=\!\!= 2NaCl + H_2CO_3$$
$$H_2CO_3 =\!\!=\!\!= CO_2 \uparrow + H_2O$$

反应产物 H_2CO_3 易形成过饱和溶液并分解为 CO_2 逸出。化学计量点时溶液 pH 为 3.8～3.9,可选用甲基橙为指示剂,用 HCl 标准溶液滴定,溶液由黄色转变为橙色即为终点。试样中 $NaHCO_3$ 同时被中和。

由于试样易吸收水分和 CO_2,故应在 $270 \sim 300 ℃$ 将试样烘干 2h,以除去吸附水并使 $NaHCO_3$ 全部转化为 Na_2CO_3。工业纯碱的总碱度通常以 $\omega(Na_2CO_3)$ 或 $\omega(Na_2O)$ 表示。由于试样均匀性较差,应称取较多试样,使其更具代表性。

以 Na_2CO_3 形式表示总碱度,其计算公式为:

$$\omega(Na_2CO_3)/\% = \frac{\frac{1}{2} \times c(HCl) \times V(HCl) \times 10^{-3} \times 105.99}{m_{样} \times \frac{25.00}{250.0}} \times 100$$

三、仪器和试剂

1. 仪器:电子分析天平,酸式滴定管(50mL),移液管(25mL),容量瓶(250mL),锥形瓶(250mL)。

2. 试剂:工业纯碱(s),$0.1mol \cdot L^{-1}$ HCl 标准溶液,甲基橙指示剂。

四、实验步骤

准确称取试样约 1g 倾入烧杯中,加少量水使其溶解,必要时可稍加热促进溶解。冷却后,将溶液定量转入 250mL 容量瓶中,加水稀释至刻度,充分摇匀。平行移取试液 25.00mL 三份,分别置于锥形瓶中,加入 1～2 滴甲基橙指示剂,用 HCl 标准溶液滴定溶液由黄色恰变为橙色即为终点。计算试样中 Na_2O 或 Na_2CO_3 含量,即为总碱度。测定的各次相对偏差应在 ±0.5% 以内。

五、数据记录和处理

将实验数据填入表 5-11 中。

表 5-11　工业纯碱总碱度的测定

记录项目	次数		
	Ⅰ	Ⅱ	Ⅲ
HCl 溶液终读数/mL			
HCl 溶液初读数/mL			
V(HCl)/mL			
总碱度/%			
总碱度平均值/%			
相对平均偏差			

六、注意事项

称量时,一定要减少碳酸钠试剂瓶的开盖时间,防止吸潮。取完试剂后,马上盖好并放入干燥器中。

七、思考题

1. 在以 HCl 标准溶液滴定时,怎样使用甲基橙及酚酞两种指示剂来判别试样是由 NaOH-Na$_2$CO$_3$ 或 Na$_2$CO$_3$-NaHCO$_3$ 组成的?

2. 写出以 Na$_2$O 形式表示总碱度的计算公式。

实验二十　碱液中 NaOH 及 Na₂CO₃ 含量的测定（双指示剂法）

一、实验目的

1. 掌握双指示剂法测定碱液中 NaOH 和 Na₂CO₃ 含量的原理。

2. 了解双指示剂的使用要求及其优点。

二、实验原理

碱液中 NaOH 和 Na₂CO₃ 的含量可以在同一份试样中用两种不同的指示剂来测定,这种测定方法即所谓"双指示剂法"。此法快速,在生产中应用广泛。

常用的两种指示剂是酚酞和甲基橙。在试液中先加酚酞,用盐酸标准溶液滴定至红色刚刚退去。由于酚酞的变色 pH 范围在 $8\sim10$,此时不仅 NaOH 完全被中和,Na₂CO₃ 也被滴定成 NaHCO₃,记下此时 HCl 标准溶液的耗用量 V_1。再加入甲基橙指示剂,溶液呈黄色,滴定至终点时呈橙色,此时 NaHCO₃ 被滴定成 H₂CO₃,HCl 标准溶液的耗用量 V_2。根据 V_1、V_2 可以计算出试液中 NaOH 和 Na₂CO₃ 的含量 ρ,计算公式如下:

$$\rho(\mathrm{NaOH}) = \frac{c(\mathrm{HCl}) \times (V_1 - V_2) \times M(\mathrm{NaOH})}{V_{试样}}$$

$$\rho(\mathrm{Na_2CO_3}) = \frac{c(\mathrm{HCl}) \times V_2 \times M(\mathrm{Na_2CO_3})}{V_{试样}}$$

双指示剂中的酚酞指示剂可用甲酚红和百里酚蓝混合指示剂代替。甲酚红的变色 pH 范围为 6.7(黄)$\sim$8.4(红),百里酚蓝的变色 pH 范围为 8.0(黄)$\sim$9.6(红),混合后的变色点 pH 是 8.3,酸色呈黄色,碱色呈紫色,在 pH8.2 时为樱桃色,变化敏锐。

三、仪器和试剂

1. 仪器:量筒(100mL),酸式滴定管(50mL),锥形瓶(250mL)。

2. 试剂:0.1mol·L⁻¹ HCl 标准溶液,甲基橙指示剂,酚酞指示剂。

四、实验步骤

用移液管准确移取碱液 10mL,加酚酞指示剂 1~2 滴,用 0.1mol·L⁻¹ HCl 标准溶液滴定,边滴边充分摇动,以免局部酸度太高,使 Na₂CO₃ 直接被滴至 H₂CO₃。滴定至酚酞恰好褪色为止,即为终点,记下所用标准溶液的体积 V_1。然后再加 2 滴甲基橙指示剂,此时溶液呈黄色,继续用 HCl 标准溶液滴定至溶液呈橙色,即为终点,记下所用 HCl 标准溶液的体积 V_2。

五、数据记录和处理

将实验数据填入表 5-12 中。

表 5-12　碱液中 NaOH 及 Na$_2$CO$_3$ 含量的测定

记录项目		次数		
		Ⅰ	Ⅱ	Ⅲ
混合碱液取用量/mL				
第一化学计量点	HCl 溶液终读数/mL			
	HCl 溶液初读数/mL			
	V_1(HCl)/mL			
第二化学计量点	HCl 溶液终读数/mL			
	HCl 溶液初读数/mL			
	V_2(HCl)/mL			
ρ(Na$_2$CO$_3$)/(g·L^{-1})				
平均 ρ(Na$_2$CO$_3$)/(g·L^{-1})				
绝对偏差				
相对平均偏差				
ρ(NaOH)/(g·L^{-1})				
平均 ρ(NaOH)/(g·L^{-1})				
绝对偏差				
相对平均偏差				

六、思考题

1. 有一碱液,可能为 NaOH、NaHCO$_3$、Na$_2$CO$_3$ 中的一种或几种共存的混合液。用标准溶液滴定至酚酞指示剂指示终点时,耗去酸 V_1 mL,继续以甲基橙为指示剂滴定至终点时又耗去酸 V_2 mL。根据 V_1 与 V_2 的关系判断该碱液的组成(表 5-13)。

表 5-13　根据 V_1 与 V_2 的关系判断该碱液的组成

关系	组成
$V_1 > V_2 > 0$	
$V_2 > V_1 > 0$	
$V_1 = V_2$	
$V_1 = 0, V_2 > 0$	
$V_1 > 0, V_2 = 0$	

2. 某固体试样,可能含有 Na$_2$HPO$_4$ 和 NaH$_2$PO$_4$ 及惰性杂质。试拟定分析方案,测定其中 Na$_2$HPO$_4$ 和 NaH$_2$PO$_4$ 的含量。注意考虑以下问题:①原理是什么? ②用什么标准溶液进行滴定? ③用什么指示剂? ④含量计算公式。

实验二十一　可溶性氯化物中氯含量的测定(莫尔法)

一、实验目的

1. 掌握沉淀滴定法的原理。
2. 掌握 $AgNO_3$ 标准溶液的配制和标定方法。
3. 掌握莫尔法中指示剂的使用。

二、实验原理

莫尔法是测定可溶性氯化物中氯含量常用的方法。此法是在中性或弱碱性溶液中,以 K_2CrO_4 为指示剂,用 $AgNO_3$ 标准溶液进行滴定。由于 AgCl 沉淀的溶解度比 Ag_2CrO_4 小,溶液中首先析出白色 AgCl 沉淀。当 AgCl 定量沉淀后,过量一滴 Ag_2NO_3 溶液即与 CrO_4^{2-} 生成砖红色 Ag_2CrO_4 沉淀,指示到达终点。主要反应如下:

$$Ag^+ + Cl^- \rightleftharpoons AgCl \downarrow (白色) \qquad K_{sp} = 1.8 \times 10^{-10}$$

$$2Ag^+ + CrO_4^{2-} \rightleftharpoons Ag_2CrO_4 \downarrow (砖红色) \qquad K_{sp} = 2.0 \times 10^{-12}$$

滴定必须在中性或弱碱性溶液中进行,最适 pH 范围为 6.5～10.5。如果有铵盐存在,溶液的 pH 范围为 6.5～7.2。

指示剂的用量对滴定有影响,一般 K_2CrO_4 浓度以 5×10^{-3} mol·L^{-1} 为宜。

凡是能与 Ag^+ 生成难溶化合物或配合物的阴离子,如 PO_4^{3-}、AsO_4^{3-}、AsO_3^{3-}、S^{2-}、SO_3^{2-}、CO_3^{2-}、$C_2O_4^{2-}$ 等均干扰测定,其中 H_2S 可加热煮沸除去,SO_3^{2-} 可用氧化成 SO_4^{2-} 的方法消除干扰。大量 Cu^{2+}、Ni^{2+}、Co^{2+} 等有色离子会影响终点观察。凡能与指示剂 K_2CrO_4 生成难溶化合物的阳离子也干扰测定,如 Ba^{2+}、Pb^{2+} 等。Ba^{2+} 的干扰可加过量 Na_2SO_4 消除。Al^{3+}、Fe^{3+}、Bi^{3+}、Sn^{4+} 等高价金属离子在中性或弱碱性溶液中易水解产生沉淀,也会干扰测定。

本实验可分别按以下公式计算 $AgNO_3$ 标准溶液浓度及试样中的 Cl^- 含量。

1. $AgNO_3$ 溶液的标定:

$$c(AgNO_3) = \frac{m(NaCl)}{M(NaCl) \times V(AgNO_3)} \times \frac{25.00}{100.0}$$

2. 试样中 NaCl 含量的测定:

$$\omega(Cl^-) = \frac{c(AgNO_3) \times V(AgNO_3) \times M(Cl)}{m \times \frac{25.00}{250.0}} \times 100\%$$

三、仪器和试剂

1. 仪器:电子分析天平,容量瓶(100mL),移液管(25mL),酸式滴定管(50mL),锥形瓶(250mL)。

2. 试剂:NaCl(基准试剂,在 500～600℃灼烧 30min 后于干燥器中冷却),$AgNO_3$(s,AR),K_2CrO_4(5%水溶液)。

四、实验步骤

(一)0.1mol·L⁻¹ AgNO₃ 标准溶液的配制与标定

用台秤称取 8.5g AgNO₃ 于 50mL 烧杯中,用适量不含 Cl⁻ 的蒸馏水溶解后,将溶液转入棕色瓶中,用水稀释至 500mL,摇匀,在暗处避光保存。

用减量法准确称取 0.5～0.65g 基准 NaCl 于小烧杯中,用蒸馏水(不含 Cl⁻)溶解后,定量转入 100mL 容量瓶中,用水冲洗烧杯数次,一并转入容量瓶中,稀释至刻度,摇匀。准确移取 25.00mL NaCl 标准溶液 3 份于 250mL 锥形瓶中,加水(不含 Cl⁻)25mL,加 5% K₂CrO₄ 溶液 1mL,在不断用力摇动下,用 AgNO₃ 溶液滴定至从黄色变为淡红色浑浊(砖红色)即为终点。根据 NaCl 标准溶液的浓度和 AgNO₃ 溶液的体积,计算 AgNO₃ 溶液的浓度及相对平均偏差。

(二)试样分析

准确称取氯化物试样 1.8～2.0g 于小烧杯中,加水溶解后,定量转入 250mL 容量瓶中,用水冲洗烧杯数次,一并转入容量瓶中,稀释至刻度,摇匀。移取 3 份 25.00mL 此溶液于 250mL 锥形瓶中,加水(不含 Cl⁻)25mL,5% K₂CrO₄ 溶液 1mL,在不断用力摇动下,用 AgNO₃ 溶液滴定至溶液从黄色变为淡红色浑浊即为终点。计算 Cl⁻ 含量及相对平均偏差。

(三)空白试验

取 25.00mL 蒸馏水按上述(二)同样操作方法测定,计算试样中 Cl⁻ 含量时应扣除空白测定所耗 AgNO₃ 标准溶液之体积 V_0。

五、数据记录和处理

(表格自拟)

六、思考题

1.莫尔法测 Cl⁻ 时,为什么溶液的 pH 需控制在 6.5～10.5?

2.以 K₂CrO₄ 作为指示剂时,其浓度太大或太小对滴定结果有何影响?

3.配制好的 AgNO₃ 溶液要贮于棕色瓶中,并置于暗处,为什么?

4.空白测定有何意义?

5.能否用 NaCl 标准溶液直接滴定 Ag⁺,为什么?

实验二十二　硫酸钡重量法测定水泥中三氧化硫的含量

一、实验目的

1. 掌握重量法测定三氧化硫的原理。
2. 学习并掌握重量法的操作步骤。

二、实验原理

在磨制水泥中需加入定量石膏,加入量的多少主要反映在水泥中 SO_4^{2-} 的数量上。可用盐酸分解,控制溶液浓度在 $0.2\sim0.4mol \cdot L^{-1}$ 的条件下,用 $BaCl_2$ 沉淀 SO_4^{2-},生成 $BaSO_4$ 沉淀。此沉淀的溶解度很小(其 $K_{sp}=1.1\times10^{-10}$),化学性质非常稳定,灼烧后所得的称量形式 $BaSO_4$ 符合质量分析的要求。反应式为:

$$Ba^{2+}+SO_4^{2-}=\!\!=\!\!=BaSO_4(白色)$$

三氧化硫的质量分数按下式计算:

$$\omega(SO_3)/\%=\frac{m_1\times0.3430}{m}\times100$$

式中: $\omega(SO_3)$ ——三氧化硫的质量分数,%;

$\quad m_1$ ——灼烧后不溶物的质量,g;

$\quad m$ ——试样的质量,g;

$\quad 0.3430$ ——硫酸钡对三氧化硫的换算系数。

三、仪器和试剂

1. 仪器:电子分析天平,烧杯,坩埚,马弗炉,干燥器。
2. 试剂:盐酸(1+1),10%(W/V)氯化钡溶液,10%(W/V)硝酸银溶液。

四、实验步骤

准确称取约 0.5g 水泥试样,置于 300mL 烧杯中,加入 30～40mL 水及 10mL 盐酸,加热至微沸,并保持微沸 5min,使试样充分分解。

以中速滤纸过滤,用温水洗涤 10～12 次。调整滤液体积至 200mL,煮沸,在搅拌下滴加 10mL 10%(W/V)氯化钡溶液,并将溶液煮沸数分钟,然后移至温热处静止 4h 或过夜(此溶液体积应保持在 200mL)。

以慢速滤纸过滤,用温水洗至无氯离子(用硝酸银溶液检验)。

将沉淀及滤纸一并移入已灼烧恒重的坩埚中,灰化后在 800℃的马弗炉中灼烧 30min。取出坩埚,置于干燥器中冷却至室温,称量。如此反复灼烧,直至恒重。

五、数据记录和处理

（表格自拟）

六、思考题

1. 在重量法操作中,应如何选择合适的滤纸?

2. 在重量法操作中,最后一步称量,为何要反复灼烧,直至恒重? 如果未达到恒重,结果会怎样? 怎么判断已经达到恒重?

实验二十三　五水合硫酸铜结晶水的测定

一、实验目的

1. 了解结晶水合物中结晶水含量的测定原理和方法。
2. 学习沙浴加热、恒重等基本操作。

二、实验原理

很多离子型盐类从水溶液中析出时,常含有一定量的结晶水(或称水合水)。结晶水与盐类结合比较牢固,但受热到一定温度时,可以脱去一部分或全部结晶水。$CuSO_4 \cdot 5H_2O$ 晶体在不同温度下按下列反应逐步脱水:

$$CuSO_4 \cdot 5H_2O \xrightarrow{48℃} CuSO_4 \cdot 3H_2O + 2H_2O$$

$$CuSO_4 \cdot 3H_2O \xrightarrow{99℃} CuSO_4 \cdot H_2O + 2H_2O$$

$$CuSO_4 \cdot H_2O \xrightarrow{218℃} CuSO_4 + H_2O$$

因此,对于经过加热能脱去结晶水,又不会发生分解的结晶水合物中结晶水的测定,通常把一定量的结晶水合物(不含吸附水)置于已灼烧至恒重的坩埚中,加热至较高温度(以不超过被测定物质的分解温度为限)脱水,然后把坩埚移入干燥器中,冷却至室温,再取出用电子天平称量。由结晶水合物经高温加热后的失重值可算出该结晶水合物所含结晶水的质量分数,以及每摩尔该盐所含结晶水的物质的量,从而可确定结晶水合物的化学式。由于压强不同、粒度不同、升温速率不同,有时可以得到不同的脱水温度及脱水过程。

三、仪器和试剂

1. 仪器:沙浴,研钵,干燥器,坩埚,泥三角。
2. 试剂:水合硫酸铜晶体。

四、实验步骤

(一)恒重坩埚

将一洗净的坩埚及坩埚盖置于泥三角上,小火烘干后,用氧化焰灼烧至红热。将坩埚冷却至略高于室温,再用干净的坩埚钳将其移入干燥器中,冷却至室温。取出,用电子天平称重。重复加热至脱水温度以上、冷却、称重,直至恒重。

(二)水合硫酸铜脱水

1. 在已恒重的坩埚中加入 1.0～1.2g 研细的水合硫酸铜晶体,铺成均匀的一层,再在电子天平上准确称量坩埚及水合硫酸铜的总质量,减去已恒重坩埚的质量即为水合硫酸铜的质量。

2. 将已称量的、内装有水合硫酸铜晶体的坩埚体积的 3/4 埋入沙浴中,再在靠近坩埚的沙浴中插入一支水银温度计(300℃),其末端应与坩埚底部大致处于同一水平。控制沙浴温度为 260～280℃。当坩埚内粉末由蓝色变为白色时停止加热。用干净的坩埚钳将坩埚移入干燥器内,冷至室温。将坩埚外壁用吸水纸擦干净,在电子天平上称量坩埚和脱水硫酸铜的总质量。计算脱水硫酸铜的质量。重复沙浴加热,冷却,称量,直到"恒重"(两次称量之差≤1mg)。实验后将无水硫酸铜倒入回收瓶中。

五、数据记录和处理

将实验数据填入表 5-14 中。

表 5-14　五水合硫酸铜结晶水的测定

空坩埚质量/g			(空坩埚＋五水硫酸铜的质量)/g	(加热后坩埚＋无水硫酸铜质量)/g		
第一次称量	第二次称量	平均值		第一次称量	第二次称量	平均值

$CuSO_4 \cdot 5H_2O$ 的质量 m_1 _____

$CuSO_4 \cdot 5H_2O$ 的物质的量 $m_1/249.7g \cdot mol^{-1}$ _____

无水硫酸铜的质量 m_2 _____

$CuSO_4$ 的物质的量 $m_2/159.6g \cdot mol^{-1}$ _____

结晶水的质量 m_3 _____

结晶水的物质的量 $m_3/18.0g \cdot mol^{-1}$ _____

每摩尔 $CuSO_4$ 的结合水_____

水合硫酸铜的化学式_____

六、注意事项

1.本实验中沙浴的温度控制在 260~280℃,在测沙浴的温度时,水银温度计的底部水银球切莫碰到沙浴的底部。

2.坩埚必须冷却至室温才能从干燥器中取出称量,否则坩埚吸湿变重。

3.热坩埚必须稍冷后才能放入干燥器中冷却,同时要不断移动坩埚盖,以免坩埚盖被顶开滑落。

4.称取的 $CuSO_4 \cdot 5H_2O$ 的质量不要超过 1.2g,否则粉末层太厚,影响水汽散失,会大大延长脱水时间。

七、思考题

1.在五水合硫酸铜结晶水的测定中,为什么用沙浴加热并控制温度在 260~280℃?

2.加热后的坩埚能否未冷却至室温就去称量?

3.加热后的坩埚为什么要放在干燥器内冷却?

4.为什么要对坩埚进行重复的灼烧操作?

5.本实验中五水合硫酸铜的用量为什么最好不要超过 1.2g?

实验二十四　二水合氯化钡中钡含量的测定

一、实验目的

1. 了解测定 $BaCl_2 \cdot 2H_2O$ 中钡含量的原理和方法。
2. 掌握晶形沉淀的制备、过滤、洗涤、灼烧及恒重等基本操作。
3. 进一步掌握重量分析法的要求和操作要点。

二、实验原理

重量分析法是根据待测元素或基团在特定条件下与其他物质相互作用而生成沉淀,将生成的沉淀经过陈化、烘干等处理后,称取其质量,从而根据反应关系计算得出要测元素含量的一种方法。

硫酸钡重量法既可用于测定 Ba^{2+},也可用于测定 SO_4^{2-} 的含量。

称取一定量的 $BaCl_2 \cdot 2H_2O$,用水溶解,加稀盐酸溶液酸化,加热至沸腾,在不断搅动下,慢慢地加入热的稀硫酸溶液,Ba^{2+} 与 SO_4^{2-} 反应,形成晶形沉淀。沉淀经陈化、过滤、洗涤、烘干、炭化、灰化、灼烧后,以 $BaSO_4$ 形式称量,可求出 $BaCl_2 \cdot 2H_2O$ 中 Ba 的含量。

$$Ba^{2+} + SO_4^{2-} =\!\!=\!\!= BaSO_4 \downarrow$$

反应过程中,Ba^{2+} 可生成一系列微溶化合物,另外 NO_3^-、Cl^- 等会与 K^+、Fe^{3+} 形成共沉淀现象,从而影响实验结果的测定,所以应严格把握实验条件,以期减少对测定结果的干扰。

三、仪器和试剂

1. 仪器:坩埚,马弗炉,分析天平。
2. 试剂:$1mol \cdot L^{-1}$ H_2SO_4 溶液,$0.1mol \cdot L^{-1}$ H_2SO_4 溶液,$2mol \cdot L^{-1}$ HCl 溶液,$BaCl_2 \cdot 2H_2O(AR)$,$0.1mol \cdot L^{-1}$ $AgNO_3$ 溶液。

四、实验步骤

(一)称样及沉淀的制备

准确称取一份 $0.4 \sim 0.6g$ $BaCl_2 \cdot 2H_2O$ 试样,置于 250mL 烧杯中,加入约 100mL 水和 3mL $2mol \cdot L^{-1}$ HCl 溶液,搅拌溶解,加热至近沸。

另取 4mL $1mol \cdot L^{-1}$ H_2SO_4 溶液于 100mL 烧杯中,加水 30mL,加热至近沸,趁热将 H_2SO_4 溶液用小滴管逐滴加入热的钡盐溶液中,并用玻璃棒不断搅拌,直至硫酸溶液加完为止。

待 $BaSO_4$ 沉淀下沉后,于上层清液中加入 $1 \sim 2$ 滴 $1mol \cdot L^{-1}$ H_2SO_4 溶液,检验沉淀是否完全。

沉淀完全后,盖上表面皿,将沉淀放在水浴上,保温 40min,陈化(不要将玻璃棒拿出烧杯外)。也可于室温下放置过夜陈化(一周)。

（二）沉淀的过滤和洗涤

用中速滤纸倾泻法过滤，用稀 H_2SO_4 溶液（取 1mL 1mol·L^{-1} H_2SO_4 溶液加 100mL 水配成）洗涤沉淀 3～4 次，每次约 10mL。然后将沉淀定量转移到滤纸上，用小滤纸碎片擦拭烧杯壁，将其放入漏斗中，再用稀 H_2SO_4 溶液洗涤 3 次至洗涤液中无 Cl^- 为止（于表面皿上加 2mL 滤液，加 1 滴 2mol·L^{-1} HNO_3 溶液酸化，加 2 滴 0.1mol·L^{-1} $AgNO_3$ 溶液，若无白色沉淀产生，表示 Cl^- 已洗净）。

（三）空坩埚的恒重

将两个洁净的坩埚放在（800±20）℃的马弗炉中灼烧至恒重。

（四）沉淀的灼烧和恒重

将折叠好的沉淀滤纸包置于已恒重的坩埚中，经烘干、炭化、灰化后，在 800～850℃ 的马弗炉中灼烧至恒重。取出坩埚，冷却至室温后称量，计算试样中钡的含量。

五、数据记录和处理

（表格自拟）

六、思考题

1. 沉淀 $BaSO_4$ 时为什么要在稀溶液中进行？不断搅拌的目的是什么？

2. 为什么沉淀 $BaSO_4$ 时要在热溶液中进行，而在自然冷却后进行过滤？趁热过滤或强制冷却好不好？

3. 洗涤沉淀时，为什么用洗涤液要少量、多次？为保证 $BaSO_4$ 沉淀的溶解损失不超过 0.1%，洗涤沉淀用水量最多不超过多少毫升？

4. 本实验中为什么称取 0.4～0.6g $BaCl_2$·$2H_2O$ 试样？称样过多或过少有什么影响？

实验二十五　高锰酸钾标准溶液的配制与标定

一、实验目的

1. 了解并掌握高锰酸钾标准溶液的配制及标定方法。
2. 掌握高锰酸钾法滴定操作技能。
3. 练习滴定管中装入深色溶液时的读数方法。

二、实验原理

$KMnO_4$ 溶液中常含有少量 MnO_2 和其他杂质,配成的标准溶液易在杂质作用下分解;$KMnO_4$ 是强氧化剂,易与水中的有机物、空气中的尘埃等还原性物质作用;$KMnO_4$ 溶液还会自行分解。因此,$KMnO_4$ 标准溶液不能直接配制。$KMnO_4$ 的分解速度随溶液的 pH 值而改变,在中性溶液中分解很慢,Mn^{2+}、MnO_2 和光照均能加速其分解。因此,配制与保存时必须使溶液保持中性,避光、防尘,这样 $KMnO_4$ 的浓度才会比较稳定,但使用一段时间后仍需要定期标定。

一般用于标定 $KMnO_4$ 溶液浓度的基准物质是 $Na_2C_2O_4$,因为 $Na_2C_2O_4$ 不含结晶水,性质稳定、容易提纯、操作简便。$Na_2C_2O_4$ 标定 $KMnO_4$ 的反应如下:

$$2MnO_4^- + 5C_2O_4^{2-} + 16H^+ \rightleftharpoons 2Mn^{2+} + 10CO_2\uparrow + 8H_2O$$

标定时应注意以下几点:

1. 温度。滴定温度以控制在 $75\sim85℃$ 为宜。滴定温度低于 $60℃$,反应速度较慢;超过 $90℃$,草酸按下式分解:

$$H_2C_2O_4 \rightleftharpoons CO_2\uparrow + CO\uparrow + H_2O$$

2. 酸度。该反应需在酸性介质中进行,常用硫酸控制酸度,避免使用 HCl 或 HNO_3,因为 Cl^- 有一定的还原性,可能被 MnO_4^- 氧化,而 HNO_3 又有一定的氧化性,可能干扰 MnO_4^- 与还原性物质的反应。为使反应定量进行,溶液酸度宜控制在 $0.5\sim1.0mol\cdot L^{-1}$,溶液酸度过低,会有部分 MnO_4^- 还原为 MnO_2;酸度过高,会促使 $H_2C_2O_4$ 分解。

3. 滴定速度。该反应是自动催化反应,反应生成的 Mn^{2+} 有自动催化作用。反应开始速度较慢,随着反应的进行,不断产生 Mn^{2+},而 Mn^{2+} 的催化作用使反应速率加快。因此,滴定速度应先慢后快,尤其是开始滴定时,滴定速度一定要慢,在第一滴 $KMnO_4$ 紫红色没有褪去时,不要加入第二滴 $KMnO_4$ 溶液,否则过多的 $KMnO_4$ 来不及与 $H_2C_2O_4$ 反应而在热的酸性溶液中分解:

$$4MnO_4^- + 12H^+ \rightleftharpoons 4Mn^{2+} + 5O_2\uparrow + 6H_2O$$

4. 滴定终点。$KMnO_4$ 本身具有紫红色,是"自身"指示剂,因此在滴定无色或浅色溶液时,不需要另外加指示剂,可利用 $KMnO_4$ 自身的颜色指示滴定终点。

三、仪器和试剂

1. 仪器:电子分析天平,电子台秤,棕色试剂瓶(500mL),酸式滴定管(50mL),锥形瓶

（250mL），烧杯（500mL）。

2.试剂：$KMnO_4$（AR），$Na_2C_2O_4$（AR），$3mol \cdot L^{-1}$ H_2SO_4 溶液。

四、实验步骤

（一）$0.02mol \cdot L^{-1}$ $KMnO_4$ 标准溶液的配制

称取稍多于计算量的 $KMnO_4$ 于 500mL 烧杯中，加 500mL 去离子水使之溶解，盖上表面皿，加热至沸并保持 20～30min，随时加水补充蒸发损失。冷却后，在暗处放置 7～10 天，然后用玻璃砂芯漏斗过滤除去 MnO_2 等杂质。滤液贮于洗净的棕色瓶中，摇匀，放置暗处保存。若溶液煮沸后在水浴上保持 1h，冷却后过滤，则不必放置 7～10 天，可立即标定其浓度。

（二）$0.02mol \cdot L^{-1}$ $KMnO_4$ 标准溶液浓度的标定

准确称取计算量（约消耗 $KMnO_4$ 溶液 20～30mL）范围内的 $Na_2C_2O_4$ 基准物质 3 份，分别置于 3 个 250mL 锥形瓶中，加去离子水 30mL 及 10mL $3mol \cdot L^{-1}$ H_2SO_4 溶液，加热至75～85℃（瓶口开始冒热气），趁热用待标定的 $KMnO_4$ 溶液进行滴定，滴定至溶液呈微红色，并 30s 内不褪色即为终点。平行测定 3 次。根据 $Na_2C_2O_4$ 的质量和消耗的 $KMnO_4$ 溶液的体积，计算 $KMnO_4$ 标准溶液的准确浓度。

五、数据记录和处理

将实验数据填入表 5-15 中。

表 5-15　高锰酸钾标准溶液的标定

记录项目	次数		
	Ⅰ	Ⅱ	Ⅲ
倾出前（称量瓶＋$Na_2C_2O_4$）质量/g			
倾出后（称量瓶＋$Na_2C_2O_4$）质量/g			
$Na_2C_2O_4$ 的质量/g			
$KMnO_4$ 溶液终读数/mL			
$KMnO_4$ 溶液初读数/mL			
$V(KMnO_4)$/mL			
$c(KMnO_4)$/(mol · L^{-1})			
平均 $c(KMnO_4)$/(mol · L^{-1})			
相对平均偏差			

六、思考题

1.配制 $KMnO_4$ 标准溶液时为什么要把 $KMnO_4$ 水溶液煮沸一定时间（或放置数天）？配好的 $KMnO_4$ 溶液为什么要过滤后才能保存？过滤时是否能用滤纸？

2.配好的 $KMnO_4$ 溶液为什么要装在棕色瓶（如果没有棕色瓶应该怎样办？）中放置暗处

保存?

3.用 $Na_2C_2O_4$ 标定 $KMnO_4$ 溶液浓度时,为什么必须在大量 H_2SO_4(可以用 HCl 或 HNO_3 溶液吗?)存在下进行? 酸度过高或过低有无影响? 为什么要加热至 $75\sim85℃$ 后才能滴定? 溶液温度过高或过低有什么影响?

4.用 $KMnO_4$ 溶液滴定 $Na_2C_2O_4$ 溶液时,$KMnO_4$ 溶液为什么一定要装在酸式滴定管中? 为什么第一滴 $KMnO_4$ 溶液加入后红色褪去很慢,以后褪色较快?

5.装 $KMnO_4$ 溶液的烧杯放置较久后,杯壁上常有棕色沉淀(是什么?),不容易洗净,应该怎样洗涤?

实验二十六　高锰酸钾法测定过氧化氢的含量

一、实验目的

1. 掌握高锰酸钾法测定过氧化氢含量的原理及方法。
2. 掌握滴定终点的判断方法。

二、实验原理

市售商品过氧化氢（双氧水）一般为 3% 或 30% 的水溶液。过氧化氢具有杀菌、消毒、漂白等作用，因其应用广泛，故常需测定其含量。过氧化氢分子中有过氧键—O—O—，既可作氧化剂又可作还原剂，在酸性介质和室温条件下能被高锰酸钾定量氧化，反应方程式为：

$$2MnO_4^- + 5H_2O_2 + 6H^+ =\!=\!= 2Mn^{2+} + 5O_2\uparrow + 8H_2O$$

室温时，滴定开始反应缓慢，随着 Mn^{2+} 的生成而加速。稍过量的 $KMnO_4$ 使溶液呈现微红色，且在 30s 内不褪色即为滴定终点。

三、仪器和试剂

1. 仪器：酸式滴定管（50mL），移液管（25mL、1mL），容量瓶（250mL），锥形瓶（250mL）。
2. 试剂：$0.02mol \cdot L^{-1}$ $KMnO_4$ 标准溶液，$3mol \cdot L^{-1}$ H_2SO_4 溶液，H_2O_2 试样（市售质量分数为 30% 的 H_2O_2 水溶液）。

四、实验步骤

用移液管移取 H_2O_2 试样 1.00mL 于 250mL 容量瓶中，加水稀释至刻度，充分摇匀后备用。用移液管移取 25.00mL 稀释过的 H_2O_2 溶液于 250mL 锥形瓶中，加入 5mL $3mol \cdot L^{-1}$ H_2SO_4 溶液，用 $0.02mol \cdot L^{-1}$ $KMnO_4$ 标准溶液滴定到溶液呈微红色，30s 内不褪即为终点。平行测定 3 次。根据消耗的 $KMnO_4$ 标准溶液的体积和浓度，计算试样中 H_2O_2 的质量浓度（$g \cdot L^{-1}$）和相对平均偏差。

五、数据记录和处理

将实验数据填入表 5-16 中。

表 5-16　高锰酸钾法测定过氧化氢的含量

记录项目	次数		
	Ⅰ	Ⅱ	Ⅲ
$c(KMnO_4)/(mol \cdot L^{-1})$			
$KMnO_4$ 溶液终读数/mL			
$KMnO_4$ 溶液初读数/mL			

续表

记录项目	次数		
	I	II	III
$V(KMnO_4)/mL$			
$\rho(H_2O_2)/(g \cdot L^{-1})$			
平均 $\rho(H_2O_2)/(g \cdot L^{-1})$			
相对平均偏差			

六、注意事项

H_2O_2 试样若系工业产品,用高锰酸钾法测定不合适,因为产品中常加有少量乙酰苯胺等有机化合物作为稳定剂,滴定时也将被 $KMnO_4$ 氧化,引起误差。此时,应采用碘量法或硫酸铈法进行测定。

七、思考题

1.用高锰酸钾法测定 H_2O_2 时,能否用 HNO_3 或 HCl 来控制酸度?

2.用高锰酸钾法测定 H_2O_2 时,为何不能通过加热来加速反应?

实验二十七　I₂ 和 Na₂S₂O₃ 标准溶液的配制及标定

一、实验目的

1. 掌握 I_2 和 $Na_2S_2O_3$ 溶液的配制方法与保存条件。
2. 了解标定 I_2 及 $Na_2S_2O_3$ 溶液浓度的原理和方法。
3. 掌握直接碘量法和间接碘量法的测定条件。
4. 了解淀粉指示剂的正确使用，了解其变色原理。

二、实验原理

(一)硫代硫酸钠的配制与标定

硫代硫酸钠($Na_2S_2O_3 \cdot 5H_2O$)一般都含有少量杂质，如 S、Na_2SO_3、Na_2SO_4、Na_2CO_3 及 NaCl 等。$Na_2S_2O_3$ 不稳定，见光、受热、酸性溶液中易分解，易被氧化，因此不能直接配制准确浓度的溶液，需间接配制。$Na_2S_2O_3$ 溶液还易受空气和微生物等的作用而分解。

1. 溶解的 CO_2 的作用：$Na_2S_2O_3$ 在中性或碱性溶液中较稳定，当 pH<4.6 时即不稳定。溶液中含有 CO_2 时，它会促进 $Na_2S_2O_3$ 的分解，反应方程式为：

$$Na_2S_2O_3 + H_2CO_3 \longrightarrow NaHSO_3 + NaHCO_3 + S\downarrow$$

此分解作用一般发生在溶液配成后的最初 10 天内。分解后一分子 $Na_2S_2O_3$ 变成了一分子 $NaHSO_3$，一分子 $Na_2S_2O_3$ 只能和一个碘原子作用，而一分子 $NaHSO_3$ 却能和二个碘原子作用，因此从反应能力看溶液的浓度增加了。以后由于空气的氧化作用，浓度又慢慢减小。

在 pH 为 9~10 时硫代硫酸盐溶液最为稳定，所以可在 $Na_2S_2O_3$ 溶液中加入少量Na_2CO_3。

2. 空气的氧化作用：

$$2Na_2S_2O_3 + O_2 \longrightarrow 2Na_2SO_4 + 2S\downarrow$$

3. 微生物的作用：这是使 $Na_2S_2O_3$ 分解的主要原因。可加入少量 Na_2CO_3，使溶液呈弱碱性，抑制微生物作用。

为了减少溶解在水中的 CO_2 和杀死水中微生物，应用新煮沸后冷却的蒸馏水配制溶液并加入少量 Na_2CO_3(浓度约为 0.02%)，以防止 $Na_2S_2O_3$ 分解。

日光能促进 $Na_2S_2O_3$ 溶液分解，所以 $Na_2S_2O_3$ 溶液应贮于棕色瓶中，放置暗处，经 8~14 天再标定。长期使用的溶液应定期标定。若保存得好可每两个月标定一次。

标定 $Na_2S_2O_3$ 是采用间接碘量法，通常用 $K_2Cr_2O_7$ 作基准物标定 $Na_2S_2O_3$ 溶液的浓度。准确称取一定量的 $K_2Cr_2O_7$ 基准试剂，配成溶液，加入过量的 KI，在酸性溶液中定量地完成下列反应：

$$6I^- + Cr_2O_7^{2-} + 14H^+ \longrightarrow 3I_2 + 2Cr^{3+} + 7H_2O$$

生成的 I_2，立即用 $Na_2S_2O_3$ 溶液滴定：

$$I_2 + 2S_2O_3^{2-} \longrightarrow 2I^- + S_4O_6^{2-}$$

由关系：$n(S_2O_3^{2-}) = 2n(I_2) = 6n(Cr_2O_7^{2-})$，根据滴定 $Na_2S_2O_3$ 消耗的体积，即可计算出

$Na_2S_2O_3$ 的浓度：

$$c(Na_2S_2O_3) = \frac{6m(K_2Cr_2O_7)}{M(K_2Cr_2O_7) \times V(Na_2S_2O_3) \times 10^{-3}}$$

(二)I_2 溶液的配制与标定

用升华法可制得纯的 I_2，纯 I_2 可用作基准物，用纯 I_2 可按直接法配制标准溶液。如用普通的 I_2 配标准溶液，则应先配成近似浓度，然后再标定。

I_2 微溶于水而易溶于 KI 溶液，但在稀的 KI 溶液中溶解得很慢，所以配制 I_2 溶液时不能过早加水稀释，应先将 I_2 与 KI 混合，用少量水充分研磨，溶解完全后再稀释。I_2 与 KI 间存在如下平衡：

$$I_2 + I^- \rightleftharpoons I_3^-$$

游离 I_2 容易挥发损失，这是影响碘溶液稳定性的原因之一。因此溶液中应维持适当过量的 I^- 离子，以减少 I_2 的挥发。

空气能氧化 I^- 离子，引起 I_2 浓度增加：

$$4I^- + O_2 + 4H^+ \rightleftharpoons 2I_2 + 2H_2O$$

此氧化作用缓慢，但会因光、热及酸的作用而加速，因此 I_2 溶液应装在棕色瓶中置冷暗处保存。I_2 能缓慢腐蚀橡胶和其他有机物，所以 I_2 溶液应避免与这类物质接触。

标定 I_2 溶液浓度的最好方法是用三氧化二砷（As_2O_3，俗名砒霜，剧毒!）作基准物。As_2O_3 难溶于水，易溶于碱性溶液中生成亚砷酸盐：

$$As_2O_3 + 6OH^- \rightleftharpoons 2AsO_3^{3-} + 3H_2O$$

亚砷酸盐与 I_2 的反应是可逆的：

$$AsO_3^{3-} + I_2 + H_2O \rightleftharpoons AsO_4^{3-} + 2I^- + 2H^+$$

随着滴定反应的进行，溶液酸度增加，反应将反方向进行，即 AsO_4^{3-} 将氧化 I^-，使滴定反应不能完成，但是又不能在强碱溶液中进行滴定，因此一般在酸性溶液中加入过量 $NaHCO_3$，使溶液的 pH 值保持在 8 左右，所以实际上滴定反应是：

$$I_2 + AsO_3^{3-} + 2HCO_3^- \rightleftharpoons 2I^- + AsO_4^{3-} + 2CO_2 \uparrow + H_2O$$

I_2 溶液的浓度，也可用 $Na_2S_2O_3$ 标准溶液来标定，反应方程式为：

$$I_2 + 2S_2O_3^{2-} \rightleftharpoons 2I^- + S_4O_6^{2-}$$

可根据 $Na_2S_2O_3$ 标准溶液的浓度计算 I_2 的浓度。

三、仪器和试剂

1. 仪器：电子分析天平，电子台秤，棕色试剂瓶（1000mL），碘量瓶（250mL），碱式滴定管（50mL），烧杯（500mL），量筒（10mL），移液管（25mL），锥形瓶（250mL）。

2. 试剂：$Na_2S_2O_3 \cdot 5H_2O$（AR），Na_2CO_3（AR），KI（AR），As_2O_3（AR 或基准试剂），I_2（AR），可溶性淀粉，$K_2Cr_2O_7$（AR 或基准试剂），10% KI 溶液，$2mol \cdot L^{-1}$ HCl 溶液，$1mol \cdot L^{-1}$ NaOH 溶液，4% $NaHCO_3$ 溶液，$0.5mol \cdot L^{-1}$ H_2SO_4 溶液，1% 酚酞溶液。

四、实验步骤

(一)$0.05mol \cdot L^{-1} I_2$ 溶液的配制

称取 13g I_2 和 40g KI 置于小研钵或小烧杯中，加水少许，研磨或搅拌至 I_2 全部溶解，转移入棕色瓶中,加水稀释至 1000mL,塞紧,摇匀后放置过夜再标定。

(二)0.1mol·L⁻¹ Na₂S₂O₃ 溶液的配制

一般分析使用 0.1mol·L⁻¹ Na₂S₂O₃ 标准溶液,如果选择的测定实验需用 0.05mol·L⁻¹ (或其他浓度)Na₂S₂O₃ 溶液,则应配制 0.05mol·L⁻¹(或其他浓度)的标准溶液。

称取 25g Na₂S₂O₃·5H₂O 于 500mL 烧杯中,加入 300mL 新煮沸已冷却的蒸馏水,待完全溶解后,加入 0.2g Na₂CO₃,然后用新煮沸已冷却的蒸馏水稀释至 1000mL,贮于棕色瓶中,在暗处放置 7~14 天后标定。

(三)0.05mol·L⁻¹ I₂ 溶液浓度的标定

1. 用 As₂O₃ 标定:准确称取在干燥器中干燥 24h 的 As₂O₃,置于 250mL 锥形瓶中,加入 1mol·L⁻¹ NaOH 溶液 10mL,待 As₂O₃ 完全溶解后,加 1 滴酚酞指示剂,用 0.5mol·L⁻¹ H₂SO₄ 溶液或 HCl 溶液中和至成微酸性,然后加入 25mL 4% NaHCO₃ 溶液和 1mL 1% 淀粉溶液(加入 NaHCO₃ 溶液时,应用小表面皿盖住瓶口,缓缓加入,以免发泡剧烈而引起溅失;反应完毕,将表面皿上的附着物洗入锥形瓶中)。再用 I₂ 标准溶液滴定至出现蓝色,即为终点(I₂ 能与橡胶发生作用,因此 I₂ 溶液不能装在碱式滴定管中)。根据 I₂ 溶液的用量及 As₂O₃ 的质量计算 I₂ 标准溶液的浓度。

2. 用 Na₂S₂O₃ 标准溶液标定:用移液管取 25.00mL I₂ 溶液于锥形瓶中,加入 50mL 水,用 0.1mol·L⁻¹ Na₂S₂O₃ 标准溶液滴定至浅黄色后,加 2mL 淀粉溶液,再用 0.1mol·L⁻¹ Na₂S₂O₃ 标准溶液继续滴定至蓝色恰好消失,即为终点。

注意:淀粉指示剂不能过早加入,否则大量的 I₂ 与淀粉结合成蓝色物质,这一部分 I₂ 不容易与 Na₂S₂O₃ 反应,因而使滴定产生误差。

(四)0.1mol·L⁻¹ Na₂S₂O₃ 溶液的标定

准确称取 0.11~0.12g K₂Cr₂O₇ 基准试剂 3 份。分别置于 3 个 250mL 碘量瓶中,分别加入 10~20mL 蒸馏水使之溶解。加 10mL 20% KI 溶液,10mL 2mol·L⁻¹ HCl 溶液,充分混合溶解后,盖好塞子,以防止 I₂ 因挥发而损失。在暗处放置 5min,然后加 50mL 水稀释,用 Na₂S₂O₃ 溶液滴定到溶液呈浅绿黄色时,加 2mL 淀粉溶液,继续滴入 Na₂S₂O₃ 溶液直到蓝色刚好消失而绿色(Cr³⁺)出现为止。

五、数据记录和处理

(表格自拟)

六、注意事项

1. K₂Cr₂O₇ 与 I₂ 的反应不是立即完成,在稀溶液中进行较慢,所以一般需要放置 5min 以上。

2. K₂Cr₂O₇ 还原后生成的 Cr³⁺ 呈绿色,妨碍终点观察,需加水稀释,使颜色变浅。稀释还可降低过量 I⁻ 浓度,避免被空气中的 O₂ 氧化。

3. Na₂S₂O₃ 滴定 I₂ 时,淀粉不宜过早加入,否则易与大量 I₂ 形成加合物,加合物中的 I₂ 不易与 Na₂S₂O₃ 作用。

4. 滴定到终点的溶液,经一段时间后变蓝。如果不是很快变蓝,那是因为空气中 O₂ 的氧化作用所致。如果很快变蓝,而且不断加深,说明溶液稀释太早,$K_2Cr_2O_7$ 和 KI 的反应在滴定前进行得不完全,此时实验失败。

七、思考题

1.用 $Na_2S_2O_3$ 溶液滴定 I_2 溶液和用 I_2 溶液滴定 $Na_2S_2O_3$ 溶液时都是用淀粉指示剂,为什么要在不同时机加入? 终点颜色变化有何不同?

2.标定 $Na_2S_2O_3$ 溶液时,加入的 KI 溶液的量是否要很精确,为什么?

实验二十八　间接碘量法测定铜盐中的铜

一、实验目的

1. 掌握间接碘量法测定铜的原理和条件。
2. 掌握淀粉指示剂的正确使用及其变色原理。
3. 了解间接碘量法测铜过程中沉淀转化的目的。

二、实验原理

在弱酸性溶液(pH 为 3～4)中 Cu^{2+} 与过量的 I^- 作用生成不溶的 CuI 沉淀并定量析出 I_2：

$$2Cu^{2+} + 5I^- =\!=\!= 2CuI \downarrow + I_3^-$$

生成的 I_2 用 $Na_2S_2O_3$ 标准溶液滴定,以淀粉为指示剂,滴定至溶液的蓝色刚好消失即为终点。

$$I_3^- + 2S_2O_3^{2-} =\!=\!= 3I^- + S_4O_6^{2-}$$

由于 CuI 沉淀表面吸附 I_2,故分析结果偏低,为了减少 CuI 沉淀对 I_2 的吸附,可在大部分 I_2 被 $Na_2S_2O_3$ 溶液滴定后,再加入 NH_4SCN,使 CuI 沉淀转化为更难溶的 CuSCN 沉淀。

$$CuI + SCN^- =\!=\!= CuSCN \downarrow + I^-$$

CuSCN 吸附 I_2 的倾向较小,因而可以提高测定结果的准确度。

根据 $Na_2S_2O_3$ 标准溶液的浓度、消耗的体积及试样的质量,计算试样中铜的含量。

按下式计算样品中铜的质量分数：

$$\omega(Cu) = \frac{c(Na_2S_2O_3) \times V(Na_2S_2O_3) \times M(Cu)}{m_{样}} \times 100\%$$

三、仪器和试剂

1. 仪器：电子分析天平,台秤,碱式滴定管,锥形瓶(250mL)。
2. 试剂：$Na_2S_2O_3$ 标准溶液,20% KI 溶液,0.5% 淀粉溶液,$CuSO_4 \cdot 5H_2O$(固,AR),$1mol \cdot L^{-1}$ H_2SO_4 溶液,10% NH_4SCN 溶液。

四、实验步骤

准确称取 $CuSO_4 \cdot 5H_2O$ 试样 0.5～0.6g,置于锥形瓶中,加 5mL $1mol \cdot L^{-1}$ H_2SO_4 溶液和 100mL 水使其溶解,加入 20%KI 溶液 10mL,轻轻摇匀,用 $Na_2S_2O_3$ 标准溶液滴定至浅黄色,然后加入 2mL 0.5% 淀粉溶液作指示剂,继续滴至浅蓝色。再加 10% NH_4SCN 10mL,摇匀后,溶液的蓝色加深,再继续用 $Na_2S_2O_3$ 标准溶液滴定至蓝色刚好消失,此时溶液呈 CuSCN的米色悬浮液即为滴定终点。根据所消耗 $Na_2S_2O_3$ 标准溶液的体积,计算出铜的百分含量。平行测定 3 次。

五、数据记录和处理

（表格自拟）

六、思考题

1.本实验加入 KI 的作用是什么？为什么需要过量？加入的量是否需要准确？

2.本实验为什么要加入 NH_4SCN？为什么不能过早地加入？

3.碘量法测定铜时，如何控制溶液的酸度？如何选择酸性介质？为什么？

实验二十九　碘量法测定葡萄糖的含量

一、实验目的

1. 学会间接碘量法测定葡萄糖含量的原理,进一步掌握返滴定法技能。
2. 进一步熟悉酸式滴定管的操作方法,掌握有色溶液滴定时体积的正确读法。

二、实验原理

I_2 与 NaOH 作用可生成次碘酸钠(NaIO),次碘酸钠可将葡萄糖($C_6H_{12}O_6$)分子中的醛基定量地氧化为羧基。未与葡萄糖作用的次碘酸钠在碱性溶液中歧化生成 NaI 和 $NaIO_3$,当酸化时 $NaIO_3$ 又恢复成 I_2 析出,用 $Na_2S_2O_3$ 标准溶液滴定析出的 I_2,从而可计算出葡萄糖的含量。

I_2 与 NaOH 作用生成 NaIO 和 NaI:

$$I_2 + 2OH^- = IO^- + I^- + H_2O$$

$C_6H_{12}O_6$ 和 NaIO 定量作用:

$$C_6H_{12}O_6 + IO^- = C_6H_{12}O_7 + I^-$$

总反应式为:$I_2 + C_6H_{12}O_6 + 2OH^- = C_6H_{12}O_7 + 2I^- + H_2O$

未与葡萄糖作用的 NaIO 在碱性溶液中歧化成 NaI 和 $NaIO_3$:

$$3IO^- = IO_3^- + 2I^-$$

在酸性条件下,$NaIO_3$ 又恢复成 I_2 析出:

$$IO_3^- + 5I^- + 6H^+ = 3I_2 + 3H_2O$$

用 $Na_2S_2O_3$ 滴定析出的 I_2:

$$I_2 + 2S_2O_3^{2-} = S_4O_6^{2-} + 2I^-$$

因为 1mol 葡萄糖与 1mol I_2 作用,而 1mol IO^- 可产生 1mol I_2,从而可以计算出葡萄糖的含量。

三、仪器和试剂

1. 仪器:分析天平,台秤,烧杯,酸式滴定管,碱式滴定管,容量瓶(250mL),移液管(25mL),锥形瓶(250mL),碘量瓶(250mL)。

2. 试剂:I_2(s,AR),KI(s,AR),$Na_2S_2O_3$(s,AR),Na_2CO_3(s,AR),$K_2Cr_2O_7$(s,AR,于 140℃ 电烘箱中干燥 2h,贮于干燥器中备用),20%KI 溶液,6mol・L^{-1} HCl 溶液,0.5%淀粉溶液,2mol・L^{-1} NaOH 溶液,0.05%葡萄糖试液。

四、实验步骤

移取 25.00mL 葡萄糖试液于碘量瓶中,从酸式滴定管中加入 25.00mL I_2 标准溶液,一边摇动一边缓慢加入 2mol・L^{-1} NaOH 溶液,直至溶液呈浅黄色。将碘量瓶加塞放置 10～15min 后,加 2mL 6mol・L^{-1} HCl 溶液使成酸性,立即用 $Na_2S_2O_3$ 溶液滴定至溶液呈浅黄色时,加入 2mL 淀粉指示剂,继续滴定蓝色消失即为终点。平行测定 3 次,计算试样中葡萄糖的含量(以 $g \cdot L^{-1}$ 表示)。

五、数据记录和处理

(表格自拟)

六、注意事项

1.一定要待 I_2 完全溶解后再转移。做完实验后,剩余的 I_2 溶液应倒入回收瓶中。

2.碘易受有机物的影响,不可使用软木塞、橡皮塞,并应贮存于棕色瓶内避光保存。配制和装液时应戴手套。I_2 溶液不能装在碱式滴定管中。

3.本方法可用作葡萄糖注射液中葡萄糖含量的测定。测定时可视注射液的浓度将其适当稀释。

4.无碘量瓶时可用锥形瓶盖上表面皿代替。

5.加 NaOH 的速度不能过快,否则过量 NaIO 来不及氧化 $C_6H_{12}O_6$ 就歧化成与 $C_6H_{12}O_6$ 反应的 $NaIO_3$ 和 NaI,使测定结果偏低。

七、思考题

1.配制 I_2 溶液时加入过量 KI 的作用是什么? 将称得的 I_2 和 KI 一起加水到一定体积是否可以?

2.I_2 溶液应装入何式滴定管中,为什么? 装入滴定管后弯月面看不清,应如何读数?

3.如果加入 NaOH 的速度过快,会产生什么后果?

4.I_2 溶液浓度的标定和葡萄糖含量的测定中均用到淀粉指示剂,各步骤中淀粉指示剂加入的时机有什么不同?

实验三十　铁矿中全铁含量的测定(无汞定铁法)

一、实验目的

1. 掌握 $K_2Cr_2O_7$ 标准溶液的配制方法。
2. 了解铁矿石的溶解方法。
3. 理解甲基橙既是氧化剂又是指示剂的原理与条件。
4. 掌握重铬酸钾法测全铁量的原理和方法。
5. 学习二苯胺磺酸钠的使用原理。

二、实验原理

(一)铁矿石的溶解方法

铁矿石的溶解方法是根据铁矿石的组成来决定的。例如,含硅酸盐用氟化物助溶;磁铁矿用二氯化锡助溶;含硫或有机物先灼烧($550\sim600℃$)去掉 S 和 C($SO_2\uparrow$、$CO_2\uparrow$)后,再用盐酸溶解;还有碱熔融法等。本实验所用的铁矿石用浓盐酸溶解,反应方程式为:

$$Fe_3O_4 + 8HCl \Longrightarrow 2FeCl_3 + FeCl_2 + 4H_2O$$

溶解过程温度应保持 $80\sim90℃$,若温度偏低,则溶解慢、溶不完,若温度偏高,则 $FeCl_3$ 增加。

(二)试样的预处理

1. Fe(Ⅲ)的还原:用浓盐酸溶液分解铁矿石后,在热盐酸溶液中,以甲基橙为指示剂,用 $SnCl_2$ 将 Fe^{3+} 还原至 Fe^{2+},并过量 1 滴(只能过量 $1\sim2$ 滴)。经典方法是用 $HgCl_2$ 氧化过量的 $SnCl_2$,除去 Sn^{2+} 的干扰,但 $HgCl_2$ 造成环境污染,本实验采用无汞定铁法,还原反应为:

$$2FeCl_4^- + SnCl_4^{2-} + 2Cl^- \Longrightarrow 2FeCl_4^{2-} + SnCl_6^{2-}$$

2. 除去过量的 $SnCl_4^{2-}$:因为 $SnCl_4^{2-}$ 会消耗 $Cr_2O_7^{2-}$,所以必须除去。使用甲基橙指示 $SnCl_2$ 还原 Fe^{3+} 的原理是:Sn^{2+} 将 Fe^{3+} 还原完后,过量的 Sn^{2+} 可将甲基橙还原为氢化甲基橙而褪色,指示了还原的终点,剩余的 Sn^{2+} 还能继续使氢化甲基橙还原成 N,N-二甲基对苯二胺和对氨基苯磺酸钠,反应为:

$$(CH_3)_2NC_6H_4N = NC_6H_4SO_3Na \longrightarrow (CH_3)_2NC_6H_4NH—NHC_6H_4SO_3Na$$
$$\longrightarrow (CH_3)_2NC_6H_4H_2N + NH_2C_6H_4SO_3Na$$

以上反应是不可逆的,不但除去了过量的 Sn^{2+},而且甲基橙的还原产物不消耗 $K_2Cr_2O_7$。

3. 预处理的条件

(1)溶液温度应控制在 $60\sim90℃$,若温度偏低,则 $SnCl_2$ 先还原甲基橙,终点无法指示,且还原 Fe^{3+} 速度慢,还原不彻底;若温度偏高,则 $FeCl_3$ 增加。

(2)溶液的 HCl 浓度应控制在 $4mol \cdot L^{-1}$,若大于 $6mol \cdot L^{-1}$,Sn^{2+} 会先将甲基橙还原为无色,无法指示 Fe^{3+} 的还原反应;若 HCl 溶液浓度低于 $2mol \cdot L^{-1}$,则甲基橙褪色缓慢。

(三)重铬酸钾法测定全铁含量

1.滴定反应为:

$$Cr_2O_7^{2-} + 6Fe^{2+} + 14H^+ \Longrightarrow 2Cr^{3+} + 6Fe^{3+} + 7H_2O$$

2.关于滴定反应的几点说明:

(1)滴定突跃范围为 $0.93\sim1.34V$。

(2)二苯胺磺酸钠指示剂的条件电位为 $0.85V$。

(3)反应需加入 H_3PO_4,使滴定生成的 Fe^{3+} 生成 $[Fe(HPO_4)_2]^-$,降低 Fe^{3+} 的浓度,因而降低了 Fe^{3+}/Fe^{2+} 电对的电位,使反应的突跃范围变成 $0.71\sim1.34V$,指示剂可以在此范围内变色;同时消除了 Fe^{3+} 的黄色对终点观察的干扰。

(4)室温下,$Cr_2O_7^{2-}$ 不氧化 Cl^-,但高温或 $c(HCl)$ 较大时,$Cr_2O_7^{2-}$ 部分氧化 Cl^-,故用 H_2SO_4 做酸性介质。

(四)$K_2Cr_2O_7$ 标准溶液的配制

$K_2Cr_2O_7$ 化学性质稳定、组成与化学式一致、易提纯、分子相对质量较大,可做基准试剂,因此 $K_2Cr_2O_7$ 标准溶液可直接配制。

三、仪器和试剂

1.仪器:烧杯(250mL),容量瓶(250mL),移液管(25mL)、酸式滴定管(50mL),锥形瓶(250mL),分析天平,电热板。

2.试剂:$50g \cdot L^{-1}$ $SnCl_2$ 溶液,$1g \cdot L^{-1}$ 甲基橙指示剂,H_2SO_4-H_3PO_4 混酸溶液,$2g \cdot L^{-1}$ 二苯胺磺酸钠溶液,分析纯 $K_2Cr_2O_7$。

四、实验步骤

(一)$K_2Cr_2O_7$ 标准溶液的配制

差减法称 $1.25g$ $K_2Cr_2O_7$ 于烧杯中,水溶,定量转移至 250mL 容量瓶中,定容,计算 $K_2Cr_2O_7$ 的浓度。

(二)铁矿石中全铁含量的测定

1.试样制备:准确称取铁矿石粉 $1.0\sim1.5g$(3 份)于 250mL 烧杯中。用少量水润湿,加入 20mL 浓盐酸溶液,盖上小表面皿,在通风柜中用电热板低温加热分解试样(若有带色不溶残渣,可滴加 $20\sim30$ 滴 $50g \cdot L^{-1}$ $SnCl_2$ 溶液助溶),直至溶完(剩白色的 SiO_2)。试样分解完全时,用少量水吹洗表面皿及锥形瓶壁,冷却后转移至 250mL 容量瓶中,定容。

2.试样的预处理:移取 25.00mL 试样于锥形瓶中,加 8mL 浓盐酸溶液,电热板上低温加热至近沸,加入 6 滴甲基橙,趁热边摇动锥形瓶边逐滴加入 $50g \cdot L^{-1}$ $SnCl_2$ 溶液还原 Fe^{3+}(先快后慢),溶液由橙变红(慢滴,摇!),至溶液变为粉红色,停止滴加 $SnCl_2$,摇几下粉色褪去,立即用流水冷却,加 50mL 蒸馏水。

3.滴定:加 20mL H_2SO_4-H_3PO_4 混酸溶液,4 滴二苯胺磺酸钠溶液,立即(一加酸,马上开始滴。酸中 Fe^{2+} 极易被空气氧化)用 $K_2Cr_2O_7$ 标准溶液滴定到稳定的紫色为终点。平行测定 3 次,计算矿石中铁的含量(质量分数)。

4.滴定中颜色变化:无色→浅绿→深绿→绿→紫。

注意:$Cr(Ⅵ)$ 污染环境,实验废液回收,统一处理。

五、数据记录和处理

（表格自拟）

六、思考题

1. $K_2Cr_2O_7$ 为什么可以直接称量配制准确浓度的溶液？

2. 分解铁矿石时，为什么要在低温下进行？如果加热至沸会对结果产生什么影响？

3. $SnCl_2$ 还原 Fe^{3+} 的条件是什么？怎样控制 $SnCl_2$ 不过量？

4. 以 $K_2Cr_2O_7$ 溶液滴定 Fe^{2+} 时，加入 H_3PO_4 的作用是什么？

5. 本实验中甲基橙起什么作用？

6. 在预处理时为什么 $SnCl_2$ 溶液要趁热逐滴加入？

实验三十一　EDTA 标准溶液的配制和标定

一、实验目的

1. 学习 EDTA 标准溶液的配制和标定方法。
2. 掌握配位滴定的原理,了解配位滴定的特点。
3. 熟悉钙指示剂的使用。

二、实验原理

乙二胺四乙酸,简称 EDTA,常用 H_4Y 表示,难溶于水,常温下其溶解度为 $0.2g \cdot L^{-1}$,在分析实验中通常使用其二钠盐(乙二胺四乙酸二钠)配制标准溶液。其钠盐的溶解度为 $120g \cdot L^{-1}$,可配成 $0.3mol \cdot L^{-1}$ 以上的溶液,其水溶液的 $pH = 4.8$,其标准溶液通常采用间接法配制。

标定 EDTA 溶液常用的基准物有 Zn、ZnO、$CaCO_3$、Bi、Cu、$MgSO_4 \cdot 7H_2O$、Hg、Ni、Pb 等。通常选用其中与被测物组分相同的物质作基准物,这样滴定条件较一致,可减小误差。

EDTA 溶液若用于测定水、石灰石或白云石中 CaO、MgO 的含量,则宜用 $CaCO_3$ 为基准物。首先可加 HCl 溶液,其反应如下:

$$CaCO_3 + 2HCl =\!=\!= CaCl_2 + CO_2 \uparrow + H_2O$$

然后把溶液转移到容量瓶中并稀释,制成钙标准溶液。吸取一定量钙标准溶液,调节酸度至 $pH \geqslant 12$,用钙指示剂,以 EDTA 溶液滴定至溶液由酒红色变成纯蓝色,即为终点。其变色原理如下:

用 "H_3In" 表示钙指示剂,在水溶液中的离解为:

$$H_3In \longrightarrow 2H^+ + HIn^{2-}$$

在 $pH \geqslant 12$ 的溶液中,HIn^{2-} 与 Ca^{2+} 形成比较稳定的络离子,反应如下:

$$HIn^{2-} + Ca^{2+} \longrightarrow CaIn^- + H^+$$
$$\text{纯蓝色} \qquad\qquad \text{酒红色}$$

故当在钙标准溶液中加入钙指示剂时,溶液呈酒红色。当用 EDTA 溶液滴定时,由于 EDTA 能与 Ca^{2+} 形成比 $CaIn^-$ 更加稳定的络离子,因此在滴定终点附近,$CaIn^-$ 络离子不断转化为较稳定的 CaY^{2-} 络离子,而钙指示剂被游离了出来,其反应式如下:

$$CaIn^- + H_2Y^{2-} + OH^- \longrightarrow CaY^{2-} + HIn^{2-} + H_2O$$
$$\text{酒红色} \qquad\qquad\qquad \text{无色} \qquad \text{纯蓝色}$$

用此法测定钙时,若有 Mg^{2+} 共存,则它不仅不干扰钙的测定,而且使终点比 Ca^{2+} 单独存在时更敏锐。当 Ca^{2+}、Mg^{2+} 共存时,终点由酒红色到纯蓝色,当 Ca^{2+} 单独存在时则由酒红色变为紫蓝色。所以测定只有 Ca^{2+} 的样品时,常常加入少量 Mg^{2+}。

注意:络合滴定中所用的水,应不含有 Fe^{3+}、Al^{3+}、Cu^{2+}、Ca^{2+}、Mg^{2+} 等杂质离子。

三、仪器和试剂

1. 仪器:容量瓶(250mL),移液管(25mL)、酸式滴定管(50mL),锥形瓶(250mL),分析天

平,台秤

2.试剂:乙二胺四乙酸二钠(s,AR),$CaCO_3$(s,GR 或 AR),镁溶液(溶解 1g $MgSO_4 \cdot 7H_2O$ 于水中,稀释至 200mL),10% NaOH 溶液,钙指示剂(1%固体指示剂)。

四、实验步骤

(一)0.02mol·L^{-1} EDTA 溶液的配制

用台秤称取乙二胺四乙酸二钠 3.8g,溶解于约 200mL 温水中,必要时过滤,冷却后用纯水稀释至 500mL,转移至试剂瓶中,摇匀,待标定。

(二)EDTA 溶液的标定

1.0.02mol·L^{-1}标准钙溶液的配制:准确称取 0.5~0.6g 已于 110℃下烘干 2h 的 $CaCO_3$ 于小烧杯中,盖以表面皿,加少许水润湿,再从杯嘴边逐滴加入数毫升 6mol·L^{-1} HCl 溶液至完全溶解,用水把可能溅到表面皿上的溶液淋洗入烧杯中,加热煮沸,待冷却后移入 250mL 容量瓶中,稀释至刻度,摇匀,贴上标签。

2.EDTA 溶液的标定:用移液管准确移取 25.00mL 上述配制的钙标准溶液,置于 250mL 锥形瓶中,加入约 25mL 水、2mL 镁溶液、5mL 10% NaOH 溶液及约 10mg(绿豆大小)钙指示剂,摇匀后,用 EDTA 溶液滴至溶液由酒红色变至蓝色,即为滴定终点。记下消耗的 EDTA 溶液的体积,平行测定 3 次。

五、数据记录和处理

将实验数据填入表 5-17 中。

表 5-17　EDTA 标准溶液的标定

记录项目	次数		
	Ⅰ	Ⅱ	Ⅲ
倾出前(称量瓶+$CaCO_3$)质量/g			
倾出后(称量瓶+$CaCO_3$)质量/g			
$CaCO_3$ 的质量/g			
$c(CaCO_3)$/(mol·L^{-1})			
EDTA 溶液终读数/mL			
EDTA 溶液初读数/mL			
V(EDTA)/mL			
c(EDTA)/(mol·L^{-1})			
平均 c(EDTA)/(mol·L^{-1})			
相对平均偏差			

六、思考题

1.为什么通常使用乙二胺四乙酸二钠配制 EDTA 标准溶液,而不用乙二胺四乙酸?

2. 以 $CaCO_3$ 为基准物，以钙指示剂为指示剂标定 EDTA 溶液时，应控制溶液的酸度为多少，为什么，如何控制？

3. 配位滴定法与酸碱滴定法相比，有哪些不同点？操作中应注意哪些问题？

4. 如果 EDTA 溶液在长期贮存中因侵蚀玻璃而含有少量 CaY^{2-}、MgY^{2-}，则在 pH＝10 的氨性溶液中用 Mg^{2+} 标定和在 pH＝4～5 的酸性介质中用 Zn^{2+} 标定，所得结果是否一致，为什么？

实验三十二　工业碳酸钙中碳酸钙含量的测定

一、实验目的

1. 掌握 EDTA 溶液的标定方法。
2. 掌握钙含量的滴定方法。

二、实验原理

样品用酸溶解后配成溶液,在一定条件下,用 EDTA 标准溶液(以 H_2Y^{2-} 表示)滴定钙离子的含量。

$$CaCO_3 + HCl \longrightarrow Ca^{2+} + H_2O + CO_2 \uparrow$$

干扰离子用掩蔽剂结合,以清除干扰。

$$M(Al^{3+}、Fe^{2+}、Mn^{2+}) + L(三乙醇胺遮蔽剂) \rightarrow ML$$

注意:本实验采用 EDTA 直接滴定法测定 Ca^{2+},因此 EDTA 标准溶液的标定应选用 $CaCO_3$ 为基准物质,使用钙指示剂,反应时应该控制 pH 在 12 左右。最后溶液由酒红色变成蓝色。

三、仪器和试剂

1. 仪器:电子分析天平,容量瓶,烧杯,移液管,称量瓶,酸式滴定管,电炉,表面皿,量筒。
2. 试剂:$0.02mol \cdot L^{-1}$ EDTA 标准溶液,HCl 溶液(1+1),氨水溶液(1+1),10% NaOH 溶液,钙指示剂,甲基红指示剂,$CaCO_3$,工业碳酸钙试样。

四、实验步骤

(一)EDTA 溶液的标定

以 $CaCO_3$ 为基准物质进行标定:用差减法准确称取计算所得质量(0.5~0.6g)的基准 $CaCO_3$ 于 150mL 烧杯中,盖上表面皿,从烧杯嘴处往烧杯中滴加约 5mL HCl 溶液(1+1),使 $CaCO_3$ 全部溶解,加水 50mL,定量转移至 250mL 容量瓶中,用水稀释至刻度,摇匀,即得 Ca^{2+} 标准溶液。用移液管吸取 25.00mL Ca^{2+} 标准溶液于锥形瓶中,加 1 滴甲基红,用氨水调节溶液由红变黄即可,再加 4mL 10% NaOH 溶液,使溶液 pH 达 12~14,再加少量钙指示剂,立即用 EDTA 滴定,当溶液由酒红色转变为蓝色即为终点。平行滴定 3 次,用平均值计算 EDTA 溶液的准确浓度。

(二)试液的制备

准确称取工业碳酸钙试样 0.5~0.7g(精确至 0.0001g),放入 250mL 烧杯中,盖上表面皿,缓慢加入 8~10mL HCl 溶液(1+1)使其完全溶解,移开表面皿,并用水吹洗表面皿。加水 50mL,加入 1~2 滴甲基红指示剂,用氨水溶液(1+1)中和至溶液刚刚呈黄色,调节 pH 至 6.2,煮沸 1~2min,必要时可趁热将滤液转移至 250mL 容量瓶中,用热水洗涤 7~8 次,洗涤液转入容量瓶中。冷却滤液,加水稀释至刻度,摇匀,待用。

(三)钙量的滴定

吸取 25.00mL 试液,以 25mL 水稀释,加三乙醇胺溶液 5mL,再加 4mL 10% NaOH 溶液,使溶液 pH 达 12～14,摇匀。再加 10mg 钙指示剂,用 EDTA 标准溶液滴定至溶液呈蓝色,记录所用 EDTA 溶液的体积 V。平行测定 3 次,计算钙量。

五、数据记录和处理

将实验数据填入表 5-18 中。

表 5-18　工业碳酸钙中碳酸钙含量的测定

记录项目	次数		
	I	II	III
倾出前(称量瓶+$CaCO_3$)质量/g			
倾出后(称量瓶+$CaCO_3$)质量/g			
$CaCO_3$ 的质量/g			
$c(CaCO_3)/(mol \cdot L^{-1})$			
EDTA 终读数/mL			
EDTA 初读数/mL			
$V(EDTA)/mL$			
$c(EDTA)/(mol \cdot L^{-1})$			
平均 $c(EDTA)/(mol \cdot L^{-1})$			
倾出前(称量瓶+工业碳酸钙)质量/g			
倾出后(称量瓶+工业碳酸钙)质量/g			
工业碳酸钙的质量/g			
EDTA 终读数/mL			
EDTA 初读数/mL			
$V(EDTA)/mL$			
$w(CaCO_3)/\%$			
平均 $w(CaCO_3)/\%$			
平行测定结果的极差/%			

六、思考题

1. 在采用 EDTA 直接滴定法测定碳酸钙含量时,标定 EDTA 标准溶液的基准物质为什么要选择碳酸钙? 能不能选择氧化锌或金属锌单质?

2. 碳酸钙的含量测定还可以采用哪些方法?

实验三十三　水的硬度测定

一、实验目的

1. 了解测定水的硬度的意义和常用的硬度表示方法。
2. 掌握 EDTA 法测定水的硬度的原理和方法。
3. 掌握铬黑 T 和钙指示剂的应用，了解金属指示剂的特点。

二、实验原理

一般含有钙、镁盐类的水叫硬水。用来衡量水中钙、镁盐类含量高低的指标是硬度。硬度有暂时硬度和永久硬度之分。由钙、镁的酸式碳酸盐引起的称为暂时硬度；由钙、镁的硫酸盐、氯化物、硝酸盐引起的称为永久硬度。暂时硬度和永久硬度的总和称为“总硬”。由镁离子形成的硬度称为“镁硬”，由钙离子形成的硬度称为“钙硬”。

水中钙、镁离子的含量，可采用以 EDTA 为标准溶液的络合滴定法来测定。钙硬测定原理同以 $CaCO_3$ 为基准物质 EDTA 标准溶液的标定。总硬则以铬黑 T 为指示剂，调节溶液 pH $\approx$10，以 EDTA 标准溶液滴定。根据消耗 EDTA 标准溶液的体积和浓度，即可计算水的总硬。镁硬＝总硬－钙硬。

水的硬度表示方法有多种，各国因其习惯的不同而有所不同。我国目前常用的表示方法：1 硬度单位(°)表示十万份水中含 1 份 CaO，1°＝10ppm CaO(ppm 为百分之一，为 parts per million 的缩写)。

$$硬度(°)=\frac{c(\text{EDTA})\times V(\text{EDTA})\times M(\text{CaO})}{V(\text{水})}\times\frac{1000}{10}$$

式中：c(EDTA)——EDTA 标准溶液浓度，mol·L^{-1}；

　　　V(EDTA)——滴定时消耗的 EDTA 标准溶液体积，mL；

　　　V(水)——水样体积，mL；

　　　M(CaO)——CaO 的摩尔质量，g·moL^{-1}。

三、仪器和试剂

1. 仪器：量筒(50mL)，酸式滴定管(50mL)，锥形瓶(250mL)。
2. 试剂：0.02mol·L^{-1} EDTA 标准溶液，NH_3-NH_4Cl 缓冲溶液(pH$\approx$10)，10％ NaOH 溶液，钙指示剂，铬黑 T 指示剂。

四、实验步骤

(一)总硬的测定

量取澄清的水样 50mL，放入 250mL 锥形瓶中，加入 5mL NH_3-NH_4Cl 缓冲溶液，摇匀。再加入少量(约 10mg)铬黑 T 固体指示剂，边加边摇，至溶液呈酒红色，以 0.02mol·L^{-1} EDTA 标准溶液滴定至纯蓝色，即为终点，记下消耗 EDTA 标准溶液的体积。

(二)钙硬的测定

量取澄清的水样 50mL,放入 250mL 锥形瓶内,加 4mL 10% NaOH 溶液,摇匀,再加入少量(约 10mg)钙指示剂,边加边摇匀至溶液呈淡红色。用 0.02mol·L^{-1} EDTA 标准溶液滴定至纯蓝色,即为终点,记下消耗的 EDTA 标准溶液的体积。

(三)镁硬的测定

总硬－钙硬＝镁硬。

五、数据记录和处理

(表格自拟)

六、思考题

1.如果对硬度测定中的数据要求保留两位有效数字,应如何量取 50mL 水样?

2.用 EDTA 法怎样测出水的总硬? 用什么作指示剂? 产生什么反应? 终点变色如何? 试液的 pH 值应控制在什么范围? 如何控制? 测定钙硬又如何?

3.用 EDTA 法测定水的硬度时,哪些离子的存在有干扰? 如何消除?

4.当水样中 Mg^{2+} 含量低时,以铬黑 T 作指示剂测定水中 Ca^{2+} 总量,终点不清晰,因此常在水样中先加少量 MgY^{2-} 配合物,再用 EDTA 滴定,终点就敏锐。这样做对测定结果有无影响? 说明其原理。

实验三十四　铅、铋混合液中铅、铋含量的连续测定

一、实验目的

1. 巩固移液管、滴定管的正确使用。
2. 掌握以控制溶液的酸度来进行多种金属离子连续测定的原理和方法。
3. 学习利用酸效应曲线进行混合液中金属离子连续滴定的条件选择。
4. 熟悉二甲酚橙(XO)指示剂终点颜色判断和近终点时滴定操作控制。

二、实验原理

Bi^{3+}、Pb^{2+} 均能与 EDTA 形成稳定的 1：1 螯合物,其 lgK_{sp} 值分别为 27.94 和 18.04。由于两者的 lgK_{sp} 值相差很大,故可利用酸效应,控制溶液的不同酸度来进行连续滴定,分别测出它们的含量。

在测定中均以二甲酚橙为指示剂,当溶液 pH<6.3 时,游离的二甲酚橙指示剂呈黄色,而它与 Bi^{3+} 或 Pb^{2+} 所形成的螯合物呈紫红色,它们的稳定性与 Bi^{3+}、Pb^{2+} 和 EDTA 所形成的螯合物相比要低一些。

测定时,先调节试液的酸度为 pH≈1,用 EDTA 标准溶液滴定,溶液由紫红色变为亮黄色,即为滴定 Bi^{3+} 的终点。

在滴定 Bi^{3+} 后的溶液中,用六次甲基四胺调节溶液的 pH 为 5~6,此时 Pb^{2+} 与二甲酚橙形成紫红色螯合物,故溶液再次呈现紫红色,然后用 EDTA 标准溶液继续滴定至溶液由紫红色突变为亮黄色,即为滴定 Pb^{2+} 的终点。

三、仪器和试剂

1. 仪器:酸式滴定管,锥形瓶(250mL),移液管(250mL)。
2. 试剂:0.02mol·L^{-1} EDTA 标准溶液,0.2%二甲酚橙溶液,20%六次甲基四胺溶液,0.5mol·L^{-1} NaOH 溶液,0.1mol·L^{-1} HNO_3 溶液。
3. 材料:pH=0.5~5.0 的精密 pH 试纸。

四、实验步骤

(一)Bi^{3+} 的初步试验

移取 25.00mL 试液置于 250mL 锥形瓶中,滴加 0.5mol·L^{-1} NaOH 溶液调节试液 pH≈1(以精密 pH 试纸检验),记下 NaOH 溶液用量(不必准确至小数点后第二位)。再加入 10mL 0.1mol·L^{-1} HNO_3 溶液和 2 滴二甲酚橙指示剂,用 0.02mol·L^{-1} EDTA 标准溶液滴定,在近终点前应放慢滴定速度,每加 1 滴,摇动并注意观察是否变色,直到最后半滴使溶液由紫红色突变为亮黄色,即为终点。

(二)Bi^{3+} 的测定

准确移取 25.00mL 试液于 250mL 锥形瓶中,加入与上述初步试验中相同量的

$0.5mol \cdot L^{-1}$ NaOH 溶液,然后加 10mL $0.1mol \cdot L^{-1}$ HNO_3 溶液和 2 滴二甲酚橙指示剂,用 $0.02mol \cdot L^{-1}$ EDTA 标准溶液滴定,在近终点前应放慢滴定速度,每加 1 滴,摇动并注意观察是否变色,直到最后半滴使溶液由紫红色突变为亮黄色,即为终点,记录所消耗 EDTA 标准溶液的体积 $V_1(mL)$。

(三)Pb^{2+} 的测定

在滴定 Bi^{3+} 后的溶液中补加 2~3 滴二甲酚橙指示剂,然后滴加 20% 六次甲基四胺溶液至溶液呈现稳定的紫红色后,再过量 5mL,继续用 $0.02mol \cdot L^{-1}$ EDTA 标准溶液滴定至溶液由紫红色突变为亮黄色,即为终点,记录所消耗 EDTA 标准溶液的体积 $V(mL)$,并计算 $V_2 = V - V_1$。

按上述操作平行测定 3 次,根据所消耗的 EDTA 标准溶液的体积,分别计算出混合试液中 Bi^{3+} 和 Pb^{2+} 的含量(以 $g \cdot L^{-1}$ 表示)。

五、数据记录和处理

(表格自拟)

六、思考题

1.滴定 Bi^{3+}、Pb^{2+} 时,溶液酸度各应控制在什么范围,为什么?

2.在本实验中,能否颠倒滴定的顺序,即先滴定 Pb^{2+},而后再滴定 Bi^{3+}?

3.滴定 Pb^{2+} 时要调节溶液 pH 为 5~6,为什么加入六亚甲基四胺而不加入醋酸钠?

4.能否取等量混合试液两份,一份控制 pH≈1 滴定 Bi^{3+},而另一份控制 pH 为 5~6 滴定 Pb^{2+}、Bi^{3+} 总量? 为什么?

实验三十五　邻二氮杂菲吸光光度法测定微量铁含量

一、实验目的

1. 了解分光光度法测定物质含量的一般条件及其方法。
2. 理解并掌握邻二氮杂菲分光光度法测定铁的方法。
3. 了解 722 型分光光度计的构造和使用方法。

二、实验原理

1. 分光光度法测定的条件:分光光度法测定物质含量时要注意显色反应的条件与测量吸光度的条件。显色反应的条件有:①显色剂用量;②介质的酸度;③显色时溶液的温度;④显色时间及干扰物质的消除方法等。测量吸光度的条件包括:①应选择的入射光波长;②吸光度范围;③参比溶液等。

2. 邻二氮杂菲-亚铁配合物:邻二氮杂菲是测定微量铁的一种比较好的试剂。在 pH＝2～9 的条件下 Fe^{2+} 离子与邻二氮杂菲生成极稳定的红色配合物,反应式如下:

此配合物的 $\lg K_{稳}＝21.3$,摩尔吸光系数 $\varepsilon_{510}＝1.1\times10^4$。

在显色前,首先用盐酸羟胺把 Fe^{3+} 离子还原为 Fe^{2+} 离子,其反应式如下:

$$2Fe^{3+}+2NH_2OH \cdot HCl == 2Fe^{2+}+N_2+2H_2O+4H^++2Cl^-$$

测定时,控制溶液 pH＝5 左右较为适宜。当酸度高时,反应进行较慢;若酸度太低,则 Fe^{2+} 离子水解,影响显色。

三、仪器和试剂

1. 仪器:电子分析天平,容量瓶(50mL、100mL),移液管(1mL、2mL、5mL)。
2. 试剂:

(1) $100\mu g \cdot mL^{-1}$ 铁标准溶液:准确称取 0.864g 分析纯 $NH_4Fe(SO_4)_2 \cdot 12H_2O$,置于一烧杯中,用 30mL $2mol \cdot L^{-1}$ HCl 溶液溶解后移入 100mL 容量瓶中,用水稀释至刻度,摇匀。

(2) $10\mu g \cdot mL^{-1}$ 铁标准溶液:由 $100\mu g \cdot mL^{-1}$ 铁标准溶液准确稀释 10 倍而成。

(3) 盐酸羟胺固体及 10% 溶液(因其不稳定,需临用时配制)。

(4) 0.1% 邻二氮杂菲溶液(新配制)。

(5) $1mol \cdot L^{-1}$ NaAc 溶液。

四、实验步骤

(一)条件试验

1. 吸收曲线的描绘:准确移取 $10\mu g \cdot mL^{-1}$ 铁标准溶液 6mL 于 50mL 容量瓶中,加入

10%盐酸羟胺溶液 1mL,摇匀,稍冷后加入 1mol·L^{-1} NaAc 溶液 5mL 和 0.1%邻二氮杂菲溶液 2mL,加水稀释至刻度,在 722 型分光光度计上,用 2cm 比色皿,以水为参比溶液,用不同的波长从 570nm 开始到 430nm 为止,每隔 10 或 20nm 测定一次吸光度(其中从 530~490nm,每隔 10nm 测一次)。然后以波长为横坐标,吸光度为纵坐标绘制吸收曲线,从吸收曲线上确定测定的适宜波长。

2.邻二氮杂菲-亚铁配合物的稳定性:用上面溶液继续进行测定,其方法是在最大吸收波长 510nm 处,每隔一定时间测定其吸光度,如在加入显色剂后立即测定一次吸光度,经 30min、60min、90min、120min 后分别再测一次吸光度,然后以时间(t)为横坐标,吸光度 A 为纵坐标绘制曲线。此曲线表示该配合物的稳定性。

3.显色剂浓度试验:取 50mL 容量瓶 7 只,编号,用 5mL 移液管准确移取 10μg·mL^{-1} 铁标准溶液 5mL 于容量瓶中,然后加入 1mL 10%盐酸羟胺溶液,经 2min 后再加入 5mL 1mol·L^{-1} NaAc 溶液,然后分别加入 0.1%邻二氮杂菲溶液 0.3mL、0.6mL、1.0mL、1.5mL、2.0mL、3.0mL 和 4.0mL,用水稀释全刻度,摇匀。在分光光度计上,用适宜波长(例如 510nm)、2cm 比色皿,以水为参比溶液,测定上述各溶液的吸光度。然后以加入的邻二氮杂菲试剂的体积为横坐标,吸光度为纵坐标,绘制曲线,从中找出显色剂最适宜的加入量。

4.溶液酸度对配合物的影响:准确移取 100μg·mL^{-1} 铁标准溶液 5mL 于 100mL 容量瓶中,加入 5mL 2mol·L^{-1} HCl 溶液和 10mL 10%盐酸羟胺溶液,经 2min 后再加入 0.1%邻二氮杂菲溶液 30mL,用水稀释至刻度,摇匀,备用。取 50mL 容量瓶 7 只,编号,用移液管分别准确移取上述溶液 10mL 于各容量瓶中。在滴定管中装入 0.4mol·L^{-1} NaOH 溶液,然后依次在容量瓶中加入 0.4mol·L^{-1} NaOH 溶液 0.0mL、2.0mL、3.0mL、4.0mL、6.0mL、8.0mL 及 10.0mL[如果按本实验步骤准确加入铁标准溶液及盐酸,则此处加入的 0.4mol·L^{-1} NaOH 溶液的量能使溶液的 pH 达到要求,否则会略有出入,因此在实验时,最好先加几毫升的 NaOH(如 3mL、6mL),以 pH 试纸确定该溶液的 pH 值,然后再确定其他几个容量瓶应加 NaOH 溶液的量],然后以水稀释至刻度,摇匀,使各溶液的 pH 从小于等于 2 开始逐步增加至 12 以上。测定各容量瓶中溶液的 pH,先用 pH=1~14 广范 pH 试纸粗略确定其 pH,然后用精密 pH 试纸确定其较准确的 pH。同时在分光光度计上用适宜的波长(如 510nm)、2cm 比色皿、水为空白测定各溶液吸光度 A。最后以 pH 值为横坐标,吸光度为纵坐标,绘制 A-pH 曲线,并从此曲线上找出适宜的 pH 范围。

根据上面条件试验的结果,确定邻二氮杂菲分光光度法测定铁的分析步骤。

(二)铁含量的测定

1.标准曲线的测绘:取 50mL 容量瓶(或比色管)6 只,分别移取(务必准确量取,为什么?请讨论)10μg·mL^{-1} 铁标准溶液 2.0mL、4.0mL、6.0mL、8.0mL 和 10.0mL 于 5 只容量瓶中,另一容量瓶中不加铁标准溶液(配制空白溶液,作参比)。然后各加 1mL 10%盐酸羟胺,摇匀,经 2min 后,再各加 5mL 1mol·L^{-1} NaAc 溶液及 2mL 0.1%邻二氮杂菲,以水稀释至刻度,摇匀。在分光光度计上,用 2cm 比色皿,在最大吸收波长(510nm)处,测定各溶液的吸光度。以铁含量为横坐标,吸光度为纵坐标,绘制标准曲线。

2.未知液中铁含量的测定:吸取 5mL 未知液代替标准溶液,其他实验步骤同上,测定吸光度。由未知液的吸光度在标准曲线上查出 5mL 未知液中的铁含量,然后以每毫升未知液中含铁多少微克表示结果。

注意:1、2 两项的溶液配制和吸光度测定宜同时进行。

五、数据记录和处理

(一)吸收曲线的绘制和最大吸收波长的确定

1.将实验数据填入表 5-19 中。

表 5-19　吸收波长的确定

波长 λ/nm	吸光度 A	波长 λ/nm	吸光度 A
570		500	
550		490	
530		470	
520		450	
510		430	

2.作吸收曲线图,确定最大吸收波长 λ_{max} = ＿＿＿＿＿＿ nm。

(二)邻二氮杂菲-亚铁配合物的稳定性

将实验数据填入表 5-20 中。

表 5-20　邻二氮杂菲-亚铁配合物的稳定性

放置时间 t/min	吸光度 A		
0			
30			
90			
120			

(三)显色剂浓度的试验

将实验数据填入表 5-21 中。

表 5-21　显色剂浓度的试验

容量瓶(或比色管)号	显色剂量 V/mL	吸光度 A
1	0.3	
2	0.6	
3	1.0	
4	1.5	
5	2.0	
6	3.0	
7	4.0	

(四)标准曲线的测绘与铁含量的测定

1.将实验数据填入表 5-22 中。

表 5-22　铁含量的测定

试液编号	加入铁标准溶液的体积/mL	铁含量/($\mu g \cdot mL^{-1}$)	吸光度 A
1#	0		
2#	2.00		
3#	4.00		
4#	6.00		
5#	8.00		
6#	10.00		
未知液			

2.作标准曲线图。

3.从标准曲线上查得未知液容量瓶中铁的含量＝＿＿＿＿ $\mu g \cdot mL^{-1}$，原未知液中铁的含量＝＿＿＿＿ $\mu g \cdot mL^{-1}$。

六、思考题

1.Fe^{2+} 标准溶液在显色前要加盐酸羟胺的目的是什么？如测定一般铁盐的总铁量,是否需要加盐酸羟胺？

2.如用配制已久的盐酸羟胺溶液,对分析结果会有什么影响？

3.怎样选择本实验中各种参比溶液？

4.在本实验的各项测定中,有些试剂的体积要比较准确,而有些试剂的加入量则不必准确量度,为什么？

实验三十六 二氧化碳相对分子质量的测定

一、实验目的

1. 了解气体密度法测定气体相对分子质量的原理和方法。
2. 了解气体的净化和干燥的原理和方法。
3. 熟练掌握启普发生器的使用。
4. 进一步掌握天平的使用。

二、实验原理

根据阿伏伽德罗定律,在同温同压下,同体积的任何气体含有相同数目的分子。因此,在同温同压下,同体积的两种气体的质量之比等于它们的相对分子质量之比,即

$$M_1/M_2 = W_1/W_2$$

式中:M_1 和 W_1 代表第一种气体的相对分子质量和质量;M_2 和 W_2 代表第二种气体的相对分子质量和质量。

本实验是把同体积的二氧化碳气体与空气(其平均相对分子质量为 $29.08g \cdot mol^{-1}$)相比。这样二氧化碳的相对分子质量可按下式计算:

$$M(CO_2) = W(CO_2) \times M_{空气}/W_{空气} = W(CO_2)/W_{空气} \times 29.08$$

式中一定体积(V)的二氧化碳气体质量 $W(CO_2)$ 可直接从天平上称出。根据实验时的大气压(p)和温度(T),利用理想气体状态方程式,可计算出同体积的空气的质量:

$$W_{空气} = pV \times 29.08/(RT)$$

这样就可求得二氧化碳的相对分子质量。

三、仪器和试剂

1. 仪器:启普发生器,洗气瓶(2 只),锥形瓶(250mL),台秤,天平,温度计,气压计,橡皮管,橡皮塞等。

2. 试剂:$6mol \cdot L^{-1}$ HCl 溶液(工业用),浓硫酸溶液(工业用),饱和 $NaHCO_3$ 溶液,无水氯化钙,大理石等。

四、实验步骤

按图 5-1 所示连接好二氧化碳气体的发生和净化装置。

取一个洁净而干燥的锥形瓶,选一个合适的橡皮塞塞入瓶口,在塞子上做一个记号,以固定塞子塞入瓶口的位置。在天平上称出(空气+瓶+塞子)的质量。

从启普发生器产生的二氧化碳气体,通过饱和 $NaHCO_3$ 溶液、浓硫酸、无水氯化钙,经过净化和干燥后,导入锥形瓶内。因为二氧化碳气体的相对密度大于空气,所以必须把导气管插入瓶底,才能把瓶内的空气赶尽。2~3min 后,用燃着的火柴在瓶口检查二氧化碳已充满后,再慢慢取出导气管并用塞子塞住瓶口(应注意塞子是否在原来塞入瓶口的位置上)。在天平上

称出(二氧化碳气体＋瓶＋塞子)的质量。重复通入二氧化碳气体和称量的操作,直到前后两次(二氧化碳气体＋瓶＋塞子)的质量相符为止(两次质量相差不超过 $1\sim2mg$),这样做是为了保证瓶内的空气已完全被排出并充满了二氧化碳气体。

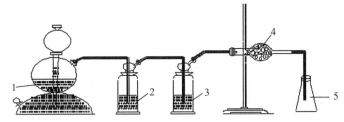

1-大理石＋稀盐酸;2-饱和 $NaHCO_3$;3-浓硫酸溶液;4-无水氯化钙;5-收集器

图 5-1　二氧化碳的发生和净化装置

最后在瓶内装满水,塞好塞子(注意塞子的位置),在台秤上称重,精确至 0.1g。记下室温和大气压。

五、数据记录和处理

室温 $t(℃)$ _____ , $T(K)$ _____

大气压 $p(Pa)$ _____

(空气＋瓶＋塞子)的质量 A _____ g

(二氧化碳气体＋瓶＋塞子)的质量 B _____ g

(水＋瓶＋塞子)的质量 C _____ g

瓶的容积 $V=(C-A)/1.00$ _____ mL

瓶内空气的质量 $W_{空气}$ _____ g

瓶和塞子的质量 $D=A-W_{空气}$ _____ g

二氧化碳气体的质量 $W(CO_2)=B-D$ _____ g

二氧化碳的相对分子质量 $M(CO_2)$ _____

六、注意事项

1.实验室安全问题:不得进行违规操作,有问题及时处理或向老师报告。

2.分析天平的使用:注意保护天平,防止发生错误的操作。

3.启普发生器的正确使用。

4.气体的净化与干燥操作。

七、思考题

1.在制备二氧化碳的装置中,能否把瓶 2 和瓶 3 倒过来装置? 为什么?

2.为什么(二氧化碳气体＋瓶＋塞子)的质量要在天平上称量,而(水＋瓶＋塞子)的质量则可以在台秤上称量? 两者的要求有何不同?

3.为什么在计算锥形瓶的容积时不考虑空气的质量,而在计算二氧化碳的质量时却要考虑空气的质量?

第 **6** 章

综合设计性实验

6.1 综合设计性实验过程

完成一个综合设计性实验要经过以下三个过程。

6.1.1 选题及拟订实验方案

实验题目一般是由实验室提供,学生可根据自己的兴趣爱好自由选择。选定实验题目之后,学生首先要了解实验目的、任务及要求,查阅有关文献资料(资料来源主要有教材、学术期刊等)。查阅途径有到图书馆借阅、网络查询等。

学生根据相关文献资料,写出该题目的研究综述,拟订实验方案。在这个阶段,学生应在实验原理、测量方法、测量手段等方面要有所创新;检查实验方案是否合理、是否可行,同时要考虑实验室能否提供实验所需的仪器和试剂,还要考虑实验的安全性等,并与指导教师反复讨论,使其完善。实验方案应包括实验原理、实验示意图、实验所用的仪器材料、实验操作步骤等。

6.1.2 实施实验方案,完成实验

学生根据拟订的实验方案,选择测量仪器,确定测量步骤,选择最佳的测量条件,并在实验过程中不断地完善。在这个阶段,学生要认真分析实验过程中出现的问题,积极解决困难,要与教师、同学进行交流与讨论。在实验过程中,学生要学习用实验解决问题的方法,并且学会合作与交流,对实验或科研的一般过程有一个新的认识;要充分调动主动学习的积极性,善于思考问题,培养勤于创新的学习习惯,提高综合运用知识的能力。

6.1.3 分析实验结果,写出实验报告

实验结束需要做的工作有:
(1)对实验结果进行讨论,进行误差分析。
(2)讨论实验过程中遇到的问题及解决的办法。
(3)总结实验成功与失败的原因,有哪些经验教训,梳理心得体会。
(4)写出完整的实验报告。
实验结束后的总结非常重要,是对整个实验的一个重新认识过程,在这个过程中可以锻炼

分析、归纳和总结问题的能力,同时也提高了文字表达能力。

在完成综合性、设计性实验的整个过程中处处渗透着学生是学习的主体,学生在积极主动地探究问题,这是一种利于提高学生解决问题的能力,提高学生的综合素质的教学过程。

在综合设计性实验教学过程中,学生与教师是在平等的基础上探讨问题,不要产生对教师的依赖。有些问题对教师是已知的,但对学生是未知的,这时教师应积极诱导学生找到解决问题的方法,鼓励学生克服困难,并在引导的过程中帮助学生建立科学的思维方式和研究问题的方法。有些问题对教师也是一个未知的问题,这时教师应与学生共同思考、共同解决。

6.2　实验成绩评定办法

教师根据学生查阅文献、实验方案设计、实际操作、实验记录、实验报告总结等方面综合评定学生的成绩。

(1)查询资料、拟订实验方案:占总成绩的20%。

在这方面主要考查学生独立查找资料,并根据实验原理设计一个合理、可行的实验方案的能力。

(2)实施实验方案、完成实验内容:占总成绩的30%。

考查学生独立动手能力,综合运用知识解决实际问题的能力。

(3)分析结果、总结报告:占总成绩的20%。

主要考查学生对数据处理方面的知识运用情况,分析问题的能力,语言表达能力。

(4)科学探究、创新意识方面:占总成绩的20%。

考查学生是否具有创新意识,善于发现问题并能解决问题。

(5)实验态度、合作精神:占总成绩的10%。

考查学生是否积极主动地做实验,是否具有科学、严谨、实事求是的工作作风,能否与小组同学团结合作。

附　本科生综合设计性实验方案和实验报告参考格式

本科生综合设计性
实验方案和实验报告

姓名＿＿＿＿＿＿＿＿＿＿　　　　学号＿＿＿＿＿＿＿＿＿＿

专业＿＿＿＿＿＿＿＿＿＿　　　　班级＿＿＿＿＿＿＿＿＿＿

　　实验课程名称＿＿＿＿＿＿＿＿＿＿＿＿＿＿＿＿＿

　　指导教师及职称＿＿＿＿＿＿＿＿＿＿＿＿＿＿＿＿

　　开课学期＿＿＿＿＿至＿＿＿＿＿学年＿＿＿＿＿学期

　　上课时间＿＿＿＿＿年＿＿＿＿＿月＿＿＿＿＿日

一、实验方案

实验名称：		实验时间：
小组合作：　是○　否○	小组成员：	

1.实验目的

2.实验仪器与试剂

3.理论依据

4.实验方法、步骤及注意事项

5.参考文献

指导教师对实验设计方案的意见：

指导教师签名：

年　　　月　　　日

二、实验报告

1. 实验现象、数据处理及结果

2.对实验现象、数据及观察结果的分析与讨论(本次实验成败之处、原因分析、关键环节及其改进措施)

3.结论

指导教师评语及得分(五级制):

签名:

年　　　月　　　日

实验三十七 溶胶-凝胶法制备纳米 TiO₂

一、实验目的

1. 了解溶胶-凝胶法在无机纳米材料制备中的应用。
2. 掌握溶胶-凝胶法制备纳米粒子的原理,用溶胶-凝胶法制备纳米 TiO₂ 微粉。
3. 了解纳米粒子常用的表征手段。
4. 掌握纳米材料的合成方法并了解其应用前景。

二、实验原理

纳米材料的合成与制备一直是纳米科学领域内一个重要的研究课题。制备纳米粒子的方法很多,如化学沉淀法、溶胶-凝胶法、水热法、微乳液法、反相胶团法、气相法等。溶胶-凝胶法(Sol-Gel 法)又称胶体化学法,是 20 世纪 60 年代发展起来的一种制备无机材料的新工艺,近年来多被用于制备纳米微粒和薄膜。Sol-Gel 法具有反应条件温和,通常不需要高温高压,对设备技术要求不高,体系化学均匀性好,可以通过改变溶胶-凝胶法过程的参数来控制纳米材料的显微结构等诸多优点,目前已成为合成无机纳米材料的主要技术。

二氧化钛(TiO_2)俗称钛白粉,是最重要的、性能最佳的白色颜料,使用量占全部白色颜料的 80%,是与国民经济有密切关系的一种重要化工产品,广泛应用于涂料、造纸、化纤、塑料、橡胶、医药、化妆品、电子元件、冶金、光催化剂等。在许多高科技领域,如高档涂料、功能性橡胶制品、防晒化妆品以及精细功能陶瓷、功能涂料等领域中所用的 TiO_2 粒径必须是纳米级的。

Sol-Gel 法的化学过程首先是将原料分散在溶剂中,然后经过水解反应生成活性单体,活性单体进行聚合,开始成为溶胶,进而生成具有一定空间结构的凝胶,经过干燥和热处理制备出纳米粒子。Sol-Gel 法制备 TiO_2 纳米粒子的最基本反应如下:

(1)水解反应:钛酸四丁酯的水解反应为分步水解,其方程式为:

$$Ti(OR)_n + H_2O \longrightarrow Ti(OH)(OR)_{n-1} + ROH$$
$$Ti(OH)(OR)_{n-1} + H_2O \longrightarrow Ti(OH)_2(OR)_{n-2} + ROH$$
$$\cdots\cdots$$

反应持续进行,直到生成 $Ti(OH)_n$。

(2)缩聚反应:

$$—Ti—OH + HO—Ti— \longrightarrow —Ti—O—Ti + H_2O$$
$$—Ti—OR + HO—Ti— \longrightarrow —Ti—O—Ti + ROH$$

最后获得氧化物的结构和形态依赖于水解与缩聚反应的相对反应程度,当金属-氧桥-聚合物达到一定宏观尺寸时形成网状结构,从而溶胶失去流动性,即凝胶形成。

纳米材料的表征方法包括:

(1)粒度分析:激光粒度分析、电镜法粒度分析等。

(2)形貌分析:扫描电子显微镜(SEM)、透射电子显微镜(TEM)、扫描探针显微镜(SPM)

和原子力显微镜(AFM)等。

(3)成分分析:包括体相材料分析方法和表面与微区成分分析方法。体相材料分析方法有原子吸收光谱法(AAS)、电感耦合等离子体发射法(ICP)、X 射线荧光光谱分析法(XRF)。表面与微区成分分析方法包括电子能谱分析法、电子探针分析方法、电镜-能谱分析方法和二次离子质谱分析方法等。

(4)结构分析:X 射线衍射(XRD)、电子衍射(ED)等。

(5)界面与表面分析:X 射线光电子能谱分析、俄歇电子能谱仪等。

三、仪器和试剂

1.仪器:恒温磁力搅拌器,恒温干燥箱,高温炉,光化学反应器,高速离心机,紫外-可见分光光度计,X 射线衍射仪,透射电子显微镜等。

2.试剂:钛酸四丁酯,无水乙醇,冰醋酸,甲基橙等(各试剂均为 AR 或 CP 级)。

四、实验步骤

(一)纳米 TiO_2 的制备

室温下将 10mL 钛酸四丁酯缓慢倒入 50mL 无水乙醇中,放置几分钟,得到均匀透明的溶液(1)。将 10mL 冰醋酸加入 10mL 蒸馏水与 40mL 无水乙醇中,剧烈搅拌,得到溶液(2)。再于剧烈搅拌下将已移入分液漏斗中的溶液(1)缓慢滴加到溶液(2)中,约 25min 滴完,得到均匀透明的溶胶,继续搅拌 15min 后,室温下静置,待形成透明凝胶后,65℃下真空干燥,研磨得到干凝胶粉末,再在 500℃下于高温炉中煅烧 2h 便得到 TiO_2 纳米粉体。

改变溶液(2)的用量,探索凝胶形成条件。改变实验条件,探索凝胶形成条件、煅烧温度和煅烧时间对纳米粒子大小的影响。

(二)纳米 TiO_2 的表征

以透射电子显微镜观测产物的粒度,以 X 射线衍射仪测定产物结构。

五、思考题

1.溶胶-凝胶法制备纳米粒子过程中,哪些因素影响产物粒子大小及其分布?

2.从表面化学角度考虑,如何减少纳米粒子在干燥过程中的团聚?

3.纳米粒子常用的表征手段有哪些?

实验三十八　水热法制备纳米 ZnO

一、实验目的

1. 掌握水热法制备纳米氧化锌的原理和流程，了解水热合成的特点。

2. 利用学过的方法实现用多种方式表征纳米 ZnO 结构和性能，并通过此实验提高对相关知识的应用能力。

二、实验原理

ZnO 是一种典型的稀磁半导体材料，凭借其独特而优良的光电性能而受到人们的广泛关注，其中一维 ZnO 纳米柱材料因具有高效的电子迁移能力、较高的比表面积及独特的几何结构而成为光、电等领域近几年的研究热点。在众多合成方法中，水热法因具有生产成本低廉、生产条件和设备要求简单且环保的优点成为首选的合成方法。

水热法是指温度为 100～1000℃、压强为 1MPa～1GPa 条件下利用水溶液中物质发生化学反应进行合成的方法。根据加热温度，水热法可以分为亚临界水热合成法和超临界水热合成法。通常在实验室和工业应用中，水热合成的温度在 100～240℃，水热釜内压力也控制在较低的范围内，这是亚临界水热合成法。为了制备某些特殊的晶体材料，如人造宝石、彩色石英等，水热釜被加热至 1000℃，压强可达 0.3GPa，这是超临界水热合成法。在亚临界和超临界水热条件下，由于反应处于分子水平，反应活性提高，因而水热反应可以替代某些高温固相反应。由于水热反应的均相成核及非均相成核机理与固相反应的扩散机制不同，因而可以创造出其他方法无法制备的新化合物和新材料。

水热法制备 ZnO 纳米粒子的反应机理如下：

$$Zn(OH)_2 \longrightarrow ZnO + H_2O$$
$$Zn(OH)_4^{2-} \longrightarrow ZnO + H_2O + 2OH^-$$

在反应过程中，先是锌离子与氢氧根离子生成氢氧化锌白色沉淀，然后在水热条件下氢氧化锌水解成氧化锌纳米材料和水，此反应中如果氢氧根过量，则会生成一定量的 $Zn(OH)_4^{2-}$ 络合离子，这部分络合离子在水热条件下，也会产生一定量的 ZnO 纳米材料。

三、仪器和试剂

1. 仪器：电子天平，超声清洗机，水热合成反应釜，鼓风干燥箱，X 射线衍射仪（XRD），扫描电子显微镜（SEM），紫外-可见分光光度计，烧杯，温度计等。

2. 试剂：硫酸锌，乙酸锌，硝酸锌，氧化锌，氢氧化钠，氢氧化钾，氨水，无水乙醇，聚乙二醇，去离子水等（各试剂均用 AR 或 CP 级产品）。

四、实验内容

1. 制订研究方案，摸索水热法制备纳米氧化锌粉体的最佳配料比和投料顺序以及最佳工艺流程，研究介质的性质对产物晶型和尺寸的影响。

2.设计实验(至少两个),利用所学过的知识表征纳米 ZnO 的结构和性能。

3.比较用过的实验方法,对研究的结果展开讨论,选取最佳的实验记录实验数据。

4.实验关键

(1)前驱体需要烘干并研细后放入高压釜中进行水热合成,以期获得最大表面积。实验应连贯性好,尽量使用新鲜的沉淀。

(2)在烘干及其他操作过程中,应避免引入外来离子。

(3)控制反应物浓度,通过计算可溶前驱物与最终稳定氧化物溶解度差值,设计反应温度和 pH 值,并通过实验摸索出最合适的工艺条件。

五、思考题

1.水热法的基本原理是什么?

2.利用学过的知识可以找到几种表征纳米 ZnO 的结构和性能的方法?

3.实验操作过程中应该注意哪些问题?

实验三十九　无机材料的 XRD 表征

一、实验目的

1. 了解 X 射线衍射仪(XRD)的工作原理及其在材料研究中的应用。
2. 掌握衍射样品的制备方法。
3. 初步学会使用 XRD 进行物相分析。

二、实验原理

物质结构的分析尽管可以采用中子衍射、电子衍射、红外光谱、穆斯堡尔谱等方法,但是 X 射线衍射是最有效的、应用最广泛的手段,而且 X 射线衍射是人类用来研究物质微观结构的第一种方法。X 射线衍射的应用范围非常广泛,现已渗透到物理、化学、地球科学、材料科学以及各种工程技术中,成为一种重要的实验方法和结构分析手段,具有无损试样的优点。

X 射线是一种波长很短(约为 20~0.06Å)的电磁波,能穿透一定厚度的物质,并能使荧光物质发光、照相乳胶感光、气体电离。用高能电子束轰击金属"靶"材产生 X 射线,它具有与靶中元素相对应的特定波长,称为特征(或标识)X 射线。考虑到 X 射线的波长和晶体内部原子面间的距离相近,1912 年德国物理学家劳厄(M. von Laue)提出一个重要的科学预见:晶体可以作为 X 射线的空间衍射光栅,即当一束 X 射线通过晶体时将发生衍射,衍射波叠加的结果使射线的强度在某些方向上加强,在其他方向上减弱。分析在照相底片上得到的衍射花样,便可确定晶体结构。这一预见随即为实验所验证。

当一束单色 X 射线入射到晶体时,由于晶体是由原子规则排列成的晶胞组成,这些规则排列的原子间距离与入射 X 射线波长有相同数量级,故由不同原子散射的 X 射线相互干涉,在某些特殊方向上产生强 X 射线衍射,衍射线在空间分布的方位和强度,与晶体结构密切相关,这就是 X 射线衍射的基本原理。

晶体的空间点阵可划分为一族平行而等间距的平面点阵,两相邻点阵平面的间距为 d_{hkl}。晶体外形中的每个晶面都与一族平面点阵平行。

当 X 射线照射到晶体上时,每个平面点阵都对 X 射线产生散射。取晶体中任一相邻晶面 P_1 和 P_2,如图 6-1 所示,两晶面的间距为 d,当入射 X 射线照射到此晶面上时,入射角为 θ,散射 X 射线的散射角也同样为 θ。这两个晶面产生的光程差是:

$$\Delta = AO + OB = 2d\sin\theta$$

当光程差为波长 λ 的整数倍时,散射的 X 射线将相互加强,即衍射:

$$2d_{hkl}\sin\theta = n\lambda$$

式中:n 为任意正整数,称为衍射级数。上式就是著名的 Bragg 公式。也就是说,X 射线照射到晶体上,当满足 Bragg 公式就产生衍射。入射 X 射线的延长线与衍射 X 射线的夹角为 2θ(衍射角)。为此,在 X 射线衍射谱图上,横坐标都用 2θ 表示。

Bragg 公式表明:d_{hkl} 与 θ 成反比,晶面间距越大,衍射角越小。晶面间距的变化直接反映了晶胞的尺寸和形状。每一种结晶物质,都有其特定的结构参数,包括点阵类型、晶胞大小等。

晶体的衍射峰的数目、位置和强度,如同人的指纹一样,是每种物质的特征参数。尽管物质的种类成千上万,但几乎没有两种衍射谱图完全相同的物质,由此可以对物质进行物相的定性分析。

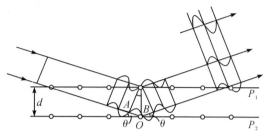

图 6-1　晶体对 X 射线的衍射

三、仪器和试剂

1.仪器:X 射线粉末衍射仪(德国布鲁克 D8 Advance),玛瑙研钵等。

2.试剂:化学药品或实际样品若干。

四、实验内容

先将无机材料研磨成粉末,再将其压片制成均匀的薄片。采用 X 射线粉末衍射仪对薄片进行扫描(2θ 值为 $20°\sim80°$),测得其 X 射线衍射图谱,并进行物相分析。

五、思考题

1.X 射线粉末衍射仪由哪几部分构成?

2.用 X 射线粉末衍射仪进行测试,对样品有哪些要求?

实验四十　高品位无机铁黄颜料的制备

一、实验目的

1.了解亚铁盐制备氧化铁黄的原理和方法。

2.熟练掌握恒温水浴加热方法、溶液 pH 值的调节、沉淀的洗涤、结晶的干燥和减压过滤等基本操作。

二、实验原理

无机铁黄颜料是氧化铁颜料系列产品中重要的一个品种。由于铁黄颜料纯度高、粒径均匀整齐、粒子的大小易于控制,所以生产出来的铁黄颜料的色相好,加上铁黄颜料无毒等特性,其需求量在稳定增长。

氧化铁黄又称羟基铁,简称铁黄,化学式为 $Fe_2O_3 \cdot H_2O$ 或 $\alpha\text{-FeOOH}$。它的颜色随着晶粒大小不同而呈柠檬色到黄橙色,粒径为 $0.5 \sim 2\mu m$。

本实验制取铁黄采用湿法亚铁盐氧化法。制备过程分为两步。

(1)晶种的形成。铁黄是晶体结构,要得到它的晶体,必须先形成晶核,晶核长大成为晶种,然后长大成为铁黄;否则,只能得到稀薄、颜色暗淡的色浆,不具备颜料性能。晶种生成的条件决定着铁黄的颜色和质量。形成铁黄晶种的过程大致分为两步。

①生成氢氧化亚铁胶体。在一定温度下,向硫酸亚铁溶液中加入碱液(主要是氢氧化钠,用氨水也可),立刻有胶状氢氧化亚铁生成,反应方程式如下:

$$FeSO_4 + 2NH_3 \cdot H_2O = Fe(OH)_2 \downarrow + (NH_4)_2SO_4$$

由于氢氧化亚铁溶解度非常小,晶核生成的速度相当迅速。为使晶种粒子细小而均匀,反应要在充分搅拌下进行。

②形成 $FeO(OH)$ 晶核。生成铁黄晶种,需氢氧化亚铁进一步氧化,反应方程式如下:

$$4Fe(OH)_2 + O_2 = 4FeO(OH) \downarrow + 2H_2O$$

该步的反应温度和 pH 值必须严格控制在规定范围内。温度控制在 $20 \sim 25℃$,调节溶液 pH 值保持在 $4 \sim 4.5$。如果溶液 pH 值接近中性或略偏碱性,可得到由棕黄到棕黑,甚至黑色的一系列过渡色。若 pH>9,则形成红棕色的铁红晶种。若 pH>10,则又产生一系列过渡色的铁氧化物,失去作为晶种的作用。

(2)铁黄的制备(氧化阶段)。氧化时必须升温,温度保持在 $80 \sim 85℃$,控制溶液的 pH 值为 $4 \sim 4.5$。氧化剂为氯酸钾和空气中的氧,其反应方程式如下:

$$4FeSO_4 + O_2 + 6H_2O = 4FeO(OH) \downarrow + 4H_2SO_4$$

$$6FeSO_4 + KClO_3 + 9H_2O = 6FeO(OH) \downarrow + 6H_2SO_4 + KCl$$

沉淀的颜色由灰绿→墨绿→红棕→淡黄。

三、仪器和试剂

1.仪器:电子天平,磁力搅拌器,恒温水浴槽,布氏漏斗,真空泵,干燥箱,蒸发皿,锥形瓶等。

2. 试剂：$FeSO_4 \cdot 7H_2O$，$KClO_3$，氢氧化钠，氨水等。

四、实验内容

1. 设计制备高品位无机铁黄颜料的路线图。

2. 拟订实验方案与步骤。

3. 测所制备铁黄样品的 XRD 衍射图，并对实验现象、数据及观察结果进行分析与讨论。

五、思考题

1. 叙述本次实验成败之处，并分析原因和提出改进措施。

2. 在洗涤黄色颜料过程中如何检验溶液中已基本无 SO_4^{2-}，目视观察达到什么程度算合格？

3. 如何从铁黄制备铁红、铁绿、铁棕和铁黑？

实验四十一　无机材料的热分析表征

一、实验目的

1. 了解热分析仪的工作原理及其在材料研究中的应用。
2. 初步学会使用差示扫描量热法(DSC)测定材料的操作技术。
3. 用 DSC 测定材料的热转变温度。

二、热分析技术的基本原理

(一)热分析技术分类

无机材料的热分析表征技术根据其测量过程中的物理量,如质量、温度等,可分为多种类型,其中有三种热分析技术得到了最为广泛的应用:热重法(TG)、差热分析法(DTA)、差示扫描量热法(DSC)。

1. 热重法(TG):热重法使用最为广泛,是在程序控制下,测量质量的变化随温度(或时间)的变化的方法。热重仪主要由三部分组成:温度控制系统、检测系统和记录系统。热重法常称热重分析(TGA),记录的曲线称为热重曲线。微商热重法(DTG)是对 TG 曲线求微分,得到质量变化速率(dm/dt)对温度的曲线(称 DTG 曲线)。DTG 曲线上出现的各峰分别对应 TG 曲线上各个重量变化阶段,通过 DTG 上的峰位可以快速确定最大失重速率所对应的温度,也可以辅助找出不太明显的重量变化阶段。

2. 差热分析法(DTA):差热分析法主要用于测量物质间产生的温度差与时间或温度的对应关系。物质的物理或化学状态的变化,如熔化、晶型转变等,常常发生在加热或冷却过程达到某一特定温度时,在这一变化中有吸热或放热现象,因此,物质焓的改变可以通过温度差反映出来,即差热曲线(DTA 曲线)。DTA 曲线中温度差 ΔT 用纵坐标表示,时间或温度则用横坐标表示,从左到右表示时间或温度依次增加;向上的峰表示放热,向下的峰则表示吸热。从差热曲线上不仅可以得到峰的个数及变化的次数的信息,还可得到面积和峰的形状等其他信息。吸热、放热及热量值可从图谱中峰的方向和面积测得。除了相应的热效应外,相关的动力学或热力学数据,如活化能等,也可通过分析差热图谱得到。每种物质都有其特定的热性质,在曲线上则表现出相应不同峰的信息,如位置、个数及其形状,这种不同的热性质也就是这种分析方法的定性分析依据。由于差热分析的影响因素较多,因此通过测量峰面积很难进行准确的定量分析。

3. 差示扫描量热法(DSC):用于测定功率差与相对应的温度的关系。DSC 记录到的曲线相应地被称为 DSC 曲线,不仅可以用于测定热力学数据,还可测定动力学参数,如反应的反应热、反应速率等。虽然其具有与 DTA 相同的原理,但其具有比 DTA 更加优良的性能,测定所得的相应热量值也比 DTA 所得的值准确,而且其分辨率比 DTA 更高,其重现性也相应地比 DTA 更好。

(二)热分析技术的联用

采用单一测试技术难以对不同热分析装置所记录的热分析曲线进行正确解释。热分析联用技术除增加信息外,还能提高分辨率,使实验条件标准化,并能提高选择性能。联用技术有:①TG-DTG 联用;②TG-DTA 联用;③TG-DSC 联用等。

(三)热分析技术在无机材料中的应用

物质变化过程中的许多有用的信息都可以通过热分析技术进行研究得到,这些变化包括物理变化和化学变化。因此,该技术已被各个学科领域所广泛应用,如无机化学等各个化学学科和地质学等。其中在无机化学领域的应用主要包括:①研究催化剂的热稳定性、分解反应和脱水反应;②研究配合物和金属有机化合物,测定相图,测定纯度,研究磁性变化(居里点),研究与气体介质的关系,研究热分解过程和机理,研究反应动力学等。

(四)差热分析仪实验原理

差示扫描量热法(DSC)是指在程序控温下,测量输入到被测样品和参比物的能量差与温度(或时间)关系的技术。对于不同类型的 DSC,“差示”一词有不同的含义,对于功率补偿型,指的是功率差;对于热流型,指的是温度差;扫描是指程序温度的升降。差示扫描量热仪可以分为热流型和功率补偿型两种基本类型,如图 6-2 所示。功率补偿型差热分析仪有两个独立的炉体(量热计),其基本设计思路是在始终保持样品和参比相同温度的前提条件下,测定输入样品和参比两端产生的能量差,并直接作为信号 ΔQ(热量差)输出。而热流型差热分析仪只有一个炉体,样品和参比放在热皿板的不同位置,其基本思想是在给予样品和参比相同的输入功率条件下,测定样品和参比两端的温差 ΔT,然后根据热流方程,将 ΔT 换算成 ΔQ 作为信号输出。

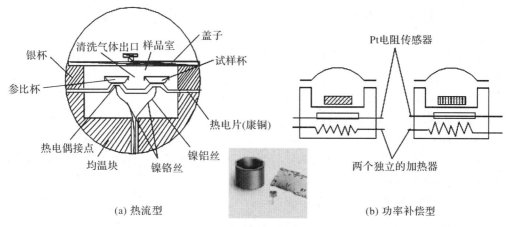

图 6-2　热流型和功率补偿型差热分析仪

DSC 的基本应用包括熔点测定、结晶度测定、热力学研究、油和蜡的热分析、原材料分析、固化转变、玻璃化转变温度的测量、氧化诱导时间测量、等温结晶及等温动力学研究、比热测量、纯度测量等。

典型的差示扫描量热(DSC)曲线以热流率(dH/dt)为纵坐标、以时间(t)或温度(T)为横坐标,即 dH/dt-t(或 T)曲线。曲线离开基线的位移即代表样品吸热或放热的速率($\text{mJ} \cdot \text{s}^{-1}$),而曲线中峰或谷包围的面积即代表热量的变化。因而差示扫描量热法可以直接测量样品在发生物理或化学变化时的热效应。

三、仪器和试剂

1.仪器:差示扫描量热仪(美国 PE 公司 DSC 8000 型),坩埚,分析天平(准确至0.1mg)等。

2.试剂:高纯氮气,无机材料(如 Al_2O_3、$CaCO_3$ 等)。

四、实验步骤

1.检查氮气钢瓶内剩余压力是否大于 2MPa,如果总压力小于 2MPa,则建议更换新的氮气钢瓶以防止残余气体中水分等杂质对实验结果产生负面影响。

2.打开氮气钢瓶总压力阀,并调节减压阀压力小于等于 0.2MPa。

3.打开 DSC 8000 主机电源。

4.打开 DSC 8000 连接的机械制冷设备,等待 60min 以上并确认机械制冷机液晶屏上显示的温度降低至恒定值。

5.打开电脑主机,双击打开 Pyris 控制软件进入主控界面。

6.设置 DSC 样品温度至室温,如 25℃具体为:在 Go To Temp 按钮下的输入框内键入目标温度值,然后单击 Go To Temp 按钮。

7.称量待测样品重量,然后封装于标准铝制样品皿中。

8.将样品皿和参比皿分别载入 DSC 8000 主机的样品仓位和参比仓位(样品在左,参比在右)。

9.关闭炉盖,并在 Pyris 软件的方法编辑窗口设置好测试参数。

10.单击开始测试按钮,并切换软件界面至监视窗口,等待实验结束。

11.拷贝数据并处理数据。

12.将样品皿和参比皿从炉膛中取出并丢弃至指定位置。

13.检查 DSC 炉膛是否有污染或者样品逸出的情况,如有污染情况,请适时灼烧炉体或者做相应的清洗工作。

14.关闭 DSC 主控 Pyris 软件。

15.关闭机械制冷设备。

16.关闭 DSC 主机电源。

17.关闭氮气钢瓶总压力阀,减压阀可保持常开状态(如果预见长时间不用 DSC 仪器,请同时关闭总压力阀和减压阀)。

18.做好仪器使用登记工作,以备后续查阅。

五、思考题

1.功率补偿型 DSC 的基本工作原理是什么?

2.DTA、DSC 的区别。

3.简述热分析曲线在化学反应机理分析中的作用。

实验四十二　纳米粉体的粒度分析与表征

一、实验目的

1.了解粉体颗粒度的物理意义及其在科研与生产中的作用。

2.掌握颗粒度的测试原理及测试方法。

3.学会激光法测粒度的基本操作程序。

二、实验原理

粒度测试是通过特定的仪器和方法对粉体粒度特性进行表征的一项实验工作。粉体在我们日常生活和工农业生产中的应用非常广泛,我们常见的工业原料和产品如水泥、涂料、碳酸钙、高岭土、滑石粉等都是粉体。在不同应用领域中,对粉体特性的要求是各不相同的,在所有反映粉体特性的指标中,粒度分布是所有应用领域中最受关注的一项指标,所以真实地反映粉体的粒度分布是一项非常重要的工作。

(一)粒度测试的基本知识

1.颗粒:颗粒是在一定尺寸范围内具有特定形状的几何体,如图 6-3 所示。颗粒不仅指固体颗粒,还有雾滴、油珠等液体颗粒。由大量不同尺寸的颗粒组成的颗粒群称为粉体。

2.等效粒径:由于颗粒的形状多为不规则体,因此很难用一个数值来描述一个三维几何体的大小。只有球形颗粒可以用一个数值来描述它的大小,因此引入等效粒径的概念。等效粒径是指当一个颗粒的某一物理特性与同质的球形颗粒相同或相近时,我们就用该球形颗粒的直径来代表这个实际颗粒的直径,如图 6-4 所示,那么这个球形颗粒的粒径就是该实际颗粒的等效粒径。

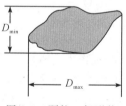
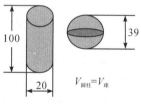

图 6-3　颗粒一般形状　　　　　图 6-4　等效粒径

3.粒度分布:用特定的仪器和方法反映出的不同粒径颗粒占粉体总量的百分数,叫粒度分布,有区间分布和累计分布两种形式。区间分布又称为微分分布或频率分布,它表示一系列粒径区间中颗粒的百分含量。累计分布也叫积分分布,它表示小于或大于某粒径颗粒的百分含量。

(二)粒度测试中的典型数据

1.体积平均径 $D[4,3]$ 和面积平均径 $D[3,2]$:$D[4,3]$ 是一个通过体积分布计算出来的表示平均粒度的数据,$D[3,2]$ 是一个通过面积分布计算出来的表示平均粒度的数据,它们是激光粒度测试中的重要结果。

2.中间值:中间值也叫中位径或 $D50$,表示累计 50% 的颗粒的直径(类似的,$D10$ 表示累计 10％的颗粒的直径；D90 表示累计 90％的颗粒的直径）。D50 准确地将总体划分为二等份，也就是说有 50％的颗粒大于此值，50％的颗粒小于此值。中间值被广泛地用于评价样品平均粒度。

3.最频值：最频值就是频率曲线的最高点所对应的粒径值。如果粒度分布呈正态分布形态，则平均值、中间值和最频值恰好处在同一位置；如果这种分布是双峰分布或其他不规则的分布，则平均值、中间值和最频值各不相同，如图 6-5 所示。由此可见，平均值、中间值和最频值有时是相同的，有时是不同的，这取决于样品的粒度分布的形态。

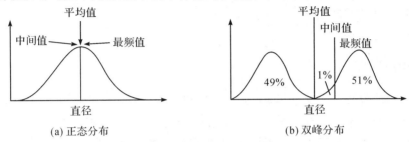

图 6-5　不同粒度分布的典型值

4.D97：D97 是指一个样品的累计粒度分布数达到 97％时所对应的粒径，其物理意义是粒径小于该值的颗粒占 97％。这是一个表示粉体粗端粒度指标的数据。

（三）粒度测定的基本原理

激光粒度仪是根据颗粒能使激光产生散射这一物理现象测试粒度分布的。由于激光具有很好的单色性和极强的方向性，所以一束平行的激光在没有阻碍的无限空间中将会照射到无限远的地方，并且在传播过程中很少有发散的现象，如图 6-6 所示。

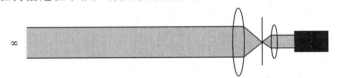

图 6-6　激光束在无阻碍状态下的传播过程

当光束遇到颗粒阻挡时，一部分光将发生散射现象，如图 6-7 所示。散射光的传播方向将与主光束的传播方向形成一个夹角 θ。散射理论和实验结果都告诉我们，散射角 θ 的大小与颗粒的大小有关，颗粒越大，产生的散射光的 θ 就越小；颗粒越小，产生的散射光的 θ 就越大。

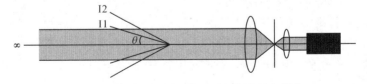

图 6-7　不同粒径的颗粒产生不同角度的衍射角

在图 6-7 中，散射光 I1 是由较大颗粒引起的，散射光 I2 是由较小颗粒引起的。进一步研究表明，散射光的强度代表该粒径颗粒的数量。这样，在不同的角度上测量散射光的强度，就可以得到样品的粒度分布了。为了有效地测量不同角度上散射光的强度，需要运用光学手段对散射光进行处理。我们在光束中的适当位置放置一个富氏透镜，在该富氏透镜的后焦平面上放置一组多元光电探测器,这样不同角度的散射光通过富氏透镜就会照射到多元光电探测器上,将这些包含粒度分布信息的光信号转换成电信号并传输到电脑中,通过专用软件用 Mie 散射理论对这些信号进行处理,就会准确地得到所测试样品的粒度分布了,如图 6-8 所示。

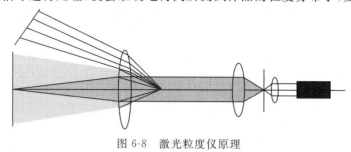

图 6-8　激光粒度仪原理

三、仪器和试剂

1.仪器:激光粒度仪。

2.试剂:粉体。

四、实验步骤

(一)样品准备

样品准备是指从待测的粉体材料中有代表性地取出适当的数量作测试样品,选取适当的悬浮液和分散剂,将样品与悬浮液混合,并让样品颗粒在分散剂的辅助之下在悬浮液中充分分散。

悬浮液须满足如下条件:①与待测颗粒不发生化学反应,亦不使颗粒溶解;②能浸润颗粒;③使用后进样器容易清洗;④成本比较低廉。

水是最常用的悬浮液。

分散剂是用来增强颗粒与悬浮液的亲和性,减小颗粒与颗粒之间的团聚力的化学试剂,常见的有六偏磷酸钠等。用量的多少根据经验而定。

取样的要点有两个:一是取样要有代表性;二是取样要适量。

准备样品的步骤如下:

1.在 50mL 的烧杯内盛大约 30mL 的悬浮液(以循环进样器为例)。

2.用取样勺有代表性地取适量的待测样品,投入量杯中。

3.在量杯内滴入适量分散剂,用玻璃棒搅拌悬浮液;样品与液体应混合良好,否则要更换悬浮液或分散剂。

4.将量杯放入超声波清洗机中,让清洗槽内的液面达到量杯总高度的 1/2 左右,打开电源,让其振动 2min 左右(振动时间可长可短,视具体样品而定;对容易下沉的样品应一边振动,一边用玻璃棒搅拌)。

5.关掉电源,取出量杯。

(二)测量操作

1.打开仪器的主电源开关,预热 15~20min 后,开启电脑,并打开仪器程序。

2.打开泵机和超声波振动仪开关,检查仪器设备是否运行正常。

3.根据样品的不同性质,设置不同的泵机速度。

4.根据样品的需要,确定是否开启超声波振动仪。如需开启,确定超声波振动仪的强度。

5.设定测试样品的光学参数、样品编号,然后采用重蒸水测定样品背景。

6.背景测定后加入分散好的样品,控制其浓度在测试范围内,在分散体系的浓度稳定后开始测定。

7.收集数据并对数据进行必要的处理。

8.测试结束,将管道和样品槽中的溶液全部排除,同时用重蒸水对样品槽、管道进行清洗。

9.测试结束,关闭电源,并将搅拌器用重蒸水浸泡。

五、思考题

1.所测粉体是属于微米级还是亚微米级? 悬浮液应满足什么条件?

2.理解 $D50$、$D[4,3]$、$D[3,2]$ 的含义。

3.简述激光散射测粒度的实验原理。

4.如何准备实验样品?

实验四十三　镁铝、钴铝水滑石的制备与表征

一、实验目的

1. 了解水滑石的结构、性质、制备方法及用途。
2. 掌握共沉淀法制备镁铝、钴铝水滑石。
3. 用 X 射线衍射(XRD)、红外光谱(IR)、扫描电子显微镜(SEM)、热重和差示扫描量热(TG-DSC)、粒度分析等手段对合成的水滑石进行表征。

二、实验原理

水滑石类化合物是一种层状双金属氢氧化物(Layered Double Hydroxides,LDHs),是一类近年来发展迅速的阴离子型黏土。LDHs 是由层间阴离子及带正电荷层板堆积而成的化合物。LDHs 的化学组成具有如下通式:$M_{1-x}^{2+}M_x^{3+}(OH)_2(A^{n-})_{x/n} \cdot mH_2O$,其中 M^{2+} 和 M^{3+} 分别为位于主体层板上的二价和三价金属阳离子,如 Mg^{2+}、Ni^{2+}、Zn^{2+}、Mn^{2+}、Cu^{2+}、Co^{2+}、Pd^{2+}、Fe^{2+} 等二价阳离子和 Al^{3+}、Cr^{3+}、Co^{3+}、Fe^{3+} 等三价阳离子均可以形成水滑石;A^{n-} 为层间阴离子,可以包括无机阴离子、有机阴离子、配合物阴离子、同多和杂多阴离子;x 为 $M^{3+}/(M^{2+}+M^{3+})$ 的摩尔比值,通常是 $0.2 \sim 0.33$;m 为层间水分子个数。LDHs 的结构如图 6-9 所示。

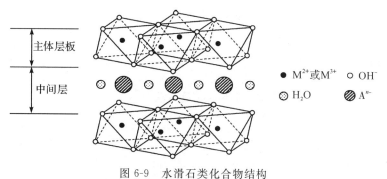

图 6-9　水滑石类化合物结构

LDHs 结构类似于水镁石 $Mg(OH)_2$,结构中心为 Mg^{2+},六个顶点为 OH^-,由相邻的 MgO_6 八面体共用棱形成单元层(层板厚度约 0.47nm),层与层间对顶地叠在一起,层间通过氢键缔合。位于层板上的二价金属阳离子 M^{2+} 可以在一定的比例范围内被离子半径相近的三价金属阳离子 M^{3+} 同晶取代,使得层板带正电荷,层间存在可以交换的阴离子与层板上的正电荷平衡,使得 LDHs 的整体结构呈电中性。此外,通常情况下在 LDHs 层板之间尚存在着一些客体水分子。

LDHs 因具有特殊的结构和物理化学性质,如碱性、带电性质、阴离子可交换性、微孔结构、热稳定性、记忆效用、吸附性能、催化性能等,在阻燃剂、热稳剂、催化剂、污水处理剂、流变调节剂、医药载体及石油工业等众多领域具有广泛的用途。但天然的水滑石储量非常有限,且不纯净,要将杂质从水滑石中分离出去是不切实际的,因此人工合成的水滑石成为各种应用的

首选。

水滑石类层状化合物的制备方法主要有五种：共沉淀法、水热合成法、离子交换法、焙烧还原法和诱导水解法。其中，共沉淀法是最常用的合成水滑石类化合物的方法，可溶性金属离子盐溶液与碱溶液反应生成沉淀物，晶化后过滤、洗涤、干燥后制得。金属离子盐主要采用含 M^{2+}、M^{3+} 的硝酸盐、硫酸盐、氯化物等可溶性盐；碱溶液可用氢氧化钾、氢氧化钠、氨水、碳酸钠、碳酸钾、尿素等。反应过程必须在过饱和状态下进行。

共沉淀法具有以下优点：①在常温常压下进行；②几乎所有的 M^{2+}、M^{3+} 都可以用此方法制备相应的 LDHs，并且产物中的 M^{2+}/M^{3+} 值和初始加入盐的比例相同；③通过选择不同种类的盐可以得到层间不同阴离子的 LDHs。

共沉淀法制备镁铝水滑石，具体反应可用下式表示：

$$6Mg^{2+} + 2Al^{3+} + 16OH^- + CO_3^{2-} + 4H_2O \longrightarrow [Mg_6Al_2(OH)_{16}CO_3] \cdot 4H_2O$$

镁铝水滑石中的 Mg^{2+} 被同价 Co^{2+} 离子取代时，就构成了钴铝水滑石（CoAl-LDH）。

三、仪器和试剂

1. 仪器：数字恒温水浴锅，超声波清洗器，多功能磁力搅拌器，台式高速离心机，真空干燥箱，X 射线衍射仪，红外光谱仪，扫描电子显微镜，热重和差示扫描量热仪等。

2. 试剂：硝酸镁，硝酸铝，硝酸钴，氢氧化钠，碳酸钠，氨水，无水乙醇等。

四、实验内容

1. 用共沉淀法制备镁铝、钴铝水滑石。

2. 了解表征仪器的结构，掌握仪器调节和使用注意事项。

3. 对合成的水滑石进行表征。

五、思考题

1. 叙述镁铝、钴铝水滑石的结构、制备原理及方法。

2. 如何表征镁铝、钴铝水滑石的结构？

实验四十四 铅锌矿制备七水硫酸锌

一、实验目的

1. 了解铅锌矿制备七水硫酸锌的原理和方法。
2. 熟练掌握七水硫酸锌的提纯方法。

二、实验原理

七水硫酸锌俗称皓矾、锌矾,分子式为 $ZnSO_4 \cdot 7H_2O$。无色斜方晶系棱柱状晶体,白色粉末,溶于水,微溶于乙醇。加热至 200℃时失水,至 770℃时分解。在工业上一般用作媒染剂、木材防腐剂、造纸工业漂白剂,还用于医药、人造纤维、电解、电镀、农药及生产锌盐等。

七水硫酸锌的生产方法常采用硫酸酸解铅锌矿(或含锌原料),其反应式如下:

$$ZnO + H_2SO_4 + 6H_2O = ZnSO_4 \cdot 7H_2O$$

原料中含有的铁、铜、铝等杂质生成相应的硫酸盐,须加以分离。

三、仪器和试剂

1. 仪器:磁力搅拌器,电子分析天平,pH 计,可见光分光光度计。
2. 试剂:铅锌矿,浓硫酸,氢氧化钠,氧化锌,锌粉,EDTA 等。

四、实验内容

以铅锌矿为原料,制备并提纯七水硫酸锌,并对成品的主要组成和杂质进行测定。完成一份完整的设计方案,同时提交测试和研究报告,具体如下:

1. 铅锌矿原料组成分析测试报告。
2. 根据原料组成的测试结果,设计一套合理的制备及除杂方案(可以在验证中修改),内容包括可靠性(可操作性),高效性、低成本、环保性。
3. 制备并纯化后得到 $ZnSO_4 \cdot 7H_2O$ 产品。
4. 产品质量、纯度、提取率和杂质含量的分析测试报告。

五、思考题

1. 为保证锌的溶出,会采用过量酸来浸取,故浸取液酸度会偏高,为降低碱的消耗,在除 Fe^{3+}、Al^{3+} 等杂质离子时,可先以什么调节 pH,再用碱调节 pH?
2. 根据电极电势较低的金属能从溶液中置换出电极电势较高的金属元素的原理,Cu^{2+}、Pb^{2+}、Mg^{2+}、Ni^{2+}、Cd^{2+} 等离子可考虑用什么置换去除?
3. 总结本次实验的收获和体会。

第 7 章

虚拟仿真实验

本章实验使用欧倍尔虚拟仿真运行平台。该平台采用虚拟现实技术,依据实验室实际布局搭建模型,按实际实验过程完成交互,完整再现了基础化学实验室的实验操作过程及实验中反应现象发生的实际效果。

实验分为演示模式和操作模式,演示模式下可以正确模拟实验每一步的操作;操作模式下,给出具体实验步骤,单击相应试剂或仪器进行操作。系统能够模拟实验操作中的每个步骤,并加以文字(或语言)说明和解释。系统给出操作提示,操作模式下评分机制采用扣分制,操作错误时扣分。

实验四十五　常见阴离子的分离与鉴定

一、实验目的

掌握常见阴离子的分离和鉴定方法及离子检出的基本操作。

二、实验原理

许多非金属元素可以形成简单的或复杂的阴离子,例如 Cl^-、Br^-、I^-、S^{2-}、SO_4^{2-}、PO_4^{3-}、NO_3^- 等,许多金属元素也可以复杂阴离子的形式存在,例如 CrO_4^{2-}、$Al(OH)_4^-$ 等。这里主要介绍它们的分离与鉴定的一般方法。

许多阴离子只在碱性溶液中存在或共存,一旦溶液被酸化,它们就会分解或相互间发生反应。酸性条件下易分解的有 NO_2^-、SO_3^{2-}、$S_2O_3^{2-}$、CO_3^{2-};酸性条件下氧化性离子(如 NO_3^-、NO_2^-、SO_3^{2-})可与还原性离子(如 I^-、SO_3^{2-}、$S_2O_3^{2-}$、S^{2-})发生氧化还原反应。还有一些离子容易被空气氧化,如 NO_2^-、SO_3^{2-}、S^{2-},分别被空气氧化成 NO_3^-、SO_4^{2-} 和 S 等,分析不当很容易造成错误。

由于阴离子间的相互干扰较少,实际上许多离子共存的机会也较少,因此大多数阴离子分析一般都采用分别分析的方法,只有少数相互有干扰的离子才采用系统分析法,如 S^{2-}、SO_3^{2-}、$S_2O_3^{2-}$、Cl^-、Br^-、I^- 等。

三、仪器和试剂

1.仪器:洗瓶,离心机,药匙,烧杯,废液缸,离心试管等。

2.试剂:2mol・L^{-1} HNO$_3$ 溶液,1mol・L^{-1} H$_2$SO$_4$ 溶液,浓 H$_2$SO$_4$ 溶液,CCl$_4$ 溶剂,0.1mol・L^{-1} AgNO$_3$ 溶液,2mol・L^{-1}氨水,FeSO$_4$ 固体,氯水,锌粉,去离子水等。

四、实验步骤

(一)软件启动

双击桌面快捷方式,启动软件后,出现仿真软件加载页面,选择"常见阴离子的分离与鉴定虚拟仿真软件",单击启动,进入仿真实验室界面(图7-1)。

图 7-1　常见阴离子的分离与鉴定仿真实验室界面

选择"操作模式",单击开始实验(图7-2)。

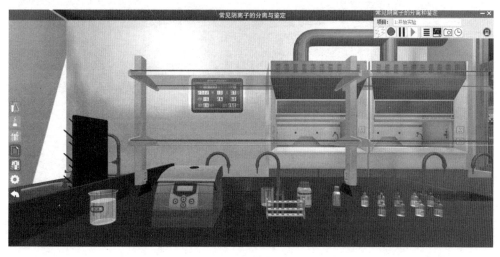

图 7-2　操作模式界面

操作模式中角度控制:W—前,S—后,A—左,D—右、鼠标右键—视角旋转。速度控制:Ctrl+PgUp—加快动画速度,Ctrl+PgDn—减慢动画速度。鼠标中键滑动可拉近、拉远镜头。鼠标中键单击特定实验物品,左键可360°观看。鼠标中键单击(不松开),可上下调整视角。

操作模式中左侧图标依次为实验目的、实验原理、材料用品、实验报告、注意事项、设置、返回。其中,材料用品主要以小图标形式呈现实验所需主要试剂、仪器;实验报告为外部配置文件,单击该图标即可打开,可对实验报告进行更改并将其保存在任一位置;返回可重新选择"演示"或"操作"。

(二)NO_3^- 鉴定

根据界面下方的步骤提示,首先右键单击 $FeSO_4$ 试剂瓶,左键选择"取出微量 $FeSO_4$ 固体",使用药匙取出微量 $FeSO_4$ 固体,放入试管中(图7-3)。

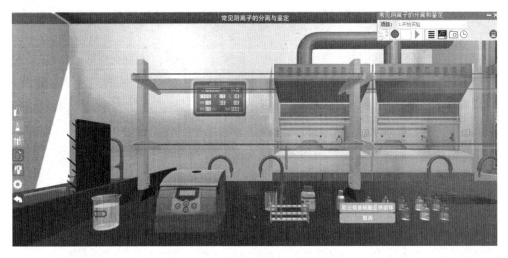

图7-3 取出微量 $FeSO_4$ 固体界面

右键单击混合液试剂瓶,左键选择"取出10滴溶液",滴管于混合液中吸取溶液,滴管置于试管上方,液体加入试管中(图7-4)。

图7-4 取10滴混合溶液界面

右键单击浓硫酸试剂瓶,左键选择"取出5滴浓硫酸",滴管于浓硫酸试剂瓶中吸取溶液,滴管置于试管上方,浓硫酸加入试管中(图7-5)。随后观察试管内液体颜色变化。现象:溶液分层,两层交接处出现棕色环,证明有 NO_3^- 存在(图 7-6)。

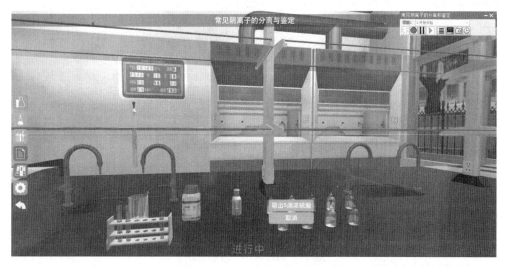

图 7-5　取 5 滴浓硫酸界面

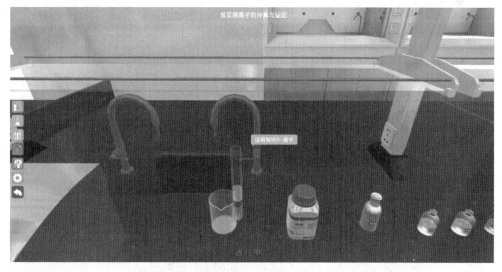

图 7-6　鉴定 NO_3^- 界面

(三)Cl^- 鉴定

右键单击混合液试剂瓶,左键选择"取出 10 滴溶液",滴管于混合液中吸取溶液,滴管置于离心试管上方,液体加入离心试管中。右键单击 $AgNO_3$ 试剂瓶,左键选择"取出 5 滴溶液",滴管吸取溶液,加入离心试管中,试管内产生黄色沉淀(图 7-7)。

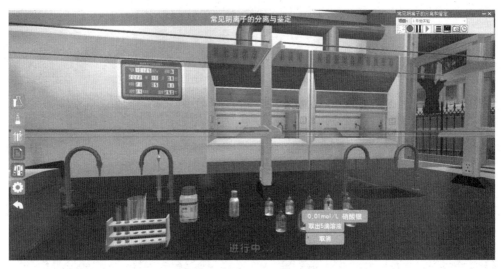

图 7-7　取 AgNO₃ 溶液界面

　　右键单击离心试管,左键选择"离心沉降"(图 7-8),离心机盖子打开,将离心试管盖子盖上,放入离心机中,注意需对称放置等重溶液,盖子合上,开关高亮,调节转速 2000r/min,离心5min。离心结束后,取出离心试管,打开离心试管盖子,将离心试管上层清液倾倒于废液缸中。

图 7-8　选择"离心沉降"界面

　　右键单击氨水试剂瓶,左键选择"取出 8 滴溶液",滴管从氨水试剂瓶内吸取溶液,加入离心试管,然后振荡摇晃离心试管,部分沉淀溶解。

　　右键单击离心试管,左键选择"离心沉降",离心机盖子打开,将离心试管盖子盖上,放入离心机中,注意需对称放置等重溶液,盖子合上,开关高亮,调节转速 2000r/min,离心 5min。离心结束后,取出离心试管,打开离心试管盖子,将离心试管上层清液倒入试管中,装有沉淀的离心试管放入试管架,备用。右键单击硝酸试剂瓶,左键选择"取出 3 滴溶液",滴管从硝酸试剂瓶内吸取溶液,加入试管中(图 7-9),出现白色絮状沉淀,说明存在 Cl⁻(图 7-10)。

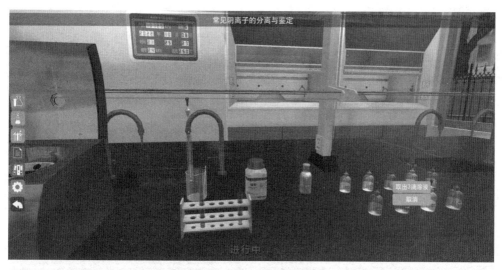

图 7-9　取硝酸溶液界面

图 7-10　Cl⁻ 鉴定界面

(四)I⁻ 和 Br⁻ 鉴定

右键单击锌粉瓶,左键选择"取少许锌粉",将试管架上装有黄色沉淀的离心试管取出,加入微量锌粉。右键单击去离子水试剂瓶,左键选择"取出少量水",加入离心试管中。右键单击硫酸试剂瓶,左键选择"取出 3 滴溶液",加入离心试管中,然后振荡摇晃离心试管,试管中灰色锌粉逐渐转化为白色沉淀。

右键单击离心试管,左键选择"离心沉降",离心机盖子打开,将离心试管盖子盖上,放入离心机中,注意需对称放置等重溶液,盖子合上,开关高亮,调节转速 2000r/min,离心 5min。离心结束后,取出离心试管,打开离心试管盖子,将离心试管上层清液倒入试管中。右键单击 CCl₄ 试剂瓶,左键选择"取出 5 滴溶液",加入试管中,试管出现分层,上层为水,下层为 CCl₄。

右键单击氯水试剂瓶,左键选择"取出氯水",加入试管中边加边摇晃,逐滴加入,观察 CCl₄ 层颜色变化。现象:CCl₄ 层出现紫色,存在 I⁻(图 7-11)。继续滴加氯水,CCl₄ 层出现橙黄色,存在 Br⁻(图 7-12)。

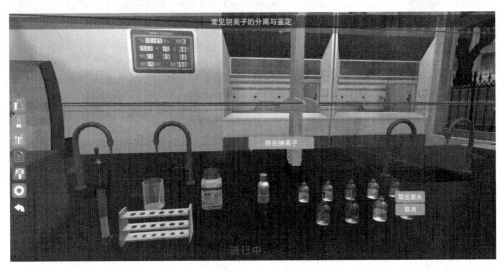

图 7-11　I⁻鉴定界面

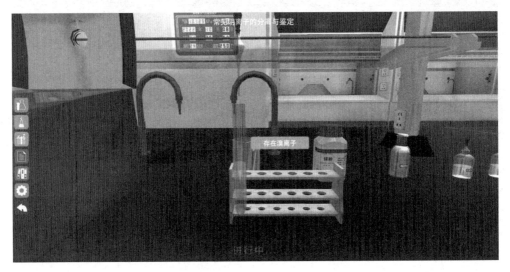

图 7-12　Br⁻鉴定界面

五、注意事项

1. 开启离心机前,需要对称放置等重离心试管。

2. 加入氯水时,要逐滴加入,并观察试管中颜色变化。

六、思考题

1. 本实验中,CCl_4 层出现紫色,存在 I⁻;继续滴加氯水,CCl_4 层出现橙黄色,存在 Br⁻,为什么? 写出实验的反应方程式。

2. I_2 能与过量氯水反应生成无色溶液,请写出该反应方程式。

实验四十六　常见阳离子的分离与鉴定

一、实验目的

1.进一步掌握一些金属元素及其化合物的性质。
2.掌握常见阳离子的鉴定反应及其条件控制。

二、实验原理

离子的分离和鉴定是以各离子对试剂的不同反应为依据的。这种反应常伴随着特殊的现象,如沉淀的生成或溶解、特殊颜色的出现、气体的产生等。各离子对试剂的作用的相似性和差异性都是进行离子分离与鉴定的基础,也就是说,离子的基本性质是进行分离检出的基础。离子的分离和检出是在一定条件下进行的。所谓一定的条件,主要是指溶液的酸度、反应物的浓度、反应温度、促进或妨碍反应的物质是否存在等。为使反应向期望的方向进行,就必须选择适当的反应条件。

离子混合液中诸组分若对鉴定反应不产生干扰,便可以利用特效反应直接鉴定某种离子。若共存的其他组分彼此干扰,就要选择适当的方法消除干扰。通常采用掩蔽剂消除干扰,这是一种比较简单、有效的方法。但在很多情况下没有合适的掩蔽剂,就需要将彼此干扰的组分分离。沉淀分离是最经典的分离方法。这种方法是向混合溶液中加入沉淀剂,利用形成的化合物溶解度的差异,使被分离组分与干扰组分分离。常用的沉淀剂有 HCl、H_2SO_4、$NaOH$、氨水、$(NH_4)_2CO_3$ 及 $(NH_4)_2S$。元素周期表中位置相邻元素在化学性质上表现出相似性,因此一种沉淀剂往往可以使这种位置相邻的元素同时产生沉淀。这种沉淀剂称为产生沉淀的元素的组试剂。组试剂将元素划分为不同的组,逐渐达到分离的目的。

三、仪器和试剂

1.仪器:离心机,废液缸,离心试管,试管等。
2.试剂:Ag^+、Hg^{2+}、Pb^{2+}、Fe^{3+}、Al^{3+}、Ba^{2+} 混合溶液(六种离子均为硝酸盐),$1mol \cdot L^{-1}$ HCl 溶液,$6mol \cdot L^{-1}$ HCl 溶液,$6mol \cdot L^{-1}$ HAc 溶液,$6mol \cdot L^{-1}$ H_2SO_4 溶液,$6mol \cdot L^{-1}$ HNO_3 溶液,$3mol \cdot L^{-1}$ NH_4Ac 溶液,饱和 $NaCO_3$ 溶液,饱和 KSCN 溶液,$6mol \cdot L^{-1}$ 氨水,$1mol \cdot L^{-1}$ K_2CrO_4 溶液,去离子水等。

四、实验步骤

(一)软件启动

双击桌面快捷方式,启动软件后,出现仿真软件加载页面,选择"常见阳离子分离和鉴定虚拟仿真软件",单击启动,进入仿真实验室界面(图 7-14)。

图 7-14　常见阳离子分离和鉴定仿真实验室界面

选择"操作模式",进入操作模式(图 7-15)。

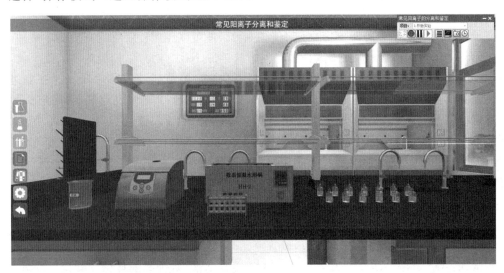

图 7-15　操作模式界面

操作模式中角度控制:W—前,S—后,A—左,D—右、鼠标右键—视角旋转。速度控制: Ctrl+PgUp—加快动画速度,Ctrl+PgDn—减慢动画速度。鼠标中键滑动可拉近、拉远镜头。 鼠标中键单击特定实验物品,左键可 360°观看。鼠标中键单击(不松开),可上下调整视角。

操作模式中左侧图标,依次为实验目的、实验原理、材料用品、实验报告、注意事项、设置、 返回。其中,材料用品主要以小图标形式呈现实验所需主要试剂、仪器;实验报告为外部配置 文件,单击该图标即可打开,可对实验报告进行更改并将其保存在任一位置;返回可重新选择 "演示"或"操作"。

(二)Pb^{2+} 的鉴定

根据界面下方的步骤提示,右键单击混合样品,左键选择"取出 30 滴溶液"(图 7-16),滴管 从混合样品中吸取若干溶液,加入离心试管 1 中。右键单击盐酸试剂瓶,左键选择"取出 5 滴溶液",滴管从 6mol·L^{-1}盐酸试剂瓶中吸取溶液,加入离心试管 1 中,产生白色沉淀。右键单击离心试管,左键选择"离心沉降"(图 7-17),打开离心机盖子,把离心试管 1 放入离心机中,需对称放置等重溶液。离心 5min,取出离心试管 1,上层清液倒入离心试管 2 中备用。

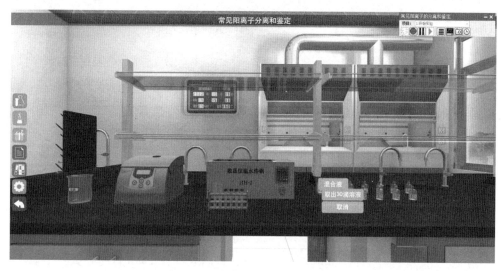

图 7-16　取混合溶液界面

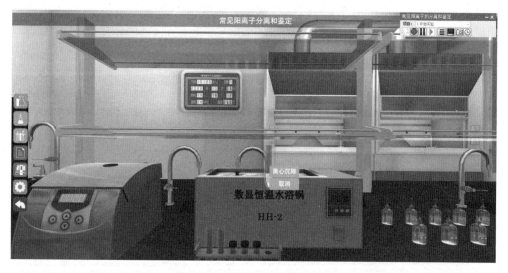

图 7-17　选择"离心沉降"界面

　　右键单击盐酸试剂瓶,左键选择"用盐酸洗涤",滴管从 1mol·L^{-1}盐酸试剂瓶中取出溶液,加入离心试管 1 中,摇晃后上清液倾倒于废液缸中,反复洗涤 3 次。右键单击醋酸铵试剂瓶,左键选择"取出 5 滴溶液",吸取 3mol·L^{-1}醋酸铵溶液,加入离心试管 1 中,右键单击离心试管,左键选择"水浴加热"(图 7-18),将离心试管 1 放入沸水浴中。

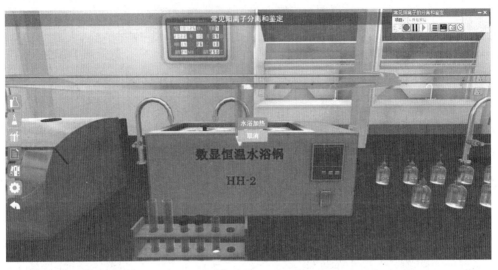

图 7-18　选择"水浴加热"界面

右键单击离心试管,左键选择"离心沉降",打开离心机盖子,离心试管 1 趁热放入离心机中,需对称放置等重溶液。离心 5min,关闭离心机,将离心试管 1 取出,离心试管 1 盖子打开,清液倾倒至另一支试管 3 中。装有沉淀的离心试管 1 放入试管架备用。

右键单击铬酸钾溶液试剂瓶,左键选择"取出 2 滴溶液",滴管从 $1mol \cdot L^{-1}$ 铬酸钾溶液试剂瓶中吸取 2 滴溶液,加入装有清液的试管 3 中,出现黄色沉淀,证明存在 Pb^{2+}(图 7-19)。

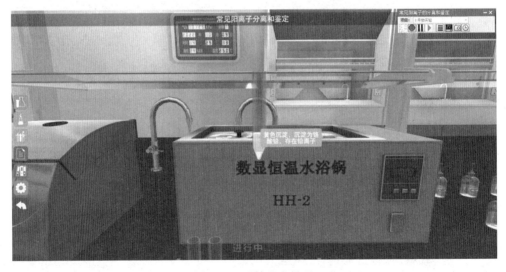

图 7-19　Pb^{2+} 鉴定界面

(三)Hg^{2+} 的鉴定

右键单击醋酸铵试剂瓶,左键选择"用醋酸铵溶液洗涤",将装有沉淀的离心试管 1 取出,滴管从 $3mol \cdot L^{-1}$ 醋酸铵溶液试剂瓶中取出溶液,加入离心试管 1 中,摇晃后将上清液倾倒于废液缸中,反复洗涤 3 次除去 Pb^{2+}。右键单击氨水试剂瓶,左键选择"取出 6 滴溶液",滴管从 $1mol \cdot L^{-1}$ 氨水试剂瓶内吸取溶液,加入离心试管 1 中,振荡摇晃,白色沉淀逐渐转换为灰黑色,证明存在 Hg^{2+}(图 7-20)。

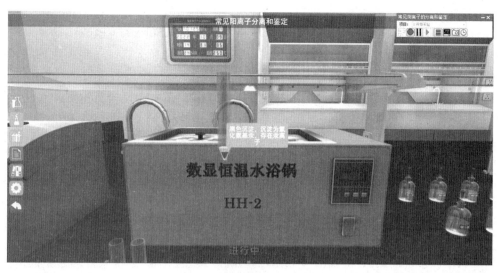

图 7-20　Hg^{2+} 鉴定界面

（四）Ag$^+$ 的鉴定

右键单击离心试管，左键选择"离心沉降"，打开离心机盖子，离心试管 1 放入离心机中，需对称放置等重溶液。离心 5min，关闭离心机，将离心试管 1 取出，离心试管 1 盖子打开，清液倾倒至另一支试管 4 中。装有沉淀的离心试管 1 放入试管架备用。右键单击硝酸试剂瓶，左键选择"取出 3 滴溶液"，滴管从 6mol·L^{-1} 硝酸试剂瓶中取出溶液，加入试管 4 中，出现白色沉淀，证明存在 Ag$^+$（图 7-21）。

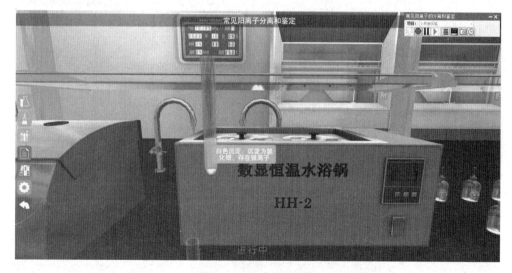

图 7-21　Ag$^+$ 鉴定界面

（五）Ba^{2+} 的鉴定

右键单击硫酸试剂瓶，左键选择"取出溶液"，滴管从 6mol·L^{-1} 硫酸试剂瓶内吸取溶液加入离心试管 2 中，逐滴加入至溶液完全沉淀。右键单击离心试管，左键选择"离心沉降"，打开离心机盖子，离心试管 2 放入离心机中，需对称放置等重溶液。离心 5min，关闭离心机，将离心试管 2 取出，离心试管 2 盖子打开，清液倾倒至另一支离心试管 5 中。装有清液的离心试管

5 放入试管架备用。

　　右键单击硫酸试剂瓶,左键选择"用硫酸洗涤",滴管从 $6mol \cdot L^{-1}$ 硫酸试剂瓶中取出溶液,加入离心试管 2 中,摇晃后上清液倾倒于废液缸中,反复洗涤 3 次。右键单击饱和碳酸钠试剂瓶,左键选择"取出 10 滴溶液",用滴管将饱和碳酸钠加入洗涤完后的离心试管 2 中。

　　右键单击离心试管,左键选择"水浴加热",将离心试管 2 放入恒温水浴锅中。反应完全后,取出离心试管 2。右键单击离心试管,左键选择"离心沉降",打开离心机盖子,离心试管 2 放入离心机中,需对称放置等重溶液。离心 5min,关闭离心机,将离心试管 2 取出,离心试管 2 盖子打开,清液倾倒至废液缸中。

　　右键单击去离子水试剂瓶,左键选择"取出 10 滴水",滴管从去离子水试剂瓶中取出溶液,加入离心试管 2 中,摇晃后清液倾倒于废液缸中。右键单击醋酸试剂瓶,左键选择"取出 5 滴溶液",滴管从 $6mol \cdot L^{-1}$ 醋酸试剂瓶中取出溶液,加入离心试管 2 中。振荡摇晃,沉淀逐渐溶解。

　　右键单击氨水试剂瓶,左键选择"取出溶液",滴管从 $1mol \cdot L^{-1}$ 氨水试剂瓶中取出溶液,加入离心试管 2 中,逐滴加入调节 pH＝4～5。右键单击铬酸钾溶液试剂瓶,左键选择"取出 3 滴溶液",滴管从 $1mol \cdot L^{-1}$ 铬酸钾溶液试剂瓶中取出溶液,加入离心试管 2 中。振荡摇晃,出现黄色沉淀,证明存在 Ba^{2+}(图 7-22)。

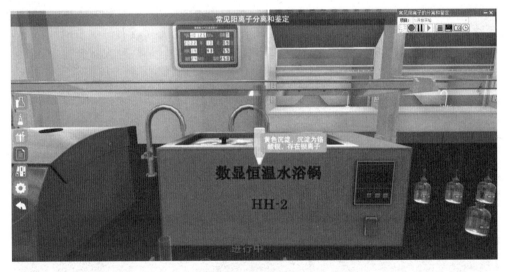

图 7-22　Ba^{2+} 鉴定界面

(六)Al^{3+} 的鉴定

　　右键单击醋酸试剂瓶,左键选择"取出 2 滴溶液",将离心试管 5 取出,滴管从 $6mol \cdot L^{-1}$ 醋酸试剂瓶内取出溶液,加入离心试管 5 中。右键单击铝试剂瓶,左键选择"取出 2 滴溶液",滴管从铝试剂瓶内取出溶液,加入离心试管 5 中,出现红色沉淀,证明存在 Al^{3+}(图 7-23)。

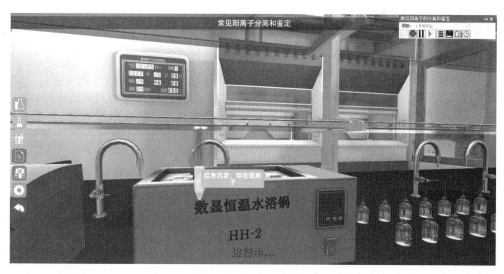

图 7-23　Al^{3+} 鉴定界面

（七）Fe^{3+} 的鉴定

右键单击离心试管，左键选择"离心沉降"，打开离心机盖子，离心试管 5 放入离心机中，需对称放置等重溶液。离心 5min，关闭离心机，将离心试管 5 取出，离心试管 5 盖子打开，清液倾倒至另一试管 6 中。右键单击 KSCN 溶液试剂瓶，左键选择"取出 1 滴溶液"，滴管从 KSCN 饱和溶液试剂瓶中取出溶液，加入试管 6 中，溶液呈红色，证明存在 Fe^{3+}（图 7-24）。

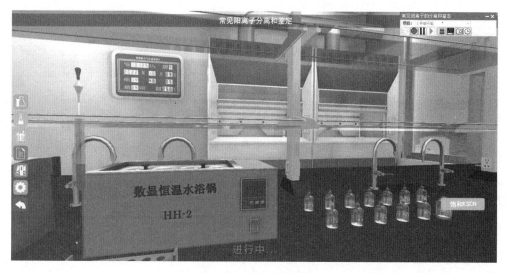

图 7-24　Fe^{3+} 鉴定界面

五、注意事项

1. 启动离心机前，需在对称位置放置等重离心试管。
2. 水浴加热，沉淀需全部溶解。

六、思考题

1. 本次实验鉴定 Pb^{2+} 的实验中生成了黄色沉淀,写出该反应的化学方程式。
2. 本次实验鉴定 Ag^+ 的实验中生成了白色沉淀,写出该反应的化学方程式。
3. 本次实验鉴定 Ba^{2+} 的实验中生成了黄色沉淀,写出该反应的化学方程式。
4. 本次实验鉴定 Fe^{3+} 的实验中生成了红色溶液,写出该反应的化学方程式。

实验四十七　铅铋混合液中铅铋含量的连续测定

一、实验目的

1.掌握以控制溶液的酸度来进行多种金属离子连续测定的原理和方法。
2.熟悉二甲酚橙的应用和终点颜色变化。

二、实验原理

Bi^{3+}、Pb^{2+} 虽然均能与 EDTA 形成稳定的配合物,但稳定性有相当大的差别(它们的 lgK_{sp} 值分别为 27.94 和 18.04),因此可利用控制溶液酸度的方法进行连续滴定。

在测定中均以二甲酚橙为指示剂。二甲酚橙属于三苯甲烷显色剂,易溶于水,它有七级酸式解离,其中 H_7In 至 H_3In^{4-} 呈黄色,H_2In^{5-} 至 In^{7-} 呈红色。由于各组分的比例随溶液的酸度变化,所以它们在溶液中的颜色也随酸度而改变。在 pH<6.3 时呈黄色,pH>6.3 时呈红色。二甲酚橙与 Bi^{3+}、Pb^{2+} 形成的配合物呈紫红色,它们的稳定性小于 Bi^{3+} 与 Pb^{2+} 和EDTA 所形成的配合物。

测定时,先调节溶液的酸度为 pH=1,滴定 Bi^{3+},终点时溶液由紫红色变为黄色。然后再用六次甲基四胺调节溶液的 pH 为 5~6,滴定 Pb^{2+},终点时溶液由紫红色变为亮黄色。

三、仪器和试剂

1.仪器:酸式滴定管,锥形瓶,移液管等。
2.试剂:0.02mol·L^{-1} EDTA 标准溶液,0.4%二甲酚橙,20%六次甲基四胺溶液,Bi^{3+} 和 Pb^{2+} 未知混合溶液等。

四、实验步骤

(一)软件启动

双击桌面快捷方式,启动软件后,出现仿真软件加载页面,选择"铅铋混合液中铅铋含量的连续测定虚拟仿真软件",单击启动,进入基础化学仿真实验室界面(图 7-25)。

图 7-25　铅铋混合液中铅铋含量的连续测定仿真实验室界面

选择"操作模式",进入操作模式(图 7-26)。

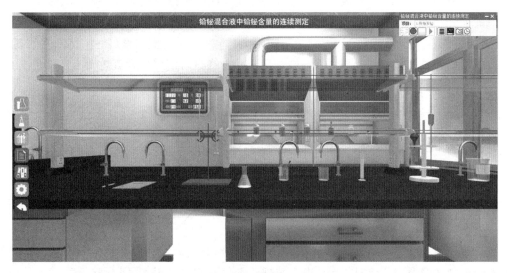

图 7-26　进入操作模式界面

操作模式中角度控制方式:W—前,S—后,A—左,D—右,鼠标右键—视角旋转;按住鼠标中键拖动鼠标—视角上下平移;鼠标中键前后滚动—视角前后平移,按住空格可恢复原状;Ctrl+PgUp—动画加快;Ctrl+PgDn—动画减慢。

操作模式中左侧图标依次为实验目的、实验原理、材料用品、实验报告、设置、注意事项、返回。其中,材料用品以小图标形式呈现实验所需主要试剂、仪器;实验报告为外部配置文件,单击该图标即可打开,可对实验报告进行更改并将其保存在任一位置;设置可以选择软件中视角的旋转速度和移动速度;返回可重新选择"演示"或"操作"。

按照操作模式屏幕左下方提示的操作步骤,用鼠标右键单击相应的试剂或者仪器,出现该步骤的选项,选择正确的选项即可进行该步操作,选择错误该步骤不会进行,且会扣除相应的分数。

（二）Bi³⁺的滴定

取 25mL 移液管：鼠标右键单击移液管，左键选择"从移液管架上取出"。

用蒸馏水及待测液润洗移液管：鼠标右键单击移液管，左键选择"润洗"。

取含铅铋的混合液置于烧杯内：鼠标右键单击混合液试剂瓶，左键选择"取出溶液"（图 7-27）。

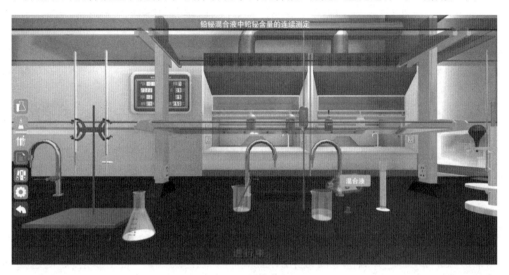

图 7-27　取混合液界面

移液管移取 25mL 混合液：鼠标右键单击移液管，左键选择"移取 25mL"（图 7-28）。

图 7-28　用移液管移取混合液界面

将移取液置于锥形瓶中：鼠标右键单击移液管，左键选择"移取液置于锥形瓶内"（图 7-29）。

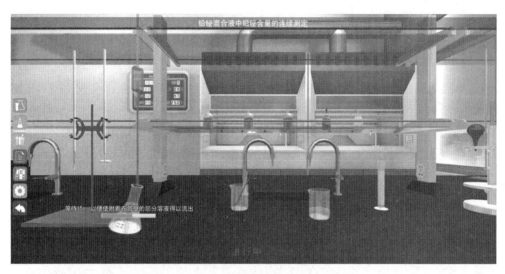

图 7-29　移液管中溶液转移至锥形瓶界面

将移液管放回移液管架：鼠标右键单击移液管，左键选择"放回"。

向锥形瓶中加入 1～2 滴二甲酚橙指示剂：鼠标右键单击二甲酚橙指示剂，左键选择"取出到锥形瓶"（图 7-30）。

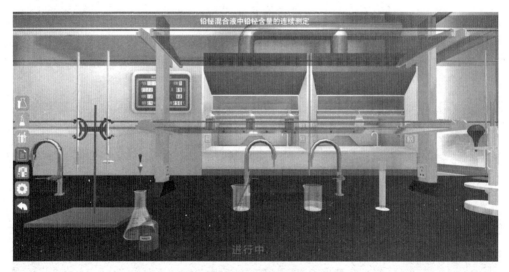

图 7-30　向锥形瓶中添加指示剂界面

从滴定管架上取下酸式滴定管：鼠标右键单击酸式滴定管，左键选择"取出"。用蒸馏水及 EDTA 标准溶液润洗滴定管：鼠标右键单击酸式滴定管，左键选择"润洗"。向酸式滴定管内加入 EDTA 标准溶液：鼠标右键单击 EDTA 试剂瓶，左键选择"取出溶液"（图 7-31）。

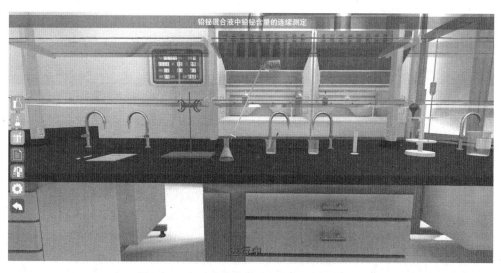

图 7-31 向酸式滴定管中加 EDTA 溶液界面

酸式滴定管排气泡并调整零刻度：鼠标右键单击酸式滴定管，左键选择"排气泡、调零"（图 7-32）。

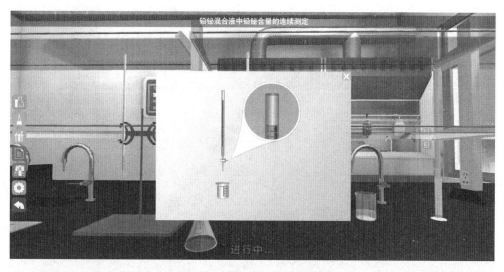

图 7-32 滴定管调零刻度界面

将酸式滴定管放回到滴定管架：鼠标右键单击酸式滴定管，左键选择"放回"。将锥形瓶置于酸式滴定管下方：鼠标右键单击锥形瓶，左键选择"置于滴定管下方"。

开启酸式滴定管旋塞快速滴定至溶液即将变色：鼠标右键单击滴定管，左键选择"快速滴定"（图 7-33）。

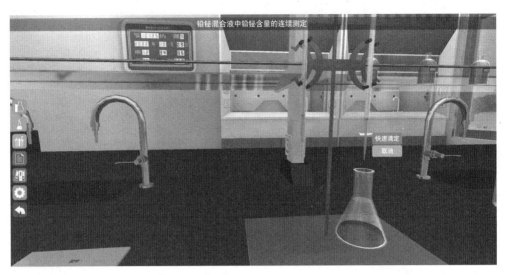

图 7-33 快速滴定界面

逐滴滴加至锥形瓶内溶液颜色变橙色：鼠标右键单击滴定管，左键选择"逐滴滴加"。加入半滴滴定液直至锥形瓶内溶液变亮黄色：鼠标右键单击滴定管，左键选择"半滴滴加"。

读取酸式滴定管的读数：鼠标右键单击滴定管，左键选择"读取终点读数"（图7-34）。

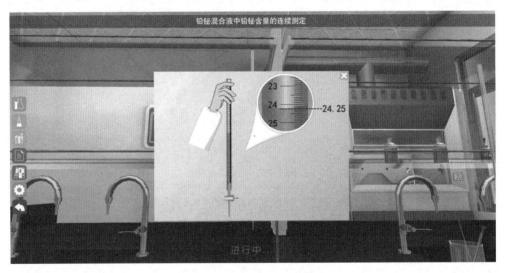

图 7-34 读取终点读数界面

（三）Pb^{2+} 的滴定

向锥形瓶中补加 1～2 滴二甲酚橙指示剂：鼠标右键单击二甲酚橙指示剂，左键选择"取出到锥形瓶"。量取 8mL 20％六次甲基四胺溶液加入锥形瓶内：鼠标右键单击六次甲基四胺试剂瓶，左键选择"取出溶液"。滴加六次甲基四胺溶液至锥形瓶内溶液变浅紫红色：鼠标右键单击六次甲基四胺试剂瓶，左键选择"取出溶液"。补加 5mL 六次甲基四胺溶液到锥形瓶内：鼠标右键单击六次甲基四胺试剂瓶，左键选择"取出溶液"。

取下酸式滴定管补加 EDTA 标准液：鼠标右键单击 EDTA 试剂瓶，左键选择"取出溶液"。将酸式滴定管放回滴定管架：鼠标右键单击酸式滴定管，左键选择"放回"。将锥形瓶置于酸式滴定管下方：鼠标右键单击锥形瓶，左键选择"置于滴定管下方"。

开启酸式滴定管旋塞快速滴定至溶液即将变色：鼠标右键单击滴定管，左键选择"快速滴定"。逐滴滴加至锥形瓶内颜色变橙色：鼠标右键单击滴定管，左键选择"逐滴滴加"。加入半滴滴定液直至锥形瓶内溶液变亮黄色：鼠标右键单击滴定管，左键选择"半滴滴加"。

读取酸式滴定管的读数：鼠标右键单击滴定管，左键选择"读取终点读数"。

记录读数：鼠标右键单击记录本，左键选择"记录数据"（图 7-35）。

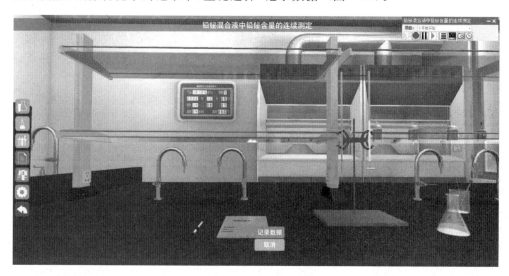

图 7-35　记录数据界面

五、数据记录和处理

将实验数据填入表 7-1 中。

表 7-1　数据记录及处理

平行实验	1	2	3
EDTA 标准溶液浓度/(mol·L^{-1})			
滴定初始读数/mL			
第一终点读数/mL			
第二终点读数/mL			
$c(Bi^{3+})$/(g·L^{-1})			
$c(Bi^{3+})$平均值/(g·L^{-1})			
平均偏差			
相对平均偏差			
$c(Pb^{2+})$/(g·L^{-1})			
$c(Pb^{2+})$平均值/(g·L^{-1})			
平均偏差			
相对平均偏差			

六、注意事项

1. 指示剂的选择及用量:测定 Bi^{3+}、Pb^{2+} 均以二甲酚橙为指示剂。二甲酚橙属于三苯甲烷类指示剂,易溶于水,它有 7 级酸式解离,其中 H_7In 至 H_3In^{4-} 呈黄色,H_2In^{5-} 至 In^{7-} 呈红色。所以它在溶液中的颜色随酸度而改变,在溶液 pH<6.3 时呈黄色,pH>6.3 时呈红色。二甲酚橙与 Bi^{3+} 及 Pb^{2+} 的配合物呈紫红色,它们的稳定性与 Bi^{3+}、Pb^{2+} 和 EDTA 所成的配合物相比要弱一些。

2. pH 值与滴定速度控制:测定 Bi^{3+} 时若酸度过低,Bi^{3+} 将水解,产生白色浑浊,会使终点过早出现,而且产生回红现象,此时放置片刻,继续滴定至透明稳定的亮黄色,即为终点。滴定速度要慢,并且充分摇匀锥形瓶。

七、思考题

1. 滴定 Bi^{3+}、Pb^{2+} 时,溶液酸度各应控制在什么范围? 为什么?

2. 在本实验中,能否颠倒滴定的顺序,即先滴定 Pb^{2+},而后再滴定 Bi^{3+}?

3. 滴定 Pb^{2+} 时要调节溶液 pH 为 5~6,为什么加入六亚甲基四胺而不加入醋酸钠?

4. 能否取等量混合试液两份,一份控制 pH≈1,滴定 Bi^{3+},而另一份控制 pH 为 5~6 滴定 Pb^{2+}、Bi^{3+} 总量? 为什么?

实验四十八　磷酸的电位滴定

一、实验目的

1. 掌握电位滴定的方法及确定化学计量点的方法。
2. 学会用电位滴定法测定弱酸的 pK_a。

二、实验原理

电位滴定法是根据滴定过程中指示电极的电位或 pH 产生"突变",从而确定滴定终点的一种分析方法。

在以 NaOH 滴定 H_3PO_4 时,将饱和甘汞电极及玻璃电极插入待测溶液中,使之组成原电池。由于玻璃薄膜上的阳离子能与溶液中的 H^+ 进行离子交换而产生电势,因而称玻璃电极为指示电极,甘汞电极为参比电极,当 NaOH 溶液不断滴入试液中,溶液 H^+ 的活度随着改变,电池的电势也不断变化。以滴定体积 $V(NaOH)$ 为横坐标,相应的溶液的 pH 为纵坐标,绘制 NaOH 滴定 H_3PO_4 的滴定曲线,曲线上呈现出两个滴定突跃,以"三切线法"作图,可以较准确地确定两个突跃范围内各自的滴定终点。

三、仪器和试剂

1. 仪器:自动电位滴定仪,电磁搅拌器,搅拌子,移液管,烧杯等。
2. 试剂:pH=6.86 标准缓冲溶液,pH=4.00 标准缓冲溶液,$0.1000mol \cdot L^{-1}$ NaOH 标准溶液,$0.1mol \cdot L^{-1}$ 磷酸样品溶液等。

四、操作步骤

(一)软件启动

双击桌面快捷方式,启动软件后,出现仿真软件加载页面,选择"磷酸的电位滴定虚拟仿真软件",单击启动,进入仿真实验室界面(图 7-36)。

图 7-36　磷酸的电位滴定仿真实验室界面

选择"操作模式",进入操作模式(图 7-37)。

图 7-37　操作模式界面

操作模式中角度控制:W—前,S—后,A—左,D—右,鼠标右键—视角旋转。速度控制:Ctrl+PgUp—加快动画速度,Ctrl+PgDn—减慢动画速度。鼠标中键滑动可拉近、拉远镜头。鼠标中键单击特定实验物品,左键可360°观看。鼠标中键单击(不松开),可上下调整视角。

操作模式中左侧图标依次为实验目的、实验原理、材料用品、实验报告、注意事项、设置、返回。其中,材料用品主要以小图标形式呈现实验所需主要试剂、仪器;实验报告为外部配置文件,单击该图标即可打开,可对实验报告进行更改并将其保存在任一位置;返回可重新选择"演示"或"操作"。

(二)校正 pH 计

根据界面下方的步骤提示,右键单击酸度计,左键选择"开机",打开电源(图 7-38)。右键单击酸度计温度键,左键选择"调节温度",按照实验要求,调节温度(图 7-39)。

图 7-38　酸度计"开机"界面

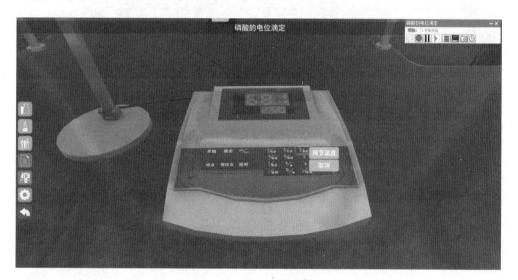

图 7-39　"调节温度"界面

　　右键单击酸度计标定键,左键选择"校正",用洗瓶清洗电极,滤纸擦拭,将盛 pH＝6.86 的缓冲溶液的烧杯放到电极下方。调定位键至 pH 为 6.86。右键单击酸度计标定键,左键选择"校正",用洗瓶清洗电极,用滤纸擦拭,将盛 pH＝4.00 的缓冲溶液的烧杯放到电极下方(图 7-40)。调定位键至 pH 为 4.00。

(三)磷酸的电位滴定

　　右键单击磷酸试剂瓶,左键选择"取出溶液",用移液管移取 10mL 0.1mol·L^{-1} 磷酸样品。右键单击移液管,左键选择"移取液置于烧杯内",将移取液置于烧杯中。右键单击洗瓶,左键选择"取蒸馏水",量取 10mL 水放入烧杯中。

　　右键单击烧杯,左键选择"组装自动滴定装置",在酸度计右侧组装自动滴定装置,烧杯内加入搅拌磁子,放置到磁力搅拌器上(图 7-41)。

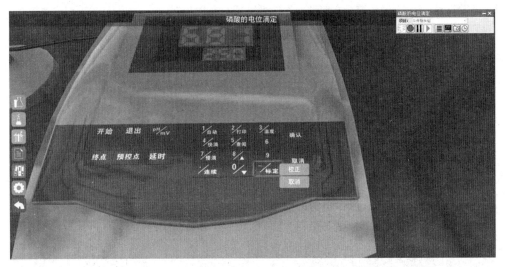

图 7-40　"校正"界面

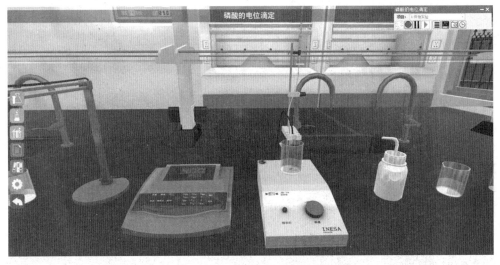

图 7-41　"组装自动滴定装置"界面

　　右键单击氢氧化钠试剂瓶,左键选择"取出溶液于滴定管",润洗滴定管,加入氢氧化钠。右键单击磁力搅拌器,左键选择"开始搅拌",开启开关。

　　右键单击电极,左键选择"转移至烧杯溶液内",电极插到溶液液面以下。右键单击滴定管,左键选择"开启旋塞",开启旋塞,缓慢开始滴定(图 7-42)。右键单击滴定管,左键选择"连续滴定"。右键单击烧杯,左键选择"滴定曲线"(图 7-43)。

　　右键单击磁力搅拌器,左键选择"关闭"。右键单击酸度计,左键选择"关机"。关闭仪器实验结束。

五、注意事项

1. 安装仪器、滴定过程中搅拌溶液时,要防止碰破电极。

2. 滴定剂加入后,要充分搅拌溶液,停止时再测定 pH 值,以得到稳定的读数。

3. 在化学计量点前后,每次加入体积以相等为好,这样在数据处理时较为方便。

4. 滴定过程中尽量少用蒸馏水冲洗,防止溶液过度稀释导致突跃不明显。

5. 用电极测定碱溶液时,速度要快,测完后要将电极置于水中复原。

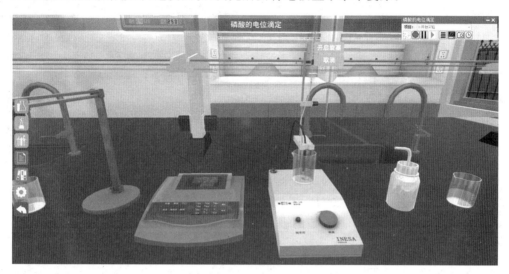

图 7-42 滴定界面

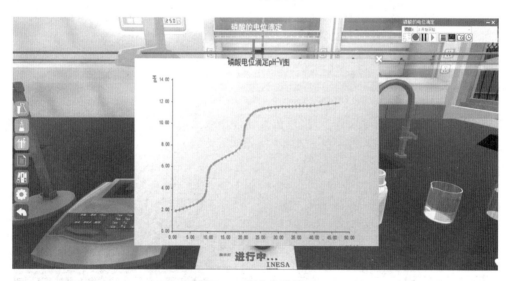

图 7-43 滴定曲线界面

六、数据处理

1. 按 pH-V,ΔpH/ΔV-V 法作图及按 Δ^2pH/ΔV^2-V 法作图,确定计量点,并计算 H_3PO_4 的准确浓度。

2. 由 pH-V 曲线找出第一个化学计量点的半中和点的 pH 值,以及第一个化学计量点到第二个化学计量点间的半中和点的 pH 值,确定出 H_3PO_4 的 pK_{a1} 和 pK_{a2}。计算 H_3PO_4 的 K_{a1} 和 K_{a2}。

实验四十九　溶胶凝胶法制备纳米钛酸钡

一、实验目的

1. 了解溶胶凝胶法制备钛酸钡的实验过程及具体操作步骤。
2. 研究 pH 值、煅烧温度及掺杂量对粒径的影响。

二、实验原理

采用重晶石(主要成分为硫酸钡),通过沉淀转化得硝酸钡,以此作为钡源。将氨水加入 $TiSO_4$ 中反应生成沉淀,再加入 HNO_3 使沉淀溶解,与硝酸钡溶液反应,在所得的盐溶液中加入氨水得到 $TiO(OII)_2$ 和 $Ba_2O(OH)_2$ 的共沉淀,将沉淀进行过滤、分离再分散到 pH 为 7~9 的溶液中,进行机械搅拌之后形成稳定的水溶胶。最后将水溶胶脱水、陈化、烧结即得到钛酸钡粉体。

三、仪器和试剂

1. 仪器:电动搅拌装置,马弗炉,水浴锅,电子天平等。
2. 试剂:重晶石粉,硝酸,氢氧化钠,碳酸钠,盐酸,乙醇,$TiSO_4$,氨水等。

四、实验步骤

(一)软件启动

双击桌面快捷方式,启动软件后,出现仿真软件加载页面,选择"溶胶凝胶法制备纳米钛酸钡虚拟仿真软件",单击启动,进入仿真实验室界面(图 7-44)。

图 7-44　溶胶凝胶法制备纳米钛酸钡仿真实验室界面

选择"操作模式",进入操作模式(图 7-45)。

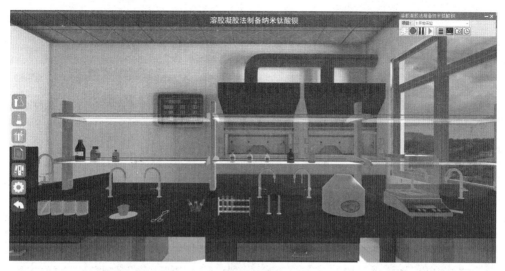

图 7-45　操作模式界面

操作模式中角度控制:W—前,S—后,A—左,D—右,鼠标右键—视角旋转。速度控制:Ctrl+PgUp—加快动画速度,Ctrl+PgDn—减慢动画速度。鼠标中键滑动可拉近、拉远镜头。鼠标中键单击特定实验物品,左键可 360°观看。鼠标中键单击(不松开),可上下调整视角。

操作模式中左侧图标依次为实验目的、实验原理、材料用品、实验报告、注意事项、设置、返回。其中,材料用品主要以小图标形式呈现实验所需主要试剂、仪器;实验报告为外部配置文件,单击该图标即可打开,可对实验报告进行更改并将其保存在任一位置;返回可重新选择"演示"或"操作"。

(二)溶胶凝胶法制备纳米钛酸钡

1.沉淀转化法制备钡源:根据界面下方的步骤提示:右键单击分析天平,左键选择"打开分析天平",称量纸飞入分析天平内,分析天平置零;单击开始实验。

右键单击重晶石粉瓶,左键选择"称量重晶石粉"。右键单击碳酸钠试剂瓶,左键选择"量取碳酸钠"。右键单击烧杯,左键选择"沉淀转移至离心管"。右键单击离心管,左键选择"配置对称离心管"。右键单击离心机,左键选择"分离沉淀"。右键单击离心机,左键选择"分离结束"。右键单击离心管,左键选择"沉淀转移至烧杯"。右键单击硝酸瓶,左键选择"量取硝酸"。

2.钛源制备:右键单击硫酸钛瓶,左键选择"量取硫酸钛"。右键单击氨水瓶,左键选择"量取氨水"。右键单击硝酸瓶,左键选择"量取硝酸"。

3.反应生成共沉淀:右键单击钛源烧杯,左键选择"与硝酸钡溶液反应"。加入氨水得到共沉淀:右键单击氨水瓶,左键选择"量取氨水"。设置沉淀反应时间(图 7-46),生成共沉淀 $TiO(OH)_2$ 和 $Ba_2O(OH)_2$。

4.沉淀分离并分散至 pH 值为 7~9 的溶液中:右键单击烧杯,左键选择"将共沉淀转移至离心管"。右键单击离心管,左键选择"配置对称离心管",装入与共沉淀试管同样多去离子水。右键单击离心机,左键选择"对沉淀进行分离"。右键单击分离机,左键选择"分离结束"。

将沉淀分离至 pH 为 8 的乙醇溶液中,右键单击乙醇瓶,左键选择"取乙醇溶液"。右键单击离心管,左键选择"沉淀转移至三口烧瓶"。

5. 机械搅拌：右键单击三口烧瓶，左键选择"机械搅拌"。右键单击三口烧瓶，左键选择"搅拌结束并转移"。

6. 调节 pH 值：右键单击盐酸试剂瓶，左键选择"滴加盐酸调节 pH"，并设置所需 pH 值（图 7-47）。

图 7-46 设置沉淀反应时间界面

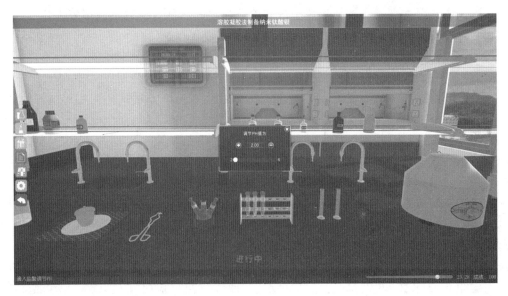

图 7-47 调节 pH 值界面

7. 脱水：水浴加热：右键单击烧杯，左键选择"进行水浴加热"。右键单击水浴锅，左键选择"水浴完成"。

8. 陈化：右键单击烧杯，左键选择"陈化"。右键单击干燥箱，左键选择"陈化结束"。

9. 烧结：右键单击坩埚，左键选择"烧结"，并设置烧结温度（图 7-48）。

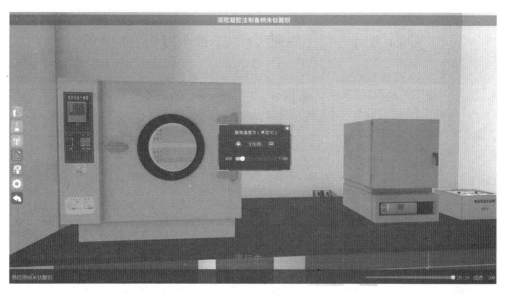

图 7-48　设置烧结温度界面

实验结束,弹出实验数据(图 7-49)。

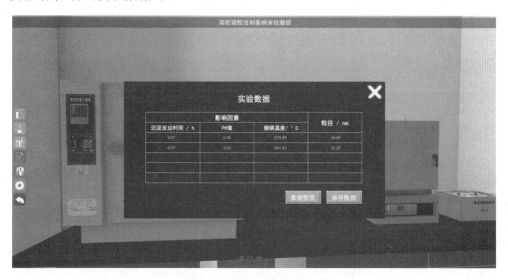

图 7-49　弹出实验数据界面

多次操作可保存多组实验数据。单击"数据整理"按钮,可依次按沉淀反应时间、pH 值、煅烧温度的大小进行排序;单击"保存数据"按钮,可将当前数据保存至实验报告中。

五、注意事项

1. 严格按操作规程装配实验装置,电动搅拌棒必须竖直且转动顺畅。

2. 试剂转移要按照严格的实验规范进行操作。

六、思考题

采用溶胶凝胶法制备纳米钛酸钡的粒径影响因素有哪些,分别有何影响?

实验五十　三草酸合铁(Ⅲ)酸钾的制备

一、实验目的

1. 熟悉配合物的基本知识。
2. 掌握合成 $K_3[Fe(C_2O_4)_3]\cdot 3H_2O$ 的基本原理和制备方法。

二、实验原理

本实验以硫酸亚铁铵$((NH_4)_2Fe(SO_4)_2)$为原料,与草酸$(H_2C_2O_4)$在酸性溶液中先制得草酸亚铁(FeC_2O_4)沉淀,然后草酸亚铁在草酸钾$(K_2C_2O_4)$和草酸$(H_2C_2O_4)$存在的条件下,以过氧化氢(H_2O_2)为氧化剂,得到三草酸合铁(Ⅲ)酸钾配合物$(K_3[Fe(C_2O_4)_3]\cdot 3H_2O)$。主要反应如下:

$$(NH_4)_2Fe(SO_4)_2+H_2C_2O_4\longrightarrow FeC_2O_4\downarrow+(NH_4)_2SO_4+H_2SO_4$$
$$2FeC_2O_4\cdot 2H_2O+H_2O_2+3K_2C_2O_4+H_2C_2O_4=\!=\!=2K_3[Fe(C_2O_4)_3]\cdot 3H_2O$$

三、仪器和试剂

1. 仪器:分析天平,减压抽滤装置,恒温恒压水浴锅,石棉网,表面皿,滤纸,漏斗和烧杯等。
2. 试剂:$(NH_4)_2Fe(SO_4)_2$,$1mol\cdot L^{-1}$ $H_2C_2O_4$ 溶液,$3mol\cdot L^{-1}$ H_2SO_4 溶液,饱和 $K_2C_2O_4$ 溶液,95%乙醇,3%过氧化氢溶液等。

四、实验步骤

(一)软件启动

双击桌面快捷方式,启动软件后,出现仿真软件加载页面,选择"三草酸合铁(Ⅲ)酸钾的制备虚拟仿真软件",单击启动,进入仿真实验室界面(图7-50)。

图 7-50　三草酸合铁(Ⅲ)酸钾仿真实验室界面

选择"操作模式",进入操作模式(图 7-51)。

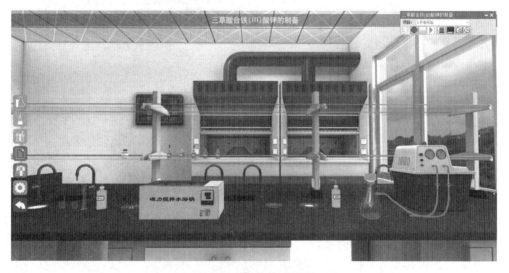

图 7-51　操作模式界面

操作模式中角度控制:W—前,S—后,A—左,D—右,鼠标右键—视角旋转。速度控制: Ctrl+PgUp—加快动画速度,Ctrl+PgDn—减慢动画速度。鼠标中键滑动可拉近、拉远镜头。鼠标中键单击特定实验物品,左键可 360°观看。鼠标中键单击(不松开),可上下调整视角。

操作模式中左侧图标依次为实验目的、实验原理、材料用品、实验报告、注意事项、设置、返回。其中,材料用品主要以小图标形式呈现实验所需主要试剂、仪器;实验报告为外部配置文件,单击该图标即可打开,可对实验报告进行更改并将其保存在任一位置;返回可重新选择"演示"或"操作"。

（二）草酸亚铁的制备

首先，右键单击分析天平，左键选择"开机"，单击分析天平开关按钮，打开分析天平。右键单击分析天平"TARE"按钮，左键选择"置零"，分析天平加入称量纸之后置零。右键单击硫酸亚铁铵，左键选择"取出 5.0g"，药勺取出 5.0g 硫酸亚铁铵。右键单击称量纸，左键选择"药品转移至烧杯"，将称量纸中的药品加入烧杯中。

右键单击滴瓶，左键选择"滴加数滴硫酸"，向烧杯内滴加数滴硫酸。右键单击量筒，左键选择"量取 10mL 去离子水"，量取 10mL 去离子水加入烧杯中。

右键单击磁力搅拌水浴锅开关，左键选择"打开水浴锅，加热溶解药品"，烧杯放入水浴锅中。右键单击量筒，左键选择"量取 20mL 草酸"，量筒量取 20mL 草酸溶液。右键单击量筒，左键选择"量取的草酸加入烧杯中"，将草酸加入水浴锅中的烧杯内。右键单击磁力搅拌水浴锅"SET"按钮，左键选择"设置水浴锅温度为 100℃，加热煮沸"，加热煮沸水浴锅内烧杯内的药品。

右键单击烧杯，左键选择"倾析法洗涤产物"，洗涤烧杯内的反应产生的沉淀（图 7-52）。

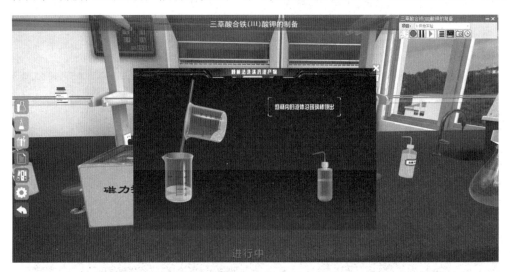

图 7-52 "倾析法洗涤产物"界面

（三）三草酸合铁（Ⅲ）酸钾的制备

右键单击饱和 $K_2C_2O_4$ 溶液，左键选择"滴加 10mL"，缓慢滴加 10mL 饱和 $K_2C_2O_4$ 溶液至烧杯中。

右键单击磁力搅拌水浴锅，左键选择"开机设置温度为 40℃"，设置水浴锅温度为 40℃。右键单击 3% H_2O_2，左键选择"缓慢滴加 20mL"，向烧杯中缓慢滴加 20mL 3% H_2O_2 溶液（图 7-53）。

图 7-53　缓慢滴加 H_2O_2 界面

　　右键单击磁力搅拌水浴锅"SET"按钮，左键选择"设置温度为 100℃"，加热煮沸水浴锅内烧杯内的药品，蒸发出多余的 H_2O_2。右键单击量筒，左键选择"量取 10mL 草酸"，用量筒量取 10mL 草酸。右键单击量筒，左键选择"分两次加入烧杯"，量筒内草酸分两次加入烧杯中；右键单击磁力搅拌水浴锅，左键选择"继续加热，保持沸腾"，继续保持加热，溶液浓缩至25～30mL。

　　右键单击磁力搅拌水浴锅内的烧杯，左键选择"冷却药品"，冷却烧杯内药品至晶体析出（图 7-54）。

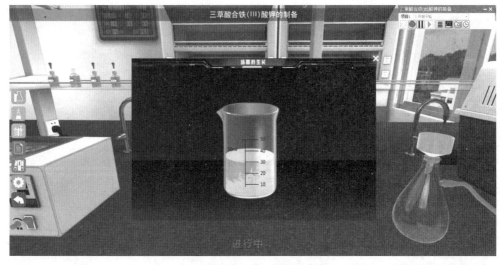

图 7-54　晶体析出界面

　　右键单击烧杯，左键选择"抽滤"，烧杯内的晶体析出。

　　右键单击布氏漏斗，左键选择"称重，计算产率"，布氏漏斗内的药品加入表面皿中。右键单击表面皿，左键选择"实验结束，整理试验台"，实验结束，整理试验台。

五、注意事项

1.水浴 40℃下加热,慢慢滴加 H_2O_2 溶液,以防止 H_2O_2 分解。

2.减压过滤要规范,尤其注意在抽滤过程中,勿用水冲洗黏附在烧杯和布氏滤斗上的少量产品,否则将大大影响产量。

六、数据记录和处理

实验结果:_____

产量:_____

产品颜色:_____

七、思考题

1.合成 $K_3[Fe(C_2O_4)_3] \cdot 3H_2O$,加入 3‰ H_2O_2 溶液后为什么要煮沸溶液?

2.最后在溶液中加入乙醇的作用是什么?能否用蒸发浓缩或蒸干溶液的方法来提高产量?

3.影响三草酸合铁(Ⅲ)酸钾质量的主要因素有哪些?如何减少副反应的发生?产品应如何保存?

实验五十一　有机酸含量的测定

一、实验目的

1. 学习强碱滴定弱酸的基本原理及指示剂的选择。
2. 掌握 NaOH 的配制和标定方法以及基准物质的选择。

二、实验原理

大多数有机酸是弱酸,如果某有机酸易溶于水,解离常数 $K_a \gg 10^{-7}$,用标准碱溶液可直接测其含量,反应产物为强碱弱酸盐。滴定突跃范围在弱碱性内,可选用酚酞指示剂,滴定溶液由无色变为微红色即为终点。

有机弱酸与氢氧化钠反应方程式为:

$$n\text{NaOH} + \text{H}_n\text{A} =\!=\!= \text{Na}_n\text{A} + n\text{H}_2\text{O}$$

当多元弱酸的逐级电离常数均符合准确滴定的要求时,可以用酸碱滴定法,根据下述公式计算其摩尔质量(其中多元酸为二元酸时):

$$M(\text{H}_n\text{A}) = \frac{2m(\text{H}_n\text{A}) \times \dfrac{25}{250}}{c(\text{NaOH}) \times V(\text{NaOH}) \times 10^{-3}}$$

式中:n 为滴定反应的化学计量数比,当用草酸测定时,$n=2$;$m(\text{H}_n\text{A})$ 为称取的有机酸的质量;25/250 代表从 250mL 配制的有机酸溶液中取 25mL 进行标定。

NaOH 标准溶液是采用间接配制法配制的,因此必须用基准物质标定其准确浓度。邻苯二甲酸氢钾($\text{KHC}_8\text{H}_4\text{O}_4$)易制得纯品,在空气中不吸水,容易保存,摩尔质量较大,是一种较好的基准物质,标定反应如下:

邻苯二甲酸氢钾通常在 105～110℃下干燥 2h 后备用,若干燥温度过高,则脱水成为邻苯二甲酸酐。

三、仪器和试剂

1. 仪器:分析天平,容量瓶(250mL),移液管(25mL),碱式滴定管,锥形瓶等。
2. 试剂:邻苯二甲酸氢钾(AR),酚酞指示剂,0.1mol・L^{-1}NaOH 溶液,有机酸试样等。

四、实验步骤

(一)软件启动

双击桌面快捷方式,启动软件后,出现仿真软件加载页面,选择"有机酸含量的测定虚拟仿真软件",单击启动,进入仿真实验室界面(图 7-55)。

图 7-55　有机酸含量的测定仿真实验室界面

选择"操作模式",进入操作模式(图 7-56、图 7-57)。

操作模式中角度控制:W—前,S—后,A—左,D—右,鼠标右键—视角旋转。速度控制:Ctrl+PgUp—加快动画速度,Ctrl+PgDn—减慢动画速度。鼠标中键滑动可拉近、拉远镜头。鼠标中键单击特定实验物品,左键可 360°观看。鼠标中键单击(不松开),可上下调整视角。

操作模式中左侧图标依次为实验目的、实验原理、材料用品、实验报告、注意事项、设置、返回。其中,材料用品主要以小图标形式呈现实验所需主要试剂、仪器;实验报告为外部配置文件,单击该图标即可打开,可对实验报告进行更改并将其保存在任一位置;返回可重新选择"演示"或"操作"。

图 7-56　操作模式界面

图 7-57　操作模式界面

鼠标右键单击相应的试剂或者仪器,出现该步骤的触发点,选择正确的触发点即可进行该步的操作,若选择错误该步骤不会进行,且会扣除相应的分数。

(二)0.1mol·L^{-1} NaOH 溶液的标定

开启分析天平:右键单击天平,左键选择"开启"。称取邻苯二甲酸氢钾初始质量:右键单击干燥器盖子,左键选择"取出试剂称量"(图 7-58)。向锥形瓶内倾出 0.4～0.6g 邻苯二甲酸氢钾:右键单击邻苯二甲酸氢钾试剂瓶,左键选择"取出药品"。称量倾出试样后的称量瓶质量:右键单击天平,左键选择"称量"。将称量瓶放回到干燥器中:右键单击称量瓶,左键选择"放回"。

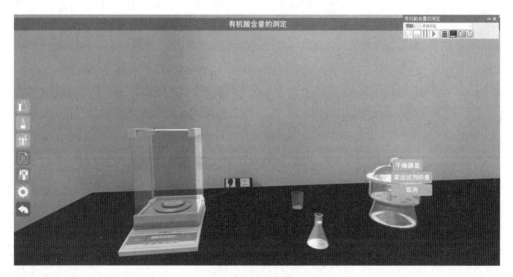

图 7-58　称量界面

将锥形瓶移至对面实验桌上:右键单击锥形瓶,左键选择"转移至对面"。

用量筒量取 25mL 蒸馏水:右键单击洗瓶,左键选择"取出 25mL"。将量筒内的水加入锥形瓶中:右键单击量筒,左键选择"溶液转移入锥形瓶"。

　　向锥形瓶中滴加2滴酚酞指示剂:右键单击酚酞指示剂,左键选择"取出1～2滴"。取下碱式滴定管进行润洗:右键单击碱式滴定管,左键选择"润洗"(图7-59)。

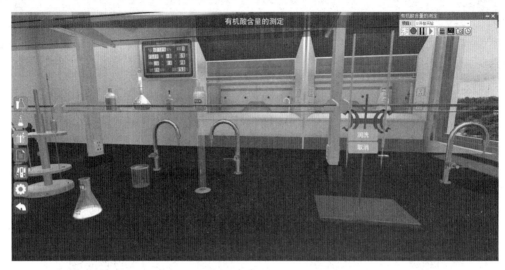

图7-59　碱式滴定管润洗界面

　　向碱式滴定管内加入配制好的NaOH溶液:右键单击$0.1mol \cdot L^{-1}$氢氧化钠试剂瓶,左键选择"取出溶液"。碱式滴定管排气泡并调整零刻度:右键单击滴定管,左键选择"排气泡、调零"。

　　将锥形瓶置于碱式滴定管下方:右键单击锥形瓶,左键选择"置于滴定管下方"。挤压碱式滴定管进行快速滴定:右键单击滴定管,左键选择"快速滴定"(图7-60)。

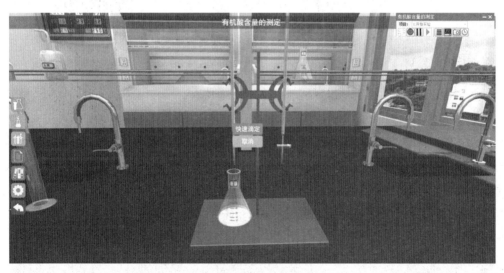

图7-60　"快速滴定"界面

　　逐滴滴定:右键单击滴定管,左键选择"逐滴滴加"。加入半滴滴定液直至锥形瓶内溶液变浅红:右键单击滴定管,左键选择"半滴滴加"。

　　读取碱式滴定管的读数:右键单击滴定管,左键选择"读取终点读数"。

（三）有机酸试样的测定

开启分析天平玻璃门：右键单击天平，左键选择"开启"。称取草酸样品的初始质量：右键单击干燥器盖子，左键选择"取出试剂称量"。向烧杯内倾出 1.3～1.5g 草酸：右键单击草酸试剂瓶，左键选择"取出药品"。称量倾取试样后的称量瓶质量：右键单击天平，左键选择"称量"。将称量瓶放回到干燥器中：右键单击称量瓶，左键选择"放回"。

将烧杯移至对面实验桌上：右键单击烧杯，左键选择"转移至对面"。烧杯内添加适量蒸馏水：右键单击洗瓶，左键选择"取出溶液"。用玻璃棒搅拌直至样品溶解：右键单击烧杯，左键选择"搅拌至溶解"。

烧杯内溶液转入 250mL 容量瓶内：右键单击烧杯，左键选择"转入容量瓶"（图 7-61）。

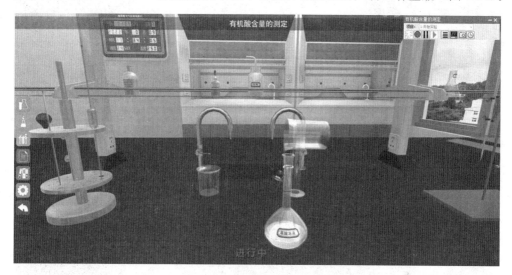

图 7-61　溶液转入容量瓶界面

洗涤烧杯，溶液转入容量瓶内：右键单击烧杯，左键选择"洗涤"。

容量瓶内溶液加水稀释 250mL：右键单击容量瓶，左键选择"定容"。充分摇匀容量瓶：右键单击容量瓶，左键选择"摇匀"。

取 25mL 移液管进行润洗：右键单击移液管，左键选择"润洗"。移液管移取 25mL 草酸溶液：右键单击移液管，左键选择"移取 25mL"（图 7-62）。

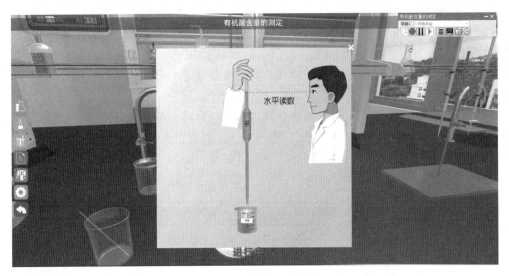

图 7-62 移液管移液界面

将移取液置于 250mL 锥形瓶中：右键单击移液管，左键选择"移取液置于锥形瓶内"（图 7-63）。

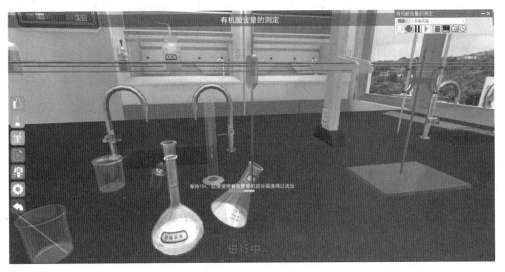

图 7-63 移液管中溶液转移至锥形瓶界面

将移液管放回：右键单击移液管，左键选择"放回"。

向锥形瓶中滴加 1～2 滴酚酞指示剂：右键单击酚酞指示剂，左键选择"取出 1～2 滴"。碱式滴定管重新装液并调整至零刻度：右键单击滴定管，左键选择"排气泡、调零"。

将锥形瓶置于碱式滴定管下方：右键单击锥形瓶，左键选择"置于滴定管下方"。挤压碱式滴定管进行快速滴定：右键单击滴定管，左键选择"快速滴定"。逐滴滴定：右键单击滴定管，左键选择"逐滴滴加"。加入半滴滴定液直至锥形瓶内溶液变浅红：右键单击滴定管，左键选择"半滴滴加"。

读取碱式滴定管的读数：右键单击滴定管，左键选择"读取终点读数"。

记录读数：右键单击记录本，左键选择"记录数据"（图 7-64）。

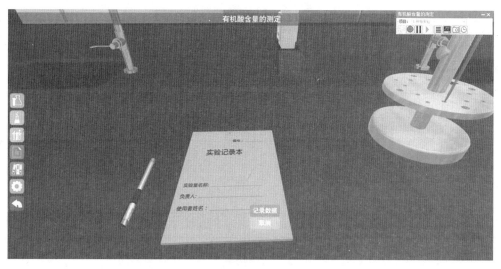

图 7-64　"记录数据"界面

五、注意事项

1. 在什么场合要使用容量瓶？在配制溶液时，与烧杯和玻璃棒怎样配套使用？

2. 滴定管的读数：应读至 0.01mL，如 23.13mL、31.28mL。错误的读数如 23mL、23.1mL。

3. 移液管、容量瓶量取溶液体积的写法，如 25.00mL、250.00mL。

六、数据记录和处理

将实验数据填入表 7-2、表 7-3 中。

表 7-2　氢氧化钠溶液的标定

平行实验	1	2	3
$KHC_8H_4O_4$ 初始读数 m_1/g			
$KHC_8H_4O_4$ 最终读数 m_2/g			
NaOH 溶液初读数 V_1/mL			
NaOH 溶液终读数 V_2/mL			
NaOH 溶液浓度 $c(NaOH)/(mol \cdot L^{-1})$			
NaOH 溶液平均浓度 $c(NaOH)/(mol \cdot L^{-1})$			
相对偏差			
相对平均偏差			

表 7-3 草酸含量的测定

平行实验	1	2	3
草酸初始读数 m_1/g			
草酸最终读数 m_2/g			
NaOH 溶液初读数 V_1/mL			
NaOH 溶液终读数 V_2/mL			
草酸摩尔质量 $M/(g \cdot mol^{-1})$			
草酸平均摩尔质量 $M/(g \cdot mol^{-1})$			
相对偏差			
相对平均偏差			

七、思考题

1. 如何确定称取基准物邻苯二甲酸氢钾或 Na_2CO_3 的质量范围？称得太多或太少对标定有何影响？

2. 溶解基准物时加入 $20 \sim 30mL$ 水,是用量筒量取,还是用移液管移取？为什么？

3. 如果基准物未烘干,将使标准溶液浓度的标定结果偏高还是偏低？

4. 用 NaOH 标准溶液标定 HCl 溶液浓度时,以酚酞作指示剂,用 NaOH 滴定 HCl,若 NaOH 溶液因贮存不当吸收了 CO_2,对测定结果有何影响？

附　录

附录 1　常用洗涤液的配制及使用

铬酸洗液：20g 重铬酸钾溶于 40mL 水中,加热溶解,冷却后慢慢加入 360mL 工业浓硫酸,边加边搅拌(切不可将水倒入浓硫酸中)。清除器壁上残留的油污,用少量洗液刷洗或浸泡一夜。洗液可重复使用,洗液废液经处理方可排放。

工业盐酸[浓或(1+1)]洗液：清除碱性物质及大多数无机物残液。

碱性洗液：质量分数为 10％的氢氧化钠水溶液加热后使用。去油效果较好,加热时间太长会腐蚀玻璃。

氢氧化钠-乙醇(或异丙醇)洗液：120g 氢氧化钠溶于 150mL 水中,用质量分数为 95％的乙醇稀释至 1L。清除油污及某些有机物。

碱性高锰酸钾洗液：4g 高锰酸钾溶于少量水中,再缓慢加入 100mL 质量分数为 10％的氢氧化钠溶液,贮于带胶塞玻璃瓶中盖紧。清洗油污或其他有机物质,洗后器壁沾污处有褐色二氧化锰析出,再用浓盐酸或草酸洗液、硫酸亚铁、亚硫酸钠等还原剂去除。

酸性草酸或酸性羟胺洗液：10g 草酸或 1g 盐酸羟胺,溶于 100mL 盐酸溶液(1+4)中。清除氧化性物质(如高锰酸钾洗液等)洗涤后析出的二氧化锰,必要时加热使用。

硝酸-氢氟酸洗液：50mL 氢氟酸、100mL 硝酸、350mL 水混合,贮于塑料瓶中盖紧。利用氢氟酸对玻璃的腐蚀作用有效地去除玻璃、石英器皿表面的金属离子,不可用于洗涤量器、玻璃砂芯滤器、吸收器及光学玻璃零件。使用时应特别注意安全,必须戴防护手套和防护面罩。

碘-碘化钾洗液：1g 碘和 2g 碘化钾溶于水中,并稀释至 100mL。去除黑褐色硝酸银污物。

有机溶剂：汽油、二甲苯、乙醚、丙酮、二氯乙烷等清除油污或可溶于该溶剂的有机物质,使用时要注意其毒性及可燃性。

乙醇、浓硝酸洗液：不可事先混合,用一般方法很难洗净的少量残留有机物可用此液。于容器内加入不多于 2mL 的乙醇,加入 4mL 浓硝酸,静置片刻,立即发生激烈反应,放出大量热和二氧化氮,反应停止后再用水冲洗。操作应在通风柜中进行,做好防护措施。

附录 2　市售酸碱试剂的浓度及相对密度

名称	基本单元		密度/ $(g \cdot cm^{-3})$	近似浓度	
	化学式	摩尔质量/ $(g \cdot mol^{-1})$		质量分数/ %	物质的量 浓度/$(mol \cdot L^{-1})$
盐酸	HCl	36.46	1.19	38	12
硝酸	HNO_3	63.01	1.42	70	16
硫酸	H_2SO_4	98.07	1.84	98	18
高氯酸	$HClO_4$	100.46	1.67	70	11.6
磷酸	H_3PO_4	98.00	1.69	85	15
氢氟酸	HF	20.01	1.13	40	22.5
冰醋酸	CH_3COOH	60.05	1.05	99.9	17.5
氨水	$NH_3 \cdot H_2O$	35.05	0.90	$27(NH_3)$	14.5
氢溴酸	HBr	80.93	1.49	47	9
甲酸	HCOOH	46.04	1.06	26	6
过氧化氢	H_2O_2	34.01	—	>30	—

附录3 常用指示剂

一、常用酸碱指示剂

名称	变色范围(pH 值)	颜色变化	配制方法
0.1%百里酚蓝	1.2～2.8	红～黄	0.1g 百里酚蓝溶于 20mL 乙醇中,加水至 100mL
0.1%甲基橙	3.1～4.4	红～黄	0.1g 甲基橙溶于 100mL 热水中
0.1%溴酚蓝	3.0～1.6	黄～紫蓝	0.1g 溴酚蓝溶于 20mL 乙醇中,加水至 100mL
0.1%溴甲酚绿	4.0～5.4	黄～蓝	0.1g 溴甲酚绿溶于 20mL 乙醇中,加水至 100mL
0.1%甲基红	4.8～6.2	红～黄	0.1g 甲基红溶于 60mL 乙醇中,加水至 100mL
0.1%溴百里酚蓝	6.0～7.6	黄～蓝	0.1g 溴百里酚蓝溶于 20mL 乙醇中,加水至 100mL
0.1%中性红	6.8～8.0	红～黄橙	0.1g 中性红溶于 60mL 乙醇中,加水至 100mL
0.2%酚酞	8.0～9.6	无～红	0.2g 酚酞溶于 90mL 乙醇中,加水至 100mL
0.1%百里酚蓝	8.0～9.6	黄～蓝	0.1g 百里酚蓝溶于 20mL 乙醇中,加水至 100mL
0.1%百里酚酞	9.4～10.6	无～蓝	0.1g 百里酚酞溶于 90mL 乙醇中,加水至 100mL
0.1%茜素黄	10.1～12.1	黄～紫	0.1g 茜素黄溶于 100mL 水中

二、酸碱混合指示剂

指示剂溶液的组成	变色时 pH 值	颜色		备注
		酸色	碱色	
一份 0.1%甲基黄乙醇溶液＋一份0.1% 亚甲基蓝乙醇溶液	3.25	蓝紫	绿	pH＝3.2 蓝紫色,pH＝3.4 绿色
一份 0.1%甲基橙水溶液＋一份 0.25% 靛蓝二磺酸水溶液	4.1	紫	黄绿	
一份 0.1%溴甲酚绿钠盐水溶液＋一份 0.2%甲基橙水溶液	4.3	橙	蓝绿	pH＝3.5 黄色,pH＝4.05 绿色,pH＝ 4.3 浅绿色
三份 0.1%溴甲基酚绿乙醇溶液＋一份 0.2%甲基红乙醇溶液	5.1	酒红	绿	
一份 0.1%溴甲酚绿钠盐水溶液＋一份 0.1%氯酚钠盐水溶液	6.1	黄绿	蓝紫	pH＝5.4 蓝绿色,pH＝5.8 蓝色,pH ＝6.0 蓝带紫,pH＝6.2 蓝紫色
一份 0.1%中性红乙醇溶液＋一份0.1% 亚甲基蓝乙醇溶液	7.0	蓝紫	绿	pH＝7.0 紫蓝
一份 0.1%甲酚红钠盐水溶液＋三份 0.1%百里酚蓝钠盐水溶液	8.3	黄	紫	pH＝8.2 玫瑰红,pH＝8.4 清晰的 紫色

续表

指示剂溶液的组成	变色时pH值	颜色		备注
		酸色	碱色	
一份 0.1%百里酚蓝 50%乙醇溶液＋三份 0.1%酚酞 50%乙醇溶液	9.0	黄	紫	从黄到绿,再到紫
一份 0.1%酚酞乙醇溶液＋一份 0.1%百里酚酞乙醇溶液	9.9	无	紫	pH＝9.6 玫瑰红,pH＝10 紫红
二份 0.1%百里酚酞乙醇溶液＋一份 0.1%茜素黄乙醇溶液	10.2	黄	紫	

三、沉淀及金属指示剂

名称	颜色		配制方法
	游离	化合物	
铬酸钾	黄	砖红	5%水溶液
荧光黄,0.5%	绿色荧光	玫瑰红	0.50g 荧光黄溶于乙醇,并用乙醇稀释至 100mL
铬黑 T	蓝	酒红	(1)2g 铬黑 T 溶于 15mL 三乙醇胺及 5mL 甲醇中; (2)1g 铬黑 T 与 100g NaCl 研细,混匀(1：100)
钙指示剂	蓝	红	0.5g 钙指示剂与 100g NaCl 研细,混匀
二甲酚橙,0.5%	黄	红	0.5g 二甲酚橙溶于 100mL 去离子水中
K-B 指示剂	蓝	红	0.5g 酸性铬蓝 K 加 1.25g 萘酚绿 B,再加 25g K_2SO_4 研细,混匀
PAN 指示剂,0.2%	黄	红	0.2g PAN 溶于 100mL 乙醇中
邻苯二酚紫,0.1%	紫	蓝	0.1g 邻苯二酚紫溶于 100mL 去离子水中

四、氧化还原法指示剂

名称	变色电势 φ/V	颜色		配制方法
		氧化态	还原态	
二苯胺,1%	0.76	紫	无色	1g 二苯胺在搅拌下溶于 100mL 浓硫酸和 100mL 浓磷酸,贮于棕色瓶中
二苯胺磺酸钠,0.5%	0.85	紫	无色	0.5g 二苯胺磺酸钠溶于 100mL 水中,必要时过滤

名称	变色电势 φ/V	颜色		配制方法
		氧化态	还原态	
邻菲啰啉硫酸亚铁,0.5%	1.06	淡蓝	红	0.5g FeSO$_4$・7H$_2$O 溶于 100mL 水中,加 2 滴硫酸,加 0.5g 邻菲啰啉
邻苯氨基苯甲酸,0.2%	1.08	红	无色	0.2g 邻苯氨基苯甲酸加热溶解在 100mL 0.2% Na$_2$CO$_3$ 溶液中,必要时过滤
淀粉,0.2%				2g 可溶性淀粉,加少许水调成浆状,在搅拌下注入 1000mL 沸水中,微沸 2min,放置,取上层溶液使用(若要保持稳定,可在研磨淀粉时加入 10mg HgI$_2$)

附录 4　常用缓冲溶液

1. 乙醇-醋酸铵缓冲液(pH3.7)

取 5mol·L⁻¹醋酸溶液 15.0mL,加乙醇 60mL 和水 20mL,用 10mol·L⁻¹氨水溶液调节 pH 值至 3.7,用水稀释至 1000mL,即得。

2. 三羟甲基氨基甲烷缓冲液(pH8.0)

取三羟甲基氨基甲烷 12.14g,加水 800mL,搅拌溶解,并稀释至 1000mL,用 6mol·L⁻¹盐酸溶液调节 pH 值至 8.0,即得。

3. 三羟甲基氨基甲烷缓冲液(pH8.1)

取氯化钙 0.294g,加 0.2mol·L⁻¹三羟甲基氨基甲烷溶液 40mL 使溶解,用 1mol·L⁻¹盐酸溶液调节 pH 值至 8.1,加水稀释至 100mL,即得。

4. 三羟甲基氨基甲烷缓冲液(pH9.0)

取三羟甲基氨基甲烷 6.06g,加盐酸赖氨酸 3.65g、氯化钠 5.8g、乙二胺四乙酸二钠 0.37g,再加水溶解使成 1000mL,调节 pH 值至 9.0,即得。

5. 乌洛托品缓冲液

取乌洛托品 75g,加水溶解后,加浓氨水溶液 4.2mL,再用水稀释至 250mL,即得。

6. 巴比妥缓冲液(pH7.4)

取巴比妥钠 4.42g,加水使溶解并稀释至 400mL,用 2mol·L⁻¹盐酸溶液调节 pH 值至 7.4,滤过,即得。

7. 巴比妥缓冲液(pH8.6)

取巴比妥 5.52g 与巴比妥钠 30.9g,加水使溶解成 2000mL,即得。

8. 巴比妥-氯化钠缓冲液(pH7.8)

取巴比妥钠 5.05g,加氯化钠 3.7g 及水适量使溶解,另取明胶 0.5g 加水适量,加热溶解后并入上述溶液中,然后用 0.2mol·L⁻¹盐酸溶液调节 pH 值至 7.8,再用水稀释至 500mL,即得。

9. 甲酸钠缓冲液(pH3.3)

取 2mol·L⁻¹甲酸溶液 25mL,加酚酞指示液 1 滴,用 2mol·L⁻¹氢氧化钠溶液中和,再加入 2mol·L⁻¹甲酸溶液 75mL,用水稀释至 200mL,调节 pH 值至 3.25～3.30,即得。

10. 邻苯二甲酸盐缓冲液(pH5.6)

取邻苯二甲酸氢钾 10g,加水 900mL,搅拌使溶解,用氢氧化钠试液(必要时用稀盐酸)调节 pH 值至 5.6,加水稀释至 1000mL,混匀,即得。

11. 枸橼酸盐缓冲液(pH6.2)

取枸橼酸 0.14g、枸橼酸钠 1.11g,加水使溶解至 100mL,即得。

12. 枸橼酸-磷酸氢二钠缓冲液(pH4.0)

甲液:取枸橼酸 21g 或无水枸橼酸 19.2g,加水使溶解成 1000mL,置冰箱内保存。乙液:取磷酸氢二钠 71.63g,加水使溶解成 1000mL。取上述甲液 61.45mL 与乙液 38.55mL 混合,摇匀,即得。

13. 氨-氯化铵缓冲液(pH8.0)

取氯化铵 1.07g,加水使溶解成 100mL,再加稀氨水溶液(1→30)调节 pH 值至 8.0,即得。

14. 氨-氯化铵缓冲液(pH10.0)

取氯化铵 5.4g,加水 20mL 溶解后,加浓氨水溶液 35mL,再加水稀释至 100mL,即得。

15. 硼砂-氯化钙缓冲液(pH8.0)

取硼砂 0.572g 与氯化钙 2.94g,加水约 800mL 溶解后,用 1mol·L⁻¹盐酸溶液约 2.5mL 调节 pH 值至 8.0,加水稀释至 1000mL,即得。

16. 硼砂-碳酸钠缓冲液(pH10.8～11.2)

取无水碳酸钠 5.30g,加水使溶解成 1000mL;另取硼砂 1.91g,加水使溶解成 100mL。临用前取碳酸钠溶液 973mL 与硼砂溶液 27mL,混匀,即得。

17. 硼酸-氯化钾缓冲液(pH9.0)

取硼酸 3.09g,加 0.1mol·L⁻¹氯化钾溶液 500mL 使溶解,再加 0.1mol·L⁻¹氢氧化钠溶液 210mL,即得。

18. 醋酸盐缓冲液(pH3.5)

取醋酸铵 25g,加水 25mL 溶解后,加 7mol·L⁻¹盐酸溶液 38mL,用 2mol·L⁻¹盐酸溶液或 5mol·L⁻¹氨水溶液准确调节 pH 值至 3.5(电位法指示),用水稀释至 100mL,即得。

19. 醋酸-锂盐缓冲液(pH3.0)

取冰醋酸 50mL,加水 800mL 混合后,用氢氧化锂调节 pH 值至 3.0,再加水稀释至 1000mL,即得。

20. 醋酸-醋酸钠缓冲液(pH3.6)

取醋酸钠 5.1g,加冰醋酸 20mL,再加水稀释至 250mL,即得。

21. 醋酸-醋酸钠缓冲液(pH3.7)

取无水醋酸钠 20g,加水 300mL 溶解后,加溴酚蓝指示液 1mL 及冰醋酸 60～80mL,至溶液从蓝色转变为纯绿色,再加水稀释至 1000mL,即得。

22. 醋酸-醋酸钠缓冲液(pH3.8)

取 2mol·L⁻¹醋酸钠溶液 13mL 与 2mol·L⁻¹醋酸溶液 87mL,加每毫升含铜 1mg 的硫酸铜溶液 0.5mL,再加水稀释至 1000mL,即得。

23. 醋酸-醋酸钠缓冲液(pH4.5)

取醋酸钠 18g,加冰醋酸 9.8mL,再加水稀释至 1000mL,即得。

24. 醋酸-醋酸钠缓冲液(pH4.6)

取醋酸钠 5.4g,加水 50mL 使溶解,用冰醋酸调节 pH 值至 4.6,再加水稀释至 100mL,即得。

25. 醋酸-醋酸钠缓冲液(pH6.0)

取醋酸钠 54.6g,加 1mol·L⁻¹醋酸溶液 20mL 溶解后,加水稀释至 500mL,即得。

26. 醋酸-醋酸钾缓冲液(pH4.3)

取醋酸钾 14g,加冰醋酸 20.5mL,再加水稀释至 1000mL,即得。

27. 醋酸-醋酸铵缓冲液(pH4.5)

取醋酸铵 7.7g,加水 50mL 溶解后,加冰醋酸 6mL 与适量的水使成 100mL,即得。

28. 醋酸-醋酸铵缓冲液(pH6.0)

取醋酸铵 100g,加水 300mL 使溶解,加冰醋酸 7mL,摇匀,即得。

29. 磷酸-三乙胺缓冲液

取磷酸约 4mL 与三乙胺约 7mL,加 50% 甲醇稀释至 1000mL,用磷酸调节 pH 值至 3.2,即得。

30. 磷酸盐缓冲液

取磷酸二氢钠 38.0g,磷酸氢二钠 5.04g,加水使成 1000mL,即得。

31. 磷酸盐缓冲液(pH2.0)

甲液:取磷酸 16.6mL,加水至 1000mL,摇匀。乙液:取磷酸氢二钠 71.63g,加水使溶解成 1000mL。取上述甲液 72.5mL 与乙液 27.5mL 混合,摇匀,即得。

32. 磷酸盐缓冲液(pH2.5)

取磷酸二氢钾 100g,加水 800mL,用盐酸调节 pH 至 2.5,用水稀释至 1000mL。

33. 磷酸盐缓冲液(pH5.0)

取一定量 0.2mol·L^{-1}磷酸二氢钠溶液,用氢氧化钠试液调节 pH 值至 5.0,即得。

34. 磷酸盐缓冲液(pH5.8)

取磷酸二氢钾 8.34g 与磷酸氢二钾 0.87g,加水使溶解成 1000mL,即得。

35. 磷酸盐缓冲液(pH6.5)

取磷酸二氢钾 0.68g,加 0.1mol·L^{-1}氢氧化钠溶液 15.2mL,用水稀释至 100mL,即得。

36. 磷酸盐缓冲液(pH6.6)

取磷酸二氢钠 1.74g、磷酸氢二钠 2.7g 与氯化钠 1.7g,加水使溶解成 400mL,即得。

37. 磷酸盐缓冲液(含胰酶)(pH6.8)

取磷酸二氢钾 6.8g,加水 500mL 使溶解,用 0.1mol·L^{-1}氢氧化钠溶液调节 pH 值至 6.8;另取胰酶 10g,加水适量使溶解,将两液混合后,加水稀释至 1000mL,即得。

38. 磷酸盐缓冲液(pH6.8)

取 0.2mol·L^{-1}磷酸二氢钾溶液 250mL,加 0.2mol·L^{-1}氢氧化钠溶液 118mL,用水稀释至 1000mL,摇匀,即得。

39. 磷酸盐缓冲液(pH7.0)

取磷酸二氢钾 0.68g,加 0.1mol·L^{-1}氢氧化钠溶液 29.1mL,用水稀释至 100mL,即得。

40. 磷酸盐缓冲液(pH7.2)

取 0.2mol·L^{-1}磷酸二氢钾溶液 50mL 与 0.2mol·L^{-1}氢氧化钠溶液 35mL,加新沸过的冷水稀释至 200mL,摇匀,即得。

41. 磷酸盐缓冲液(pH7.3)

取磷酸氢二钠 1.9734g 与磷酸二氢钾 0.2245g,加水使溶解成 1000mL,调节 pH 值至 7.3,即得。

42. 磷酸盐缓冲液(pH7.4)

取磷酸二氢钾 1.36g,加 0.1mol·L^{-1}氢氧化钠溶液 79mL,用水稀释至 200mL,即得。

43. 磷酸盐缓冲液(pH7.6)

取磷酸二氢钾 27.22g,加水使溶解成 1000mL,取 50mL,加 0.2mol·L^{-1}氢氧化钠溶液 42.4mL,再加水稀释至 200mL,即得。

44. 磷酸盐缓冲液(pH7.8)

甲液:取磷酸氢二钠 35.9g,加水溶解,并稀释至 500mL。乙液:取磷酸二氢钠 2.76g,加水溶解,并稀释至 100mL。取上述甲液 91.5mL 与乙液 8.5mL 混合,摇匀,即得。

45. 磷酸盐缓冲液(pH7.8~8.0)

取磷酸氢二钾 5.59g 与磷酸二氢钾 0.41g,加水使溶解成 1000mL,即得。

46. Tris 缓冲液

Tris-乙醇(TAE)(50×):242g Tris 碱和 5.7mL 冰醋酸溶解于 100mL 0.5mol・L^{-1} EDTA(pH8.0)溶液中,加去离子水调至 1L,即得。

Tris-磷酸(TPE)(10×):108g Tris 碱和 15.5mL 85% 磷酸(1.679g/mL)加于 40mL 0.5mol・L^{-1} EDTA(pH8.0)中,加去离子水调至 1L,即得。

Tris-硼酸 a(TBE)(5×):54g Tris 碱和 27.5g 硼酸溶解于 20mL 0.5mol・L^{-1} EDTA(pH8.0)中,加去离子水至 1L,即得。

Tris-甘氨酸 b(5×):15.1g Tris 碱和 94g 甘氨酸(电泳级)(pH8.0),放入 50mL 10% SDS(电泳级),混合溶解,加水至 1L,即得。

附录 5　常用基准物质及其干燥条件

基准物质	使用前的干燥条件	标定对象
Na_2CO_3	270～300℃干燥至恒重	酸
$KHC_6H_4(COO)_2$	105～110℃干燥至恒重	碱
$Na_2C_2O_4$	105～110℃干燥至恒重	高锰酸钾
KIO_3	105～110℃干燥至恒重	还原剂
$K_2Cr_2O_7$	约120℃干燥至恒重	还原剂
$KBrO_3$	180℃干燥1～2h	还原剂
$CaCO_3$	105～110℃干燥至恒重	EDTA
Zn	用$6mol·L^{-1}$盐酸冲洗表面,再用乙醇、丙酮冲洗,在干燥器中放置24h	EDTA
$NaCl$	在500～600℃下灼烧至恒重	硝酸银

附录6　弱酸和弱碱在水溶液中的解离常数(298.15K)

(一)弱酸

弱酸	化学式	K_a	pK_a
砷酸	H_3AsO_4	$6.3\times10^{-3}(K_{a1})$	2.20
		$1.0\times10^{-7}(K_{a2})$	7.00
		$3.2\times10^{-12}(K_{a3})$	11.50
亚砷酸	$HAsO_2$	6.0×10^{-10}	9.22
硼酸	H_3BO_3	5.8×10^{-10}	9.24
焦硼酸	$H_2B_4O_7$	$1.0\times10^{-4}(K_{a1})$	4
		$1.0\times10^{-9}(K_{a2})$	9
碳酸	$H_2CO_3(CO_2+H_2O)$	$4.2\times10^{-7}(K_{a1})$	6.38
		$5.6\times10^{-11}(K_{a2})$	10.25
氢氰酸	HCN	6.2×10^{-10}	9.21
铬酸	H_2CrO_4	$1.8\times10^{-1}(K_{a1})$	0.74
		$3.2\times10^{-7}(K_{a2})$	6.50
氢氟酸	HF	6.6×10^{-4}	3.18
亚硝酸	HNO_2	5.1×10^{-4}	3.29
过氧化氢	H_2O_2	1.8×10^{-12}	11.75
磷酸	H_3PO_4	$7.6\times10^{-3}(>K_{a1})$	2.12
		$6.3\times10^{-8}(K_{a2})$	7.2
		$4.4\times10^{-13}(K_{a3})$	12.36
焦磷酸	$H_4P_2O_7$	$3.0\times10^{-2}(K_{a1})$	1.52
		$4.4\times10^{-3}(K_{a2})$	2.36
		$2.5\times10^{-7}(K_{a3})$	6.60
		$5.6\times10^{-10}(K_{a4})$	9.25
亚磷酸	H_3PO_3	$5.0\times10^{-2}(K_{a1})$	1.30
		$2.5\times10^{-7}(K_{a2})$	6.60
氢硫酸	H_2S	$1.3\times10^{-7}(K_{a1})$	6.88
		$7.1\times10^{-15}(K_{a2})$	14.15
硫酸	H_2SO_4	$1.0\times10^{-2}(K_{a2})$	1.99
亚硫酸	$H_3SO_3(SO_2+H_2O)$	$1.3\times10^{-2}(K_{a1})$	1.90
		$6.3\times10^{-8}(K_{a2})$	7.20
偏硅酸	H_2SiO_3	$1.7\times10^{-10}(K_{a1})$	9.77
		$1.6\times10^{-12}(K_{a2})$	11.8

续表

弱酸	化学式	K_a	pK_a
甲酸	HCOOH	1.8×10^{-4}	3.74
乙酸	CH_3COOH	1.8×10^{-5}	4.74
一氯乙酸	$CH_2ClCOOH$	1.4×10^{-3}	2.86
二氯乙酸	$CHCl_2COOH$	5.0×10^{-2}	1.30
三氯乙酸	CCl_3COOH	0.23	0.64
氨基乙酸盐	$^+NH_3CH_2COOH$ $^+NH_3CH_2COO^-$	$4.5 \times 10^{-3}(K_{a1})$ $2.5 \times 10^{-10}(K_{a2})$	2.35 9.60
抗坏血酸	$C_6H_8O_6$	$5.0 \times 10^{-5}(K_{a1})$ $1.5 \times 10^{-10}(K_{a2})$	4.30 9.82
乳酸	$CH_3CHOHCOOH$	1.4×10^{-4}	3.86
苯甲酸	C_6H_5COOH	6.2×10^{-5}	4.21
草酸	$H_2C_2O_4$	$5.9 \times 10^{-2}(K_{a1})$ $6.4 \times 10^{-5}(K_{a2})$	1.22 4.19
d-酒石酸	$\begin{array}{l} CH(OH)COOH \\ \| \\ CH(OH)COOH \end{array}$	$9.1 \times 10^{-4}(K_{a1})$ $4.3 \times 10^{-5}(K_{a2})$	3.04 4.37
邻苯二甲酸	⬡—COOH —COOH	$1.1 \times 10^{-3}(K_{a1})$ $3.9 \times 10^{-6}(K_{a2})$	2.95 5.41
柠檬酸	$\begin{array}{l} CH_2COOH \\ \| \\ CH(OH)COOH \\ \| \\ CH_2COOH \end{array}$	$7.4 \times 10^{-4}(K_{a1})$ $1.7 \times 10^{-5}(K_{a2})$ $4.0 \times 10^{-7}(K_{a3})$	3.13 4.76 6.40
苯酚	C_6H_5OH	1.1×10^{-10}	9.95
乙二胺四乙酸	$H_6\text{-}EDTA^{2+}$ $H_5\text{-}EDTA^+$ $H_4\text{-}EDTA$ $H_3\text{-}EDTA^-$ $H_2\text{-}EDTA^{2-}$ $H\text{-}EDTA^{3-}$	$0.1(K_{a1})$ $3 \times 10^{-2}(K_{a2})$ $1 \times 10^{-2}(K_{a3})$ $2.1 \times 10^{-3}(K_{a4})$ $6.9 \times 10^{-7}(K_{a5})$ $5.5 \times 10^{-11}(K_{a6})$	0.9 1.6 2.0 2.67 6.17 10.26

(二)弱碱

弱碱	化学式	K_b	pK_b
氨	NH_3	1.8×10^{-5}	4.74
联氨	H_2NNH_2	3.0×10^{-6} (K_{b1}) 1.7×10^{-15} (K_{b2})	5.52 14.12
羟胺	NH_2OH	9.1×10^{-9}	8.04
甲胺	CH_3NH_2	4.2×10^{-4}	3.38
乙胺	$C_2H_5NH_2$	5.6×10^{-4}	3.25
二甲胺	$(CH_3)_2NH$	1.2×10^{-4}	3.93
二乙胺	$(C_2H_5)_2NH$	1.3×10^{-3}	2.89
乙醇胺	$HOCH_2CH_2NH_2$	3.2×10^{-5}	4.50
三乙醇胺	$(HOCH_2CH_2)_3N$	5.8×10^{-7}	6.24
六次甲基四胺	$(CH_2)_6N_4$	1.4×10^{-9}	8.85
乙二胺	$NH_2H_2CCH_2NH_2$	8.5×10^{-5} (K_{b1}) 7.1×10^{-8} (K_{b2})	4.07 7.15
吡啶		1.7×10^{-9}	8.77

附录 7　难溶化合物的溶度积常数

序号	化学式	K_{sp}	pK_{sp}	序号	化学式	K_{sp}	pK_{sp}
1	Ag_3AsO_4	1.0×10^{-22}	22.0	31	$BaCO_3$	5.1×10^{-9}	8.29
2	$AgBr$	5.0×10^{-13}	12.3	32	BaC_2O_4	1.6×10^{-7}	6.79
3	$AgBrO_3$	5.50×10^{-5}	4.26	33	$BaCrO_4$	1.2×10^{-10}	9.93
4	$AgCl$	1.8×10^{-10}	9.75	34	$Ba_3(PO_4)_2$	3.4×10^{-23}	22.44
5	$AgCN$	1.2×10^{-16}	15.92	35	$BaSO_4$	1.1×10^{-10}	9.96
6	Ag_2CO_3	8.1×10^{-12}	11.09	36	BaS_2O_3	1.6×10^{-5}	4.79
7	$Ag_2C_2O_4$	3.5×10^{-11}	10.46	37	$BaSeO_3$	2.7×10^{-7}	6.57
8	$Ag_2Cr_2O_4$	1.2×10^{-12}	11.92	38	$BaSeO_4$	3.5×10^{-8}	7.46
9	$Ag_2Cr_2O_7$	2.0×10^{-7}	6.70	39	$Be(OH)_2$[②]	1.6×10^{-22}	21.8
10	AgI	8.3×10^{-17}	16.08	40	$BiAsO_4$	4.4×10^{-10}	9.36
11	$AgIO_3$	3.1×10^{-8}	7.51	41	$Bi_2(C_2O_4)_3$	3.98×10^{-36}	35.4
12	$AgOH$	2.0×10^{-8}	7.71	42	$Bi(OH)_3$	4.0×10^{-31}	30.4
13	Ag_2MoO_4	2.8×10^{-12}	11.55	43	$BiPO_4$	1.26×10^{-23}	22.9
14	Ag_3PO_4	1.4×10^{-16}	15.84	44	$CaCO_3$	2.8×10^{-9}	8.54
15	Ag_2S	6.3×10^{-50}	49.2	45	$CaC_2O_4 \cdot H_2O$	4.0×10^{-9}	8.4
16	$AgSCN$	1.0×10^{-12}	12.00	46	CaF_2	2.7×10^{-11}	10.57
17	Ag_2SO_3	1.5×10^{-14}	13.82	47	$CaMoO_4$	4.17×10^{-8}	7.38
18	Ag_2SO_4	1.4×10^{-5}	4.84	48	$Ca(OH)_2$	5.5×10^{-6}	5.26
19	Ag_2Se	2.0×10^{-64}	63.7	49	$Ca_3(PO_4)_2$	2.0×10^{-29}	28.70
20	Ag_2SeO_3	1.0×10^{-15}	15.00	50	$CaSO_4$	3.16×10^{-7}	5.04
21	Ag_2SeO_4	5.7×10^{-8}	7.25	51	$CaSiO_3$	2.5×10^{-8}	7.60
22	$AgVO_3$	5.0×10^{-7}	6.3	52	$CaWO_4$	8.7×10^{-9}	8.06
23	Ag_2WO_4	5.5×10^{-12}	11.26	53	$CdCO_3$	5.2×10^{-12}	11.28
24	$Al(OH)_3$[①]	4.57×10^{-33}	32.34	54	$CdC_2O_4 \cdot 3H_2O$	9.1×10^{-8}	7.04
25	$AlPO_4$	6.3×10^{-19}	18.24	55	$Cd_3(PO_4)_2$	2.5×10^{-33}	32.6
26	Al_2S_3	2.0×10^{-7}	6.7	56	CdS	8.0×10^{-27}	26.1
27	$Au(OH)_3$	5.5×10^{-46}	45.26	57	$CdSe$	6.31×10^{-36}	35.2
28	$AuCl_3$	3.2×10^{-25}	24.5	58	$CdSeO_3$	1.3×10^{-9}	8.89
29	AuI_3	1.0×10^{-46}	46.0	59	CeF_3	8.0×10^{-16}	15.1
30	$Ba_3(AsO_4)_2$	8.0×10^{-51}	50.1	60	$CePO_4$	1.0×10^{-23}	23.0

序号	化学式	K_{sp}	pK_{sp}	序号	化学式	K_{sp}	pK_{sp}
61	$Co_3(AsO_4)_2$	7.6×10^{-29}	28.12	88	$FePO_4$	1.3×10^{-22}	21.89
62	$CoCO_3$	1.4×10^{-13}	12.84	89	FeS	6.3×10^{-18}	17.2
63	CoC_2O_4	6.3×10^{-8}	7.2	90	$Ga(OH)_3$	7.0×10^{-36}	35.15
64	$Co(OH)_2$（蓝）	6.31×10^{-15}	14.2	91	$GaPO_4$	1.0×10^{-21}	21.0
	$Co(OH)_2$（粉红,新沉淀）	1.58×10^{-15}	14.8	92	$Gd(OH)_3$	1.8×10^{-23}	22.74
				93	$Hf(OH)_4$	4.0×10^{-26}	25.4
	$Co(OH)_2$（粉红,陈化）	2.00×10^{-16}	15.7	94	Hg_2Br_2	5.6×10^{-23}	22.24
				95	Hg_2Cl_2	1.3×10^{-18}	17.88
65	$CoHPO_4$	2.0×10^{-7}	6.7	96	HgC_2O_4	1.0×10^{-7}	7.0
66	$Co_3(PO_4)_3$	2.0×10^{-35}	34.7	97	Hg_2CO_3	8.9×10^{-17}	16.05
67	$CrAsO_4$	7.7×10^{-21}	20.11	98	$Hg_2(CN)_2$	5.0×10^{-40}	39.3
68	$Cr(OH)_3$	6.3×10^{-31}	30.2	99	Hg_2CrO_4	2.0×10^{-9}	8.70
69	$CrPO_4 \cdot 4H_2O$(绿)	2.4×10^{-23}	22.62	100	Hg_2I_2	4.5×10^{-29}	28.35
	$CrPO_4 \cdot 4H_2O$(紫)	1.0×10^{-17}	17.0	101	HgI_2	2.82×10^{-29}	28.55
70	$CuBr$	5.3×10^{-9}	8.28	102	$Hg_2(IO_3)_2$	2.0×10^{-14}	13.70
71	$CuCl$	1.2×10^{-6}	5.92	103	$Hg_2(OH)_2$	2.0×10^{-24}	23.7
72	$CuCN$	3.2×10^{-20}	19.49	104	$HgSe$	1.0×10^{-59}	59.0
73	$CuCO_3$	2.34×10^{-10}	9.63	105	HgS(红)	4.0×10^{-53}	52.4
74	CuI	1.1×10^{-12}	11.96	106	HgS(黑)	1.6×10^{-52}	51.8
75	$Cu(OH)_2$	4.8×10^{-20}	19.32	107	Hg_2WO_4	1.1×10^{-17}	16.96
76	$Cu_3(PO_4)_2$	1.3×10^{-37}	36.9	108	$Ho(OH)_3$	5.0×10^{-23}	22.30
77	Cu_2S	2.5×10^{-48}	47.6	109	$In(OH)_3$	1.3×10^{-37}	36.9
78	Cu_2Se	1.58×10^{-61}	60.8	110	$InPO_4$	2.3×10^{-22}	21.63
79	CuS	6.3×10^{-36}	35.2	111	In_2S_3	5.7×10^{-74}	73.24
80	$CuSe$	7.94×10^{-49}	48.1	112	$La_2(CO_3)_3$	3.98×10^{-34}	33.4
81	$Dy(OH)_3$	1.4×10^{-22}	21.85	113	$LaPO_4$	3.98×10^{-23}	22.43
82	$Er(OH)_3$	4.1×10^{-24}	23.39	114	$Lu(OH)_3$	1.9×10^{-24}	23.72
83	$Eu(OH)_3$	8.9×10^{-24}	23.05	115	$Mg_3(AsO_4)_2$	2.1×10^{-20}	19.68
84	$FeAsO_4$	5.7×10^{-21}	20.24	116	$MgCO_3$	3.5×10^{-8}	7.46
85	$FeCO_3$	3.2×10^{-11}	10.50	117	$MgCO_3 \cdot 3H_2O$	2.14×10^{-5}	4.67
86	$Fe(OH)_2$	8.0×10^{-16}	15.1	118	$Mg(OH)_2$	1.8×10^{-11}	10.74
87	$Fe(OH)_3$	4.0×10^{-38}	37.4	119	$Mg_3(PO_4)_2 \cdot 8H_2O$	6.31×10^{-26}	25.2

续表

序号	化学式	K_{sp}	pK_{sp}	序号	化学式	K_{sp}	pK_{sp}
120	$Mn_3(AsO_4)_2$	1.9×10^{-29}	28.72	153	$Pt(OH)_2$	1.0×10^{-35}	35.0
121	$MnCO_3$	1.8×10^{-11}	10.74	154	$Pu(OH)_3$	2.0×10^{-20}	19.7
122	$Mn(IO_3)_2$	4.37×10^{-7}	6.36	155	$Pu(OH)_4$	1.0×10^{-55}	55.0
123	$Mn(OH)_4$	1.9×10^{-13}	12.72	156	$RaSO_4$	4.2×10^{-11}	10.37
124	MnS(粉红)	2.5×10^{-10}	9.6	157	$Rh(OH)_3$	1.0×10^{-23}	23.0
125	MnS(绿)	2.5×10^{-13}	12.6	158	$Ru(OH)_3$	1.0×10^{-36}	36.0
126	$Ni_3(AsO_4)_2$	3.1×10^{-26}	25.51	159	Sb_2S_3	1.5×10^{-93}	92.8
127	$NiCO_3$	6.6×10^{-9}	8.18	160	ScF_3	4.2×10^{-18}	17.37
128	NiC_2O_4	4.0×10^{-10}	9.4	161	$Sc(OH)_3$	8.0×10^{-31}	30.1
129	$Ni(OH)_2$(新)	2.0×10^{-15}	14.7	162	$Sm(OH)_3$	8.2×10^{-23}	22.08
130	$Ni_3(PO_4)_2$	5.0×10^{-31}	30.3	163	$Sn(OH)_2$	1.4×10^{-28}	27.85
131	α-NiS	3.2×10^{-19}	18.5	164	$Sn(OH)_4$	1.0×10^{-56}	56.0
132	β-NiS	1.0×10^{-24}	24.0	165	SnO_2	3.98×10^{-65}	64.4
133	γ-NiS	2.0×10^{-26}	25.7	166	SnS	1.0×10^{-25}	25.0
134	$Pb_3(AsO_4)_2$	4.0×10^{-36}	35.39	167	SnSe	3.98×10^{-39}	38.4
135	$PbBr_2$	4.0×10^{-5}	4.41	168	$Sr_3(AsO_4)_2$	8.1×10^{-19}	18.09
136	$PbCl_2$	1.6×10^{-5}	4.79	169	$SrCO_3$	1.1×10^{-10}	9.96
137	$PbCO_3$	7.4×10^{-14}	13.13	170	$SrC_2O_4 \cdot H_2O$	1.6×10^{-7}	6.80
138	$PbCrO_4$	2.8×10^{-13}	12.55	171	SrF_2	2.5×10^{-9}	8.61
139	PbF_2	2.7×10^{-8}	7.57	172	$Sr_3(PO_4)_2$	4.0×10^{-28}	27.39
140	$PbMoO_4$	1.0×10^{-13}	13.0	173	$SrSO_4$	3.2×10^{-7}	6.49
141	$Pb(OH)_2$	1.2×10^{-15}	14.93	174	$SrWO_4$	1.7×10^{-10}	9.77
142	$Pb(OH)_4$	3.2×10^{-66}	65.49	175	$Tb(OH)_3$	2.0×10^{-22}	21.7
143	$Pb_3(PO_4)_3$	8.0×10^{-43}	42.10	176	$Te(OH)_4$	3.0×10^{-54}	53.52
144	PbS	1.0×10^{-28}	28.00	177	$Th(C_2O_4)_2$	1.0×10^{-22}	22.0
145	$PbSO_4$	1.6×10^{-8}	7.79	178	$Th(IO_3)_4$	2.5×10^{-15}	14.6
146	PbSe	7.94×10^{-43}	42.1	179	$Th(OH)_4$	4.0×10^{-45}	44.4
147	$PbSeO_4$	1.4×10^{-7}	6.84	180	$Ti(OH)_3$	1.0×10^{-40}	40.0
148	$Pd(OH)_2$	1.0×10^{-31}	31.0	181	TlBr	3.4×10^{-6}	5.47
149	$Pd(OH)_4$	6.3×10^{-71}	70.2	182	TlCl	1.7×10^{-4}	3.76
150	PdS	2.03×10^{-58}	57.69	183	Tl_2CrO_4	9.77×10^{-13}	12.01
151	$Pm(OH)_3$	1.0×10^{-21}	21.0	184	TlI	6.5×10^{-8}	7.19
152	$Pr(OH)_3$	6.8×10^{-22}	21.17	185	TlN_3	2.2×10^{-4}	3.66

序号	化学式	K_{sp}	pK_{sp}	序号	化学式	K_{sp}	pK_{sp}
186	Tl_2S	5.0×10^{-21}	20.3	193	$ZnCO_3$	1.4×10^{-11}	10.84
187	$TlSeO_3$	2.0×10^{-39}	38.7	194	$Zn(OH)_2$③	2.09×10^{-16}	15.68
188	$UO_2(OH)_2$	1.1×10^{-22}	21.95	195	$Zn_3(PO_4)_2$	9.0×10^{-33}	32.04
189	$VO(OH)_2$	5.9×10^{-23}	22.13	196	$\alpha\text{-}ZnS$	1.6×10^{-24}	23.8
190	$Y(OH)_3$	8.0×10^{-23}	22.1	197	$\beta\text{-}ZnS$	2.5×10^{-22}	21.6
191	$Yb(OH)_3$	3.0×10^{-24}	23.52	198	$ZrO(OH)_2$	6.3×10^{-49}	48.2
192	$Zn_3(AsO_4)_2$	1.3×10^{-28}	27.89				

①～③:形态均为无定形。

附表 8　标准电极电势(298.15K)

(一)酸性介质中

电对	电极反应	$E^{\ominus}/V$
Li^+/Li	$Li^+ + e^- \rightleftharpoons Li$	-3.0401
Cs^+/Cs	$Cs^+ + e^- \rightleftharpoons Cs$	-3.026
Rb^+/Rb	$Rb^+ + e^- \rightleftharpoons Rb$	-2.98
K^+/K	$K^+ + e^- \rightleftharpoons K$	-2.931
Ba^{2+}/Ba	$Ba^{2+} + 2e^- \rightleftharpoons Ba$	-2.912
Sr^{2+}/Sr	$Sr^{2+} + 2e^- \rightleftharpoons Sr$	-2.89
Ca^{2+}/Ca	$Ca^{2+} + 2e^- \rightleftharpoons Ca$	-2.868
Na^+/Na	$Na^+ + e^- \rightleftharpoons Na$	-2.71
La^{3+}/La	$La^{3+} + 3e^- \rightleftharpoons La$	-2.379
Mg^{2+}/Mg	$Mg^{2+} + 2e^- \rightleftharpoons Mg$	-2.372
Ce^{3+}/Ce	$Ce^{3+} + 3e^- \rightleftharpoons Ce$	-2.336
H_2/H^-	$H_2(g) + 2e^- \rightleftharpoons 2H^-$	-2.23
AlF_6^{3-}/Al	$AlF_6^{3-} + 3e^- \rightleftharpoons Al + 6F^-$	-2.069
Th^{4+}/Th	$Th^{4+} + 4e^- \rightleftharpoons Th$	-1.899
Be^{2+}/Be	$Be^{2+} + 2e^- \rightleftharpoons Be$	-1.847
U^{3+}/U	$U^{3+} + 3e^- \rightleftharpoons U$	-1.798
HfO^{2+}/Hf	$HfO^{2+} + 2H^+ + 4e^- \rightleftharpoons Hf + H_2O$	-1.724
Al^{3+}/Al	$Al^{3+} + 3e^- \rightleftharpoons Al$	-1.662
Ti^{2+}/Ti	$Ti^{2+} + 2e^- \rightleftharpoons Ti$	-1.630
ZrO_2/Zr	$ZrO_2 + 4H^+ + 4e^- \rightleftharpoons Zr + 2H_2O$	-1.553
$[SiF_6]^{2-}/Si$	$[SiF_6]^{2-} + 4e^- \rightleftharpoons Si + 6F^-$	-1.24
Mn^{2+}/Mn	$Mn^{2+} + 2e^- \rightleftharpoons Mn$	-1.185
Cr^{2+}/Cr	$Cr^{2+} + 2e^- \rightleftharpoons Cr$	-0.913
Ti^{3+}/Ti^{2+}	$Ti^{3+} + e^- \rightleftharpoons Ti^{2+}$	-0.9
H_3BO_3/B	$H_3BO_3 + 3H^+ + 3e^- \rightleftharpoons B + 3H_2O$	-0.8698
TiO_2/Ti	$TiO_2 + 4H^+ + 4e^- \rightleftharpoons Ti + 2H_2O$	-0.86
Te/H_2Te	$Te + 2H^+ + 2e^- \rightleftharpoons H_2Te$	-0.793
Zn^{2+}/Zn	$Zn^{2+} + 2e^- \rightleftharpoons Zn$	-0.7618
Ta_2O_5/Ta	$Ta_2O_5 + 10H^+ + 10e^- \rightleftharpoons 2Ta + 5H_2O$	-0.750
Cr^{3+}/Cr	$Cr^{3+} + 3e^- \rightleftharpoons Cr$	-0.744

电对	电极反应	$E^{\ominus}/V$
Nb_2O_5/Nb	$Nb_2O_5 + 10H^+ + 10e^- \Longrightarrow 2Nb + 5H_2O$	-0.644
As/AsH_3	$As + 3H^+ + 3e^- \Longrightarrow AsH_3$	-0.608
U^{4+}/U^{3+}	$U^{4+} + e^- \Longrightarrow U^{3+}$	-0.607
Ga^{3+}/Ga	$Ga^{3+} + 3e^- \Longrightarrow Ga$	-0.549
H_3PO_2/P	$H_3PO_2 + H^+ + e^- \Longrightarrow P + 2H_2O$	-0.508
H_3PO_3/H_3PO_2	$H_3PO_3 + 2H^+ + 2e^- \Longrightarrow H_3PO_2 + H_2O$	-0.499
$CO_2/H_2C_2O_4$	$2CO_2 + 2H^+ + 2e^- \Longrightarrow H_2C_2O_4$	-0.49
Fe^{2+}/Fe	$Fe^{2+} + 2e^- \Longrightarrow Fe$	-0.447
Cr^{3+}/Cr^{2+}	$Cr^{3+} + e^- \Longrightarrow Cr^{2+}$	-0.407
Cd^{2+}/Cd	$Cd^{2+} + 2e^- \Longrightarrow Cd$	-0.4030
Se/H_2Se	$Se + 2H^+ + 2e^- \Longrightarrow H_2Se(aq)$	-0.399
PbI_2/Pb	$PbI_2 + 2e^- \Longrightarrow Pb + 2I^-$	-0.365
Eu^{3+}/Eu^{2+}	$Eu^{3+} + e^- \Longrightarrow Eu^{2+}$	-0.36
$PbSO_4/Pb$	$PbSO_4 + 2e^- \Longrightarrow Pb + SO_4^{2-}$	-0.3588
In^{3+}/In	$In^{3+} + 3e^- \Longrightarrow In$	-0.3382
Tl^+/Tl	$Tl^+ + e^- \Longrightarrow Tl$	-0.336
Co^{2+}/Co	$Co^{2+} + 2e^- \Longrightarrow Co$	-0.28
H_3PO_4/H_3PO_3	$H_3PO_4 + 2H^+ + 2e^- \Longrightarrow H_3PO_3 + H_2O$	-0.276
$PbCl_2/Pb$	$PbCl_2 + 2e^- \Longrightarrow Pb + 2Cl^-$	-0.2675
Ni^{2+}/Ni	$Ni^{2+} + 2e^- \Longrightarrow Ni$	-0.257
V^{3+}/V^{2+}	$V^{3+} + e^- \Longrightarrow V^{2+}$	-0.255
H_2GeO_3/Ge	$H_2GeO_3 + 4H^+ + 4e^- \Longrightarrow Ge + 3H_2O$	-0.182
AgI/Ag	$AgI + e^- \Longrightarrow Ag + I^-$	-0.15224
Sn^{2+}/Sn	$Sn^{2+} + 2e^- \Longrightarrow Sn$	-0.1375
Pb^{2+}/Pb	$Pb^{2+} + 2e^- \Longrightarrow Pb$	-0.1262
CO_2/CO	$CO_2(g) + 2H^+ + 2e^- \Longrightarrow CO + H_2O$	-0.12
P/PH_3	$P(白磷) + 3H^+ + 3e^- \Longrightarrow PH_3(g)$	-0.063
Hg_2I_2/Hg	$Hg_2I_2 + 2e^- \Longrightarrow 2Hg + 2I^-$	-0.0405
Fe^{3+}/Fe	$Fe^{3+} + 3e^- \Longrightarrow Fe$	-0.037
H^+/H_2	$2H^+ + 2e^- \Longrightarrow H_2$	0.0000
$AgBr/Ag$	$AgBr + e^- \Longrightarrow Ag + Br^-$	0.07133

续表

电对	电极反应	$E^{\ominus}/V$
$S_4O_6^{2-}/S_2O_3^{2-}$	$S_4O_6^{2-}+2e^-\Longleftrightarrow 2S_2O_3^{2-}$	0.08
TiO^{2+}/Ti^{3+}	$TiO^{2+}+2H^++e^-\Longleftrightarrow Ti^{3+}+H_2O$	0.1
S/H_2S	$S+2H^++2e^-\Longleftrightarrow H_2S(aq)$	0.142
Sn^{4+}/Sn^{2+}	$Sn^{4+}+2e^-\Longleftrightarrow Sn^{2+}$	0.151
Sb_2O_3/Sb	$Sb_2O_3+6H^++6e^-\Longleftrightarrow 2Sb+3H_2O$	0.152
Cu^{2+}/Cu^+	$Cu^{2+}+e^-\Longleftrightarrow Cu^+$	0.153
$BiOCl/Bi$	$BiOCl+2H^++3e^-\Longleftrightarrow Bi+Cl^-+H_2O$	0.1583
SO_4^{2-}/H_2SO_3	$SO_4^{2-}+4H^++2e^-\Longleftrightarrow H_2SO_3+H_2O$	0.172
SbO^+/Sb	$SbO^++2H^++3e^-\Longleftrightarrow Sb+H_2O$	0.212
$AgCl/Ag$	$AgCl+e^-\Longleftrightarrow Ag+Cl^-$	0.22233
$HAsO_2/As$	$HAsO_2+3H^++3e^-\Longleftrightarrow As+2H_2O$	0.248
Hg_2Cl_2/Hg	$Hg_2Cl_2+2e^-\Longleftrightarrow 2Hg+2Cl^-$（饱和 KCl）	0.26808
BiO^+/Bi	$BiO^++2H^++3e^-\Longleftrightarrow Bi+H_2O$	0.320
UO_2^{2+}/U^{4+}	$UO_2^{2+}+4H^++2e^-\Longleftrightarrow U^{4+}+2H_2O$	0.327
$HCNO/(CN)_2$	$2HCNO+2H^++2e^-\Longleftrightarrow (CN)_2+2H_2O$	0.330
VO^{2+}/V^{3+}	$VO^{2+}+2H^++e^-\Longleftrightarrow V^{3+}+H_2O$	0.337
Cu^{2+}/Cu	$Cu^{2+}+2e^-\Longleftrightarrow Cu$	0.3419
ReO_4^-/Re	$ReO_4^-+8H^++7e^-\Longleftrightarrow Re+4H_2O$	0.368
Ag_2CrO_4/Ag	$Ag_2CrO_4+2e^-\Longleftrightarrow 2Ag+CrO_4^{2-}$	0.4470
H_2SO_3/S	$H_2SO_3+4H^++4e^-\Longleftrightarrow S+3H_2O$	0.449
Cu^+/Cu	$Cu^++e^-\Longleftrightarrow Cu$	0.521
I_2/I^-	$I_2+2e^-\Longleftrightarrow 2I^-$	0.5355
I_3^-/I^-	$I_3^-+2e^-\Longleftrightarrow 3I^-$	0.536
$H_3AsO_4/HAsO_2$	$H_3AsO_4+2H^++2e^-\Longleftrightarrow HAsO_2+2H_2O$	0.560
Sb_2O_5/SbO^+	$Sb_2O_5+6H^++4e^-\Longleftrightarrow 2SbO^++3H_2O$	0.581
TeO_2/Te	$TeO_2+4H^++4e^-\Longleftrightarrow Te+2H_2O$	0.593
UO_2^+/U^{4+}	$UO_2^++4H^++e^-\Longleftrightarrow U^{4+}+2H_2O$	0.612
$HgCl_2/Hg_2Cl_2$	$2HgCl_2+2e^-\Longleftrightarrow Hg_2Cl_2+2Cl^-$	0.63
$[PtCl_6]^{2-}/[PtCl_4]^{2-}$	$[PtCl_6]^{2-}+2e^-\Longleftrightarrow [PtCl_4]^{2-}+2Cl^-$	0.68
O_2/H_2O_2	$O_2+2H^++2e^-\Longleftrightarrow H_2O_2$	0.695
$[PtCl_4]^{2-}/Pt$	$[PtCl_4]^{2-}+2e^-\Longleftrightarrow Pt+4Cl^-$	0.755

续表

电对	电极反应	$E^{\ominus}/V$
H_2SeO_3/Se	$H_2SeO_3 + 4H^+ + 4e^- \Longleftrightarrow Se + 3H_2O$	0.74
Fe^{3+}/Fe^{2+}	$Fe^{3+} + e^- \Longleftrightarrow Fe^{2+}$	0.771
Hg_2^{2+}/Hg	$Hg_2^{2+} + 2e^- \Longleftrightarrow 2Hg$	0.7973
Ag^+/Ag	$Ag^+ + e^- \Longleftrightarrow Ag$	0.7996
OsO_4/Os	$OsO_4 + 8H^+ + 8e^- \Longleftrightarrow Os + 4H_2O$	0.8
NO_3^-/N_2O_4	$2NO_3^- + 4H^+ + 2e^- \Longleftrightarrow N_2O_4 + 2H_2O$	0.803
Hg^{2+}/Hg	$Hg^{2+} + 2e^- \Longleftrightarrow Hg$	0.851
SiO_2/Si	$SiO_2(石英) + 4H^+ + 4e^- \Longleftrightarrow Si + 2H_2O$	0.857
Cu^{2+}/CuI	$Cu^{2+} + I^- + e^- \Longleftrightarrow CuI$	0.86
$HNO_2/H_2N_2O_2$	$2HNO_2 + 4H^+ + 4e^- \Longleftrightarrow H_2N_2O_2 + 2H_2O$	0.86
Hg^{2+}/Hg_2^{2+}	$2Hg^{2+} + 2e^- \Longleftrightarrow Hg_2^{2+}$	0.920
NO_3^-/HNO_2	$NO_3^- + 3H^+ + 2e^- \Longleftrightarrow HNO_2 + H_2O$	0.934
Pd^{2+}/Pd	$Pd^{2+} + 2e^- \Longleftrightarrow Pd$	0.951
NO_3^-/NO	$NO_3^- + 4H^+ + 3e^- \Longleftrightarrow NO + 2H_2O$	0.957
HNO_2/NO	$HNO_2 + H^+ + e^- \Longleftrightarrow NO + H_2O$	0.983
HIO/I^-	$HIO + H^+ + 2e^- \Longleftrightarrow I^- + H_2O$	0.987
VO_2^+/VO^{2+}	$VO_2^+ + 2H^+ + e^- \Longleftrightarrow VO^{2+} + H_2O$	0.991
$V(OH)_4^+/VO^{2+}$	$V(OH)_4^+ + 2H^+ + e^- \Longleftrightarrow VO^{2+} + 3H_2O$	1.00
$[AuCl_4]^-/Au$	$[AuCl_4]^- + 3e^- \Longleftrightarrow Au + 4Cl^-$	1.002
H_6TeO_6/TeO_2	$H_6TeO_6 + 2H^+ + 2e^- \Longleftrightarrow TeO_2 + 4H_2O$	1.02
N_2O_4/NO	$N_2O_4 + 4H^+ + 4e^- \Longleftrightarrow 2NO + 2H_2O$	1.035
N_2O_4/HNO_2	$N_2O_4 + 2H^+ + 2e^- \Longleftrightarrow 2HNO_2$	1.065
IO_3^-/I^-	$IO_3^- + 6H^+ + 6e^- \Longleftrightarrow I^- + 3H_2O$	1.085
Br_2/Br^-	$Br_2(aq) + 2e^- \Longleftrightarrow 2Br^-$	1.0873
SeO_4^{2-}/H_2SeO_3	$SeO_4^{2-} + 4H^+ + 2e^- \Longleftrightarrow H_2SeO_3 + H_2O$	1.151
ClO_3^-/ClO_2	$ClO_3^- + 2H^+ + e^- \Longleftrightarrow ClO_2 + H_2O$	1.152
Pt^{2+}/Pt	$Pt^{2+} + 2e^- \Longleftrightarrow Pt$	1.18
ClO_4^-/ClO_3^-	$ClO_4^- + 2H^+ + 2e^- \Longleftrightarrow ClO_3^- + H_2O$	1.189
IO_3^-/I_2	$2IO_3^- + 12H^+ + 10e^- \Longleftrightarrow I_2 + 6H_2O$	1.195
$ClO_3^-/HClO_2$	$ClO_3^- + 3H^+ + 2e^- \Longleftrightarrow HClO_2 + H_2O$	1.214
MnO_2/Mn^{2+}	$MnO_2 + 4H^+ + 2e^- \Longleftrightarrow Mn^{2+} + 2H_2O$	1.224

续表

电对	电极反应	$E^{\ominus}/V$
O_2/H_2O	$O_2+4H^++4e^- \Longrightarrow 2H_2O$	1.229
Tl^{3+}/Tl^+	$Tl^{3+}+2e^- \Longrightarrow Tl^+$	1.252
$ClO_2/HClO_2$	$ClO_2+H^++e^- \Longrightarrow HClO_2$	1.277
HNO_2/N_2O	$2HNO_2+4H^++4e^- \Longrightarrow N_2O+3H_2O$	1.297
$Cr_2O_7^{2-}/Cr^{3+}$	$Cr_2O_7^{2-}+14H^++6e^- \Longrightarrow 2Cr^{3+}+7H_2O$	1.33
$HBrO/Br^-$	$HBrO+H^++2e^- \Longrightarrow Br^-+H_2O$	1.331
$HCrO_4^-/Cr^{3+}$	$HCrO_4^-+7H^++3e^- \Longrightarrow Cr^{3+}+4H_2O$	1.350
Cl_2/Cl^-	$Cl_2(g)+2e^- \Longrightarrow 2Cl^-$	1.35827
ClO_4^-/Cl^-	$ClO_4^-+8H^++8e^- \Longrightarrow Cl^-+4H_2O$	1.389
ClO_4^-/Cl_2	$ClO_4^-+8H^++7e^- \Longrightarrow 1/2Cl_2+4H_2O$	1.39
Au^{3+}/Au^+	$Au^{3+}+2e^- \Longrightarrow Au^+$	1.401
BrO_3^-/Br^-	$BrO_3^-+6H^++6e^- \Longrightarrow Br^-+3H_2O$	1.423
HIO/I_2	$2HIO+2H^++2e^- \Longrightarrow I_2+2H_2O$	1.439
ClO_3^-/Cl^-	$ClO_3^-+6H^++6e^- \Longrightarrow Cl^-+3H_2O$	1.451
PbO_2/Pb^{2+}	$PbO_2+4H^++2e^- \Longrightarrow Pb^{2+}+2H_2O$	1.455
ClO_3^-/Cl_2	$ClO_3^-+6H^++5e^- \Longrightarrow 1/2Cl_2+3H_2O$	1.47
$HClO/Cl^-$	$HClO+H^++2e^- \Longrightarrow Cl^-+H_2O$	1.482
BrO_3^-/Br_2	$BrO_3^-+6H^++5e^- \Longrightarrow 1/2Br_2+3H_2O$	1.482
Au^{3+}/Au	$Au^{3+}+3e^- \Longrightarrow Au$	1.498
MnO_4^-/Mn^{2+}	$MnO_4^-+8H^++5e^- \Longrightarrow Mn^{2+}+4H_2O$	1.507
Mn^{3+}/Mn^{2+}	$Mn^{3+}+e^- \Longrightarrow Mn^{2+}$	1.5415
$HClO_2/Cl^-$	$HClO_2+3H^++4e^- \Longrightarrow Cl^-+2H_2O$	1.570
$HBrO/Br_2$	$HBrO+H^++e^- \Longrightarrow 1/2Br_2(aq)+H_2O$	1.574
NO/N_2O	$2NO+2H^++2e^- \Longrightarrow N_2O+H_2O$	1.591
H_5IO_6/IO_3^-	$H_5IO_6+H^++2e^- \Longrightarrow IO_3^-+3H_2O$	1.601
$HClO/Cl_2$	$HClO+H^++e^- \Longrightarrow 1/2Cl_2+H_2O$	1.611
$HClO_2/HClO$	$HClO_2+2H^++2e^- \Longrightarrow HClO+H_2O$	1.645
NiO_2/Ni^{2+}	$NiO_2+4H^++2e^- \Longrightarrow Ni^{2+}+2H_2O$	1.678
MnO_4^-/MnO_2	$MnO_4^-+4H^++3e^- \Longrightarrow MnO_2+2H_2O$	1.679
$PbO_2/PbSO_4$	$PbO_2+SO_4^{2-}+4H^++2e^- \Longrightarrow PbSO_4+2H_2O$	1.6913
Au^+/Au	$Au^++e^- \Longrightarrow Au$	1.692

电对	电极反应	$E^{\ominus}/V$
Ce^{4+}/Ce^{3+}	$Ce^{4+}+e^- \Longleftrightarrow Ce^{3+}$	1.72
N_2O/N_2	$N_2O+2H^++2e^- \Longleftrightarrow N_2+H_2O$	1.766
H_2O_2/H_2O	$H_2O_2+2H^++2e^- \Longleftrightarrow 2H_2O$	1.776
Co^{3+}/Co^{2+}	$Co^{3+}+e^- \Longleftrightarrow Co^{2+}(2mol \cdot L^{-1}H_2SO_4)$	1.83
Ag^{2+}/Ag^+	$Ag^{2+}+e^- \Longleftrightarrow Ag^+$	1.980
$S_2O_8^{2-}/SO_4^{2-}$	$S_2O_8^{2-}+2e^- \Longleftrightarrow 2SO_4^{2-}$	2.010
O_3/H_2O	$O_3+2H^++2e^- \Longleftrightarrow O_2+H_2O$	2.076
F_2O/F^-	$F_2O+2H^++4e^- \Longleftrightarrow H_2O+2F^-$	2.153
FeO_4^{2-}/Fe^{3+}	$FeO_4^{2-}+8H^++3e^- \Longleftrightarrow Fe^{3+}+4H_2O$	2.20
O/H_2O	$O(g)+2H^++2e^- \Longleftrightarrow H_2O$	2.421
F_2/F^-	$F_2+2e^- \Longleftrightarrow 2F^-$	2.866
F_2/HF	$F_2+2H^++2e^- \Longleftrightarrow 2HF$	3.053

(二)碱性介质中

电对	电极反应	$E^{\ominus}/V$
$Ca(OH)_2/Ca$	$Ca(OH)_2+2e^- \Longleftrightarrow Ca+2OH^-$	-3.02
$Ba(OH)_2/Ba$	$Ba(OH)_2+2e^- \Longleftrightarrow Ba+2OH^-$	-2.99
$La(OH)_3/La$	$La(OH)_3+3e^- \Longleftrightarrow La+3OH^-$	-2.90
$Sr(OH)_2/Sr$	$Sr(OH)_2 \cdot 8H_2O+2e^- \Longleftrightarrow Sr+2OH^-+8H_2O$	-2.88
$Mg(OH)_2/Mg$	$Mg(OH)_2+2e^- \Longleftrightarrow Mg+2OH^-$	-2.690
$Be_2O_3^{2-}/Be$	$Be_2O_3^{2-}+3H_2O+4e^- \Longleftrightarrow 2Be+6OH^-$	-2.63
$HfO(OH)_2/Hf$	$HfO(OH)_2+H_2O+4e^- \Longleftrightarrow Hf+4OH^-$	-2.50
H_2ZrO_3/Zr	$H_2ZrO_3+H_2O+4e^- \Longleftrightarrow Zr+4OH^-$	-2.36
$H_2AlO_3^-/Al$	$H_2AlO_3^-+H_2O+3e^- \Longleftrightarrow Al+4OH^-$	-2.33
$H_2PO_2^-/P$	$H_2PO_2^-+e^- \Longleftrightarrow P+2OH^-$	-1.82
$H_2BO_3^-/B$	$H_2BO_3^-+H_2O+3e^- \Longleftrightarrow B+4OH^-$	-1.79
HPO_3^{2-}/P	$HPO_3^{2-}+2H_2O+3e^- \Longleftrightarrow P+5OH^-$	-1.71
SiO_3^{2-}/Si	$SiO_3^{2-}+3H_2O+4e^- \Longleftrightarrow Si+6OH^-$	-1.697
$HPO_3^{2-}/H_2PO_2^-$	$HPO_3^{2-}+2H_2O+2e^- \Longleftrightarrow H_2PO_2^-+3OH^-$	-1.65
$Mn(OH)_2/Mn$	$Mn(OH)_2+2e^- \Longleftrightarrow Mn+2OH^-$	-1.56
$Cr(OH)_3/Cr$	$Cr(OH)_3+3e^- \Longleftrightarrow Cr+3OH^-$	-1.48
$[Zn(CN)_4]^{2-}/Zn$	$[Zn(CN)_4]^{2-}+2e^- \Longleftrightarrow Zn+4CN^-$	-1.26

续表

电对	电极反应	$E^{\ominus}/V$
$Zn(OH)_2/Zn$	$Zn(OH)_2+2e^-\rightleftharpoons Zn+2OH^-$	-1.249
$H_2GaO_3^-/Ga$	$H_2GaO_3^-+H_2O+3e^-\rightleftharpoons Ga+4OH^-$	-1.219
ZnO_2^{2-}/Zn	$ZnO_2^{2-}+2H_2O+2e^-\rightleftharpoons Zn+4OH^-$	-1.215
CrO_2^-/Cr	$CrO_2^-+2H_2O+3e^-\rightleftharpoons Cr+4OH^-$	-1.2
Te/Te^{2-}	$Te+2e^-\rightleftharpoons Te^{2-}$	-1.143
PO_4^{3-}/HPO_3^{2-}	$PO_4^{3-}+2H_2O+2e^-\rightleftharpoons HPO_3^{2-}+3OH^-$	-1.05
$[Zn(NH_3)_4]^{2+}/Zn$	$[Zn(NH_3)_4]^{2+}+2e^-\rightleftharpoons Zn+4NH_3$	-1.04
WO_4^{2-}/W	$WO_4^{2-}+4H_2O+6e^-\rightleftharpoons W+8OH^-$	-1.01
$HGeO_3^-/Ge$	$HGeO_3^-+2H_2O+4e^-\rightleftharpoons Ge+5OH^-$	-1.0
$[Sn(OH)_6]^{2-}/HSnO_2^-$	$[Sn(OH)_6]^{2-}+2e^-\rightleftharpoons HSnO_2^-+H_2O+3OH^-$	-0.93
SO_4^{2-}/SO_3^{2-}	$SO_4^{2-}+H_2O+2e^-\rightleftharpoons SO_3^{2-}+2OH^-$	-0.93
Se/Se^{2-}	$Se+2e^-\rightleftharpoons Se^{2-}$	-0.923
$HSnO_2^-/Sn$	$HSnO_2^-+H_2O+2e^-\rightleftharpoons Sn+3OH^-$	-0.909
$P/PH_3(g)$	$P+3H_2O+3e^-\rightleftharpoons PH_3(g)+3OH^-$	-0.87
NO_3^-/N_2O_4	$2NO_3^-+2H_2O+2e^-\rightleftharpoons N_2O_4+4OH^-$	-0.85
H_2O/H_2	$2H_2O+2e^-\rightleftharpoons H_2+2OH^-$	-0.8277
$Cd(OH)_2/Cd$	$Cd(OH)_2+2e^-\rightleftharpoons Cd(Hg)+2OH^-$	-0.809
$Co(OH)_2/Co$	$Co(OH)_2+2e^-\rightleftharpoons Co+2OH^-$	-0.73
$Ni(OH)_2/Ni$	$Ni(OH)_2+2e^-\rightleftharpoons Ni+2OH^-$	-0.72
AsO_4^{3-}/AsO_2^-	$AsO_4^{3-}+2H_2O+2e^-\rightleftharpoons AsO_2^-+4OH^-$	-0.71
Ag_2S/Ag	$Ag_2S+2e^-\rightleftharpoons 2Ag+S^{2-}$	-0.691
AsO_2^-/As	$AsO_2^-+2H_2O+3e^-\rightleftharpoons As+4OH^-$	-0.68
SbO_2^-/Sb	$SbO_2^-+2H_2O+3e^-\rightleftharpoons Sb+4OH^-$	-0.66
ReO_4^-/ReO_2	$ReO_4^-+2H_2O+3e^-\rightleftharpoons ReO_2+4OH^-$	-0.59
SbO_3^-/SbO_2^-	$SbO_3^-+H_2O+2e^-\rightleftharpoons SbO_2^-+2OH^-$	-0.59
ReO_4^-/Re	$ReO_4^-+4H_2O+7e^-\rightleftharpoons Re+8OH^-$	-0.584
$SO_3^{2-}/S_2O_3^{2-}$	$2SO_3^{2-}+3H_2O+4e^-\rightleftharpoons S_2O_3^{2-}+6OH^-$	-0.58
TeO_3^{2-}/Te	$TeO_3^{2-}+3H_2O+4e^-\rightleftharpoons Te+6OH^-$	-0.57
$Fe(OH)_3/Fe(OH)_2$	$Fe(OH)_3+e^-\rightleftharpoons Fe(OH)_2+OH^-$	-0.56
Bi_2O_3/Bi	$Bi_2O_3+3H_2O+6e^-\rightleftharpoons 2Bi+6OH^-$	-0.46
NO_2^-/NO	$NO_2^-+H_2O+e^-\rightleftharpoons NO+2OH^-$	-0.46

续表

电对	电极反应	$E^{\ominus}/V$
$[Co(NH_3)_6]^{2+}/Co$	$[Co(NH_3)_6]^{2+}+2e^- \Longrightarrow Co+6NH_3$	-0.422
SeO_3^{2-}/Se	$SeO_3^{2-}+3H_2O+4e^- \Longrightarrow Se+6OH^-$	-0.366
Cu_2O/Cu	$Cu_2O+H_2O+2e^- \Longrightarrow 2Cu+2OH^-$	-0.360
$Tl(OH)/Tl$	$Tl(OH)+e^- \Longrightarrow Tl+OH^-$	-0.34
$[Ag(CN)_2]^-/Ag$	$[Ag(CN)_2]^-+e^- \Longrightarrow Ag+2CN^-$	-0.31
$Cu(OH)_2/Cu$	$Cu(OH)_2+2e^- \Longrightarrow Cu+2OH^-$	-0.222
$CrO_4^{2-}/Cr(OH)_3$	$CrO_4^{2-}+4H_2O+3e^- \Longrightarrow Cr(OH)_3+5OH^-$	-0.13
$[Cu(NH_3)_2]^+/Cu$	$[Cu(NH_3)_2]^++e^- \Longrightarrow Cu+2NH_3$	-0.12
O_2/HO_2^-	$O_2+H_2O+2e^- \Longrightarrow HO_2^-+OH^-$	-0.076
$AgCN/Ag$	$AgCN+e^- \Longrightarrow Ag+CN^-$	-0.017
NO_3^-/NO_2^-	$NO_3^-+H_2O+2e^- \Longrightarrow NO_2^-+2OH^-$	0.01
SeO_4^{2-}/SeO_3^{2-}	$SeO_4^{2-}+H_2O+2e^- \Longrightarrow SeO_3^{2-}+2OH^-$	0.05
$Pd(OH)_2/Pd$	$Pd(OH)_2+2e^- \Longrightarrow Pd+2OH^-$	0.07
$S_4O_6^{2-}/S_2O_3^{2-}$	$S_4O_6^{2-}+2e^- \Longrightarrow 2S_2O_3^{2-}$	0.08
HgO/Hg	$HgO+H_2O+2e^- \Longrightarrow Hg+2OH^-$	0.0977
$[Co(NH_3)_6]^{3+}/[Co(NH_3)_6]^{2+}$	$[Co(NH_3)_6]^{3+}+e^- \Longrightarrow [Co(NH_3)_6]^{2+}$	0.108
$Pt(OH)_2/Pt$	$Pt(OH)_2+2e^- \Longrightarrow Pt+2OH^-$	0.14
$Co(OH)_3/Co(OH)_2$	$Co(OH)_3+e^- \Longrightarrow Co(OH)_2+OH^-$	0.17
PbO_2/PbO	$PbO_2+H_2O+2e^- \Longrightarrow PbO+2OH^-$	0.247
IO_3^-/I^-	$IO_3^-+3H_2O+6e^- \Longrightarrow I^-+6OH^-$	0.26
ClO_3^-/ClO_2^-	$ClO_3^-+H_2O+2e^- \Longrightarrow ClO_2^-+2OH^-$	0.33
Ag_2O/Ag	$Ag_2O+H_2O+2e^- \Longrightarrow 2Ag+2OH^-$	0.342
$[Fe(CN)_6]^{3-}/[Fe(CN)_6]^{4-}$	$[Fe(CN)_6]^{3-}+e^- \Longrightarrow [Fe(CN)_6]^{4-}$	0.358
ClO_4^-/ClO_3^-	$ClO_4^-+H_2O+2e^- \Longrightarrow ClO_3^-+2OH^-$	0.36
$[Ag(NH_3)_2]^+/Ag$	$[Ag(NH_3)_2]^++e^- \Longrightarrow Ag+2NH_3$	0.373
O_2/OH^-	$O_2+2H_2O+4e^- \Longrightarrow 4OH^-$	0.401
IO^-/I^-	$IO^-+H_2O+2e^- \Longrightarrow I^-+2OH^-$	0.485
$NiO_2/Ni(OH)_2$	$NiO_2+2H_2O+2e^- \Longrightarrow Ni(OH)_2+2OH^-$	0.490
MnO_4^-/MnO_4^{2-}	$MnO_4^-+e^- \Longrightarrow MnO_4^{2-}$	0.558
MnO_4^-/MnO_2	$MnO_4^-+2H_2O+3e^- \Longrightarrow MnO_2+4OH^-$	0.595
MnO_4^{2-}/MnO_2	$MnO_4^{2-}+2H_2O+2e^- \Longrightarrow MnO_2+4OH^-$	0.60

续表

电对	电极反应	$E^{\ominus}/V$
AgO/Ag_2O	$2AgO + H_2O + 2e^- \rightleftharpoons Ag_2O + 2OH^-$	0.607
BrO_3^- /Br^-	$BrO_3^- + 3H_2O + 6e^- \rightleftharpoons Br^- + 6OH^-$	0.61
ClO_3^- /Cl^-	$ClO_3^- + 3H_2O + 6e^- \rightleftharpoons Cl^- + 6OH^-$	0.62
ClO_2^- /ClO^-	$ClO_2^- + H_2O + 2e^- \rightleftharpoons ClO^- + 2OH^-$	0.66
$H_3IO_6^{2-} /IO_3^-$	$H_3IO_6^{2-} + 2e^- \rightleftharpoons IO_3^- + 3OH^-$	0.7
ClO_2^- /Cl^-	$ClO_2^- + 2H_2O + 4e^- \rightleftharpoons Cl^- + 4OH^-$	0.76
BrO^- /Br^-	$BrO^- + H_2O + 2e^- \rightleftharpoons Br^- + 2OH^-$	0.761
ClO^- /Cl^-	$ClO^- + H_2O + 2e^- \rightleftharpoons Cl^- + 2OH^-$	0.841
ClO_2 /ClO_2^-	$ClO_2(g) + e^- \rightleftharpoons ClO_2^-$	0.95
O_3 /OH^-	$O_3 + H_2O + 2e^- \rightleftharpoons O_2 + 2OH^-$	1.24